21 世纪高等教育土木工程系列教材

PKPM 结构软件应用与设计实例

主　编　张同伟

副主编　肖　永　张孝存

参　编　邱　洋　张雪琪

主　审　张孝廉

机械工业出版社

本书根据 PKPM（V5.1.3）软件，结合工程设计的基本原理、步骤，紧密联系现行规范，简明扼要地介绍了 PKPM 常用的五大功能板块，即结构平面 CAD 软件 PMCAD、空间结构有限元分析与设计 SATWE、基础工程计算机辅助设计软件 JCCAD、混凝土结构施工图模块、钢结构辅助设计软件 STS，给出了实际工程的详细建模、计算及结果文件分析、施工图绘制的具体过程，以帮助读者更好地应用该软件进行混凝土结构、砌体结构及钢结构设计。为节约篇幅，第 6 章部分图以二维码资源的形式展示。为便于读者学习和掌握相关知识，书中采用二维码集成了 24 个软件操作视频，同时提供了案例的模型文件，读者可登录机械工业出版社教育服务网（www.cmpedu.com）下载。

本书可作为高等院校土建类专业 PKPM 课程的教材，也可作为 PKPM 建筑结构设计从业人员的参考书。

图书在版编目（CIP）数据

PKPM 结构软件应用与设计实例/张同伟主编. —北京：机械工业出版社，2022.1（2025.1 重印）

21 世纪高等教育土木工程系列教材

ISBN 978-7-111-69764-0

Ⅰ.①P… Ⅱ.①张… Ⅲ.①建筑结构-计算机辅助设计-应用软件-高等学校-教材 Ⅳ.①TU311.41

中国版本图书馆 CIP 数据核字（2021）第 248365 号

机械工业出版社（北京市百万庄大街 22 号　邮政编码 100037）

策划编辑：马军平　刘春晖　责任编辑：马军平

责任校对：潘　蕊　　　　　封面设计：张　静

责任印制：张　博

北京建宏印刷有限公司印刷

2025 年 1 月第 1 版第 5 次印刷

184mm×260mm · 20.25 印张 · 498 千字

标准书号：ISBN 978-7-111-69764-0

定价：69.00 元

电话服务　　　　　　　　　　网络服务

客服电话：010-88361066　　机 工 官 网：www.cmpbook.com

　　　　　010-88379833　　机 工 官 博：weibo.com/cmp1952

　　　　　010-68326294　　金 书 网：www.golden-book.com

封底无防伪标均为盗版　机工教育服务网：www.cmpedu.com

前　言

　　PKPM 结构设计软件是国内建筑设计行业中普遍采用的结构 CAD 软件。作为常规建筑设计的主要辅助软件之一，高等院校土建类专业学生及建筑结构设计人员应了解和熟练使用该软件。随着近年来部分新版结构设计规范、规程的颁布与实施，PKPM 软件做出了相应的调整，推出了全面改版的 PKPM 2010 版 V5.1.3。为便于读者了解新版软件的使用，本书将软件基本操作、前后处理数据说明、分析设计方法及工程实例演示相结合，简明扼要地介绍了 PKPM 常用的五大功能板块，即结构平面 CAD 软件 PMCAD、空间结构有限元分析与设计 SATWE、基础工程计算机辅助设计软件 JCCAD、混凝土结构施工图模块、钢结构辅助设计软件 STS。

　　本书共分为 7 章，第 1 章概要地介绍了 PKPM 系列结构设计软件主要模块及 PKPM 结构设计的一般操作流程。第 2 章对 PMCAD 结构平面建模的方法与基本操作进行了详细介绍，重点给出了利用人机交互方式完成结构整体模型与荷载输入的方法。第 3 章对 SATWE 结构内力分析与计算的参数定义与结果分析方法进行了详细介绍。第 4 章主要介绍了利用 JCCAD 模块进行地基资料输入，以及基础模型输入与计算的主要方法与步骤。第 5 章主要介绍了利用混凝土结构施工图模块绘制和审查结构施工图的基本方法与操作步骤。第 6 章给出了框架结构 4 层商场、剪力墙结构 16 层住宅和框架核心筒结构 30 层办公楼三个设计案例，并结合这三个工程示例进一步介绍了利用 PKPM 进行混凝土结构设计的方法与操作。第 7 章结合工程实例介绍了利用 STS 模块进行平面桁架设计、门式刚架设计及钢框架结构设计的方法与一般流程。

　　本书由佳木斯大学张同伟任主编，佳木斯大学肖永、宁波大学张孝存任副主编。具体编写分工如下：西安建筑科技大学张雪琪（第 1 章），哈尔滨体育学院邱洋（第 2 章），肖永（第 3、4 章），张孝存（第 5、7 章），张同伟（第 6 章），全书由张同伟统稿。华东建筑集团股份有限公司海南设计研究院张孝廉审阅了书稿，并提出了许多宝贵的意见和建议，在此深表感谢。

　　本书由浅入深，从基础延伸到专业，紧密联系现行规范，结合工程应用实例是本书的主要特色，适合土建类专业的学生及初学 PKPM 软件的结构设计人员使用。

　　本书编写得到了佳木斯大学基础研究类（自然类）面上项目（JMSUJCMS2016-003）资助。本书编写过程中参考了很多资料，在此向有关文献的作者表示衷心感谢。

　　限于编者水平，书中难免存在不妥之处，敬请批评指正。

编　者

二维码清单

名　　称	图形	名　　称	图形
新建项目与轴网绘制		构件荷载布置	
网点编辑与轴网命名		楼层编辑与组装	
梁构件布置		实例操作演示（1）	
墙柱构件布置		实例操作演示（2）	
构件偏心对齐		前处理与计算	
楼板构件布置		图形设计结果查看	
楼梯布置		文本设计结果查看	

名　　称	图形	名　　称	图形
实例操作演示		梁施工图绘制	
地质模型输入		柱施工图绘制	
基础模型输入		基础施工图绘制	
数据生成与结果查看		实例操作演示	
实例操作演示		第 6 章二维码用图	
板施工图绘制			

目　录

第1章　PKPM结构设计软件简介

本章介绍：

　　PKPM 系列软件是集建筑设计、结构设计、设备设计（给排水、采暖、通风空调、电气设计）于一体的大型综合 CAD 系统，目前在我国建筑工程设计中应用十分广泛。PK-PM 设计软件紧跟行业需求和规范更新，在操作界面与计算核心上均结合最新规范要求不断地更新和改进，及时满足我国建筑行业快速发展的需要。本章将对 PKPM 软件的发展、组成及概况等加以简要介绍。

学习要点：

- 了解 PKPM 结构设计软件主要模块。
- 掌握 PKPM 结构设计的一般操作流程。

1.1　PKPM 系列软件简介

　　在 PKPM 系列 CAD 软件开发之初，我国的建筑工程设计领域计算机应用水平相对较落后，计算机仅用于结构分析，CAD 技术应用还很少，其主要原因是缺乏适合我国国情的 CAD 软件。国外的一些较好的软件，如阿波罗、Intergraph 等都是在工作站上实现的，不仅引进成本高，且应用效果不理想。因此，开发一套适合于我国的建筑工程 CAD 软件，对提高工程设计质量和效率有重要作用。

　　针对上述情况，中国建筑科学研究院经过几年的努力研制开发了 PKPM 系列 CAD 软件。该软件自 1987 年推广以来，历经了多次更新改版，目前已经发展为面向建筑工程全生命周期的集建筑、结构、设备、节能、概预算、施工技术、施工管理、企业信息化于一体的大型建筑工程软件系统，迄今拥有用户上万家，市场占有率达 95% 以上。

　　伴随着国内市场的成功，从 1995 年起，PKPMCAD 工程部着手国际市场的开拓工作。目前已开发出英国规范版本、欧洲规范版本和美国规范版本，并进入了新加坡、马来西亚、韩国、越南等国家，使 PKPM 软件成为国际化产品，提高了国产软件在国际竞争中的地位和竞争力。

对于结构设计来说，PKPM是一个不可或缺的工具软件。

1.2 PKPM 结构设计软件主要模块

PKPM结构设计软件已更新至5.1版本。该版PKPM结构设计软件包含了结构、砌体、钢结构、鉴定加固、预应力和工具工业六个页面，如图1-1所示。每个页面下，又包含了各自相关的若干软件模块。各模块的名称及基本功能见表1-1。在上述功能模块的基础上，PKPM结构软件针对常见混凝土结构与砌体结构设计，提供了SATWE核心的集成设计、PMSAP核心的集成设计、砌体结构集成设计、配筋砌块砌体结构集成设计等系统，实现了由建模、分析、设计到出图的集成系统，提高了软件运行与操作效率。

图1-1 PKPM主要专业模块

表1-1 PKPM结构设计软件各模块名称及功能

页面	软件模块	主 要 功 能
结构	PMCAD	结构平面计算机辅助设计
	SATWE	高层建筑结构空间有限元分析软件
	PMSAP	高层复杂空间结构分析与设计软件
	JCCAD	基础CAD(独基、条基、桩基、筏基)软件
	SPASCAD	复杂空间结构建模软件
	SLABCAD	复杂楼板分析与设计软件
	混凝土结构施工图	混凝土结构施工图绘制软件
	施工图审查	施工图审查软件
	PAAD	基于AutoCAD平台的施工图设计软件
	EPDA&PUSH	多层及高层建筑结构弹塑性静力、动力分析软件
	STAT-S	工程量统计软件
	LTCAD	楼梯计算机辅助设计
	PK	钢筋混凝土框排架连续梁结构计算与施工图绘制
	GSEC	通用钢筋混凝土截面非线性承载力分析与配筋软件
	接口	与其他结构设计软件的数据转换

（续）

页面	软件模块	主 要 功 能
砌体结构	QITI	砌体结构设计;底框结构设计;配筋砌块砌体结构设计;底框及连续梁 PK 二维分析
钢结构	STS	门式钢架设计;框架设计;桁架设计;支架设计;排架、框排架设计
	STPJ	钢结构重型工业厂房设计软件
	STWJ 及 STGHJ	网架网壳管桁架结构设计软件
	STXT	详图设计、结构建模、详图设计工具
	CSHCAD	低层冷弯薄壁型钢住宅设计软件
鉴定加固	JDJG	砌体及底框结构鉴定加固;混凝土结构鉴定加固;钢结构鉴定加固
预应力	PREC	预应力混凝土结构二维、三维设计;预应力工具箱
工具及工业	QY-TOOLS	设计工具箱
	QY-POOLS	水池设计软件
	QY-Chimney	烟囱设计软件
	智能详图	智能详图设计软件

下面重点介绍 PKPM 结构设计软件的常用功能及特点。

（1）结构平面计算机辅助设计软件 PMCAD　PMCAD 软件采用人机交互方式，引导用户逐层布置各层平面和各层楼面，输入层高后即可建立起一套描述建筑物整体结构的数据。PMCAD 具有较强的荷载统计和传导计算功能，除能计算结构自重外，还能自动完成从楼板到次梁、从次梁到主梁、从主梁到承重的柱墙，再从上部结构传到基础的全部计算，加上局部的外加荷载，PMCAD 可方便地建立整栋建筑的荷载数据。由于建立了整栋建筑的数据结构，PMCAD 成为 PKPM 系列结构设计各软件的核心，为各分析设计模块提供必要的数据接口。

（2）多高层建筑结构空间有限元分析软件 SATWE　SATWE 采用空间杆单元模拟梁、柱及支撑等杆件，并采用在壳元基础上凝聚而成的墙元模拟剪力墙。对楼板则给出了多种简化方式，可根据结构的具体形式高效准确地考虑楼板刚度的影响。SATWE 适用于高层和多层钢筋混凝土框架、框架-剪力墙、剪力墙结构，以及高层钢结构或钢-混凝土混合结构，并考虑了多、高层建筑中多塔、错层、转换层及楼板局部开大洞等特殊结构形式。SATWE 完成计算后，可经全楼归并接力 PK 绘梁、柱施工图，接力 JLQ 绘剪力墙施工图，并可为各类基础设计软件提供荷载。

（3）高层复杂空间结构分析与设计软件 PMSAP　PMSAP 是独立于 SATWE 程序开发的多、高层建筑结构设计程序。该软件基于广义协调理论和子结构技术开发了能够任意开洞的细分墙单元和多边形楼板单元，在程序总体结构的组织上采用了通用程序技术，可适用于任意的结构形式。它在分析上直接针对多、高层建筑中出现的各种复杂情形，在设计上则着重考虑了多、高层钢筋混凝土结构和钢结构。PMSAP 为用户提供了进行复杂结构分析和设计的有力工具。

（4）混凝土结构施工图绘制软件　混凝土结构施工图模块是 PKPM 设计系统的主要组成部分之一，主要功能是辅助用户完成上部结构各种混凝土构件的配筋设计，并绘制施工图。该模块包括梁、柱、墙、板及组合楼板、层间板等多个子模块，用于处理上部结构中最常用到的各大类构件。施工图模块是 PKPM 软件的后处理模块，其中板施工图模块需要接力"结构建模"软件生成的模型和荷载导算结果来完成计算;梁、柱、墙施工图模块除了需要"结构建模"生成的模型与荷载外，还需要接力结构整体分析软件生成的内力与配筋信息才能正确运行。

（5）基础辅助设计软件 JCCAD　可自动或交互完成工程实践中常用的各类基础设计，包括柱下独立基础、墙下条形基础、弹性地基梁基础、带肋筏形基础、柱下条形基础（板厚可不同）、墙下筏形基础、柱下独立桩基承台基础、桩筏基础、桩格梁基础等基础设计及单桩基础设计，还可进行由上述多类基础组合的大型混合基础设计，以及同时布置多块筏板的基础设计。

（6）楼梯辅助设计软件LTCAD 采用交互方式布置楼梯或直接从PMCAD接口读入数据，适用于一跑、二跑、多跑的梁式楼梯、板式楼梯、螺旋楼梯等各种类型楼梯的辅助设计，完成楼梯内力计算与配筋设计，并可自动绘制楼梯平面图、剖面图及配筋详图等。

（7）多层及高层建筑结构弹塑性静力、动力分析软件EPDA&PUSH PKPM系列CAD软件中进行罕遇地震作用下建筑结构弹塑性静、动力分析的软件模块。PUSH&EPDA程序的基本功能是了解结构的弹塑性抗震性能，确定建筑结构的薄弱层及进行相应的建筑结构薄弱层验算。EPDA是弹塑性动力分析，即Elasto-Plastic Dynamic Analysis的英文缩写，PUSH是弹塑性静力分析Elasto-Plastic Push-Over Analysis的英文缩写。

（8）钢筋混凝土框架及连续梁结构计算与施工图绘制软件PK 该软件采用二维内力计算模型，可进行平面框架、排架及框排架结构的内力分析和配筋计算（包括抗震验算及梁裂缝宽度计算），并完成施工图辅助设计工作。接力多高层三维分析软件TAT、SATWE、PMSAP计算结果及砖混底框、框支梁计算结果，为用户提供四种绘制梁、柱施工图的方式，并能根据规范及构造手册要求自动完成构造钢筋配置。该软件计算所需的数据文件可由PMCAD自动生成，也可通过交互方式直接输入。

（9）与其他结构设计软件的数据转换接口 最新版本PKPM结构设计软件提供了与YJK、ETABS、SAP2000、Midas、Staad、PDMS、SP3D/PDS及Revit等软件的数据接口，可方便地实现数据转换。

（10）砌体结构辅助设计软件QITI 砌体结构辅助设计软件是PKPM系列结构设计软件中应用较广泛的功能模块之一，V5.1版QITI软件进行了全新改版，根据不同结构体系形成了对应的集成化设计功能菜单，操作简便，设计流程更为清晰。

（11）钢结构辅助设计软件STS 钢结构CAD软件是PKPM系列的一个功能模块，既能独立运行，又可与SATWE、PMSAP、JCCAD等其他模块数据共享，可以完成钢结构的二维及三维模型输入、优化设计、结构计算、连接节点设计与施工图辅助设计。

（12）结构鉴定加固辅助设计软件JDJG 可依据现行国家标准完成砌体结构、底层框架砌体结构、混凝土结构和钢结构的鉴定与加固设计。程序提供四种鉴定或加固设计标准供用户选择：A类（《建筑抗震鉴定标准》GB 50023—2009）、B类（1989系列设计规范）、旧C类（2001系列设计规范）、C类（2010系列设计规范），可根据建筑建造的年代、经济等条件进行选择。

（13）预应力混凝土结构设计软件PREC PREC软件具有预应力筋的线形自动设计、预应力结构分析计算及施工图辅助设计等主要功能。该软件提供了三维整体分析和二维框架及连续梁计算的两种计算分析模型，其中二维计算模型是在PK基础上扩展预应力计算功能而完成的，三维计算模型是在SATWE的基础上扩展预应力计算功能而完成的。

1.3 PKPM结构设计的一般流程

与旧版本PKPM结构设计软件相比，新版本PKPM的结构设计界面有较大的调整，并将不同功能模块按结构设计过程进行整合，形成了集成设计系统。该集成设计系统使得 PK-PM 结构软件的操作更加便捷，设计流程更加清晰。以图 1-1 所示"SATWE 核心的集成设计"为例，单击"新建/打开"按钮进入 PKPM 结构设计软件，相应界面如图 1-2 所示，后续的设计流程如图 1-3 所示。

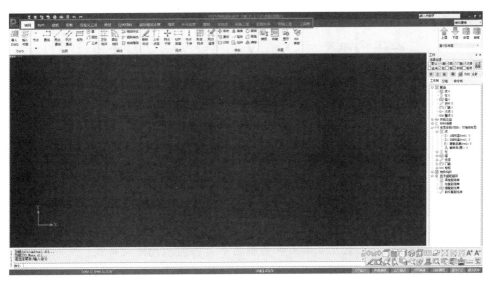

图 1-2　PKPM 结构设计软件操作界面

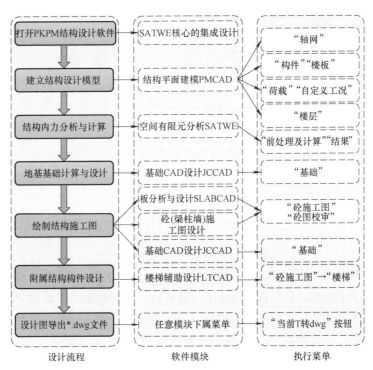

图 1-3　PKPM 结构设计的一般流程

注："砼"指混凝土，为与软件保持一致，软件中的"砼"不做修改。

第2章 结构平面建模

本章介绍：

    PMCAD 模块是 PKPM 系列 CAD 软件的基本组成模块之一，用于实现结构平面计算机辅助设计。PMCAD 采用人机交互方式布置各层平面轴网、构件与荷载，从而建立建筑物的数据结构。PMCAD 具有较强的荷载统计和传导计算功能，除计算结构自重，可自动完成从楼板到次梁、从次梁到主梁、从主梁到承重的柱墙，再从上部结构传到基础的全部荷载计算。它为各功能设计提供数据接口，因此在整个系统中起到承前启后的作用。本章将对 PMCAD 结构平面建模的方法与基本操作加以介绍。

学习要点：

- 掌握 PKPM 结构平面建模的操作流程与方法。
- 熟悉各操作界面与菜单的主要功能。
- 掌握结构平面建模相关参数的含义与设置方法。
- 利用所学知识完成一般结构的平面建模操作。

2.1 界面环境与基本功能

2.1.1 程序启动

新建项目与轴网绘制

    双击桌面 PKPM 软件图标，弹出图 2-1 所示界面，在对话框右上角的"专业模块选择列表"下拉框中选择"结构建模"选项。单击主界面左侧的"SATWE 核心的集成设计"（普通标准层建模）按钮，或者"PMSAP 核心的集成设计"（普通标准层+空间层建模）按钮。

2.1.2 文件管理

    PMCAD 的文件创建与打开方式与 AutoCAD 有所不同。具体操作方法如下：

1）新建模型时，单击"新建/打开"按钮，弹出图2-2所示的"选择工作目录"对话框，建立该项工程专用的工作子目录。子目录名称任意，但不能超过256个英文字符或128个中文字符，也不能使用特殊字符如"?"","."."等。需要说明的是，不同的工程应在不同的工作子目录下运行。打开已有模型时，可移动光标到相关的工程组装效果图上，双击启动PMCAD建模程序，也可以随后单击"应用"按钮启动PMCAD建模程序。

图2-1　PKPM结构软件主界面

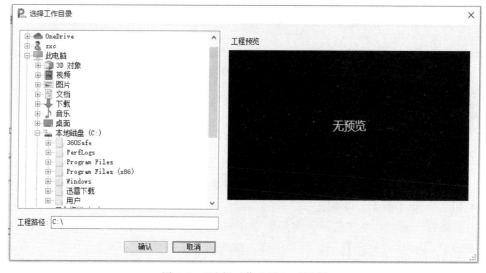

图2-2　"选择工作目录"对话框

2）启动PMCAD后，弹出图2-3所示"请输入工程名"对话框，此时输入要建立的新文件或要打开的旧文件名称，然后单击"确定"按钮。

3）PMCAD文件组成。一个工程的数据结构包括用户交互输入的模型数据、定义的各类参数和软件运算后得到的结果，都以文件方式保存在工程目录下。系统把文件类型按照模块分类, 如 PKPM 建模数据主要包括模型文件 "工程名 . JWS" 和 "工程名 . PM" 文件。若把上述文件复制到另一工作目录, 就可在另一工作目录下恢复原有工程的数据结构。

2.1.3 界面环境

图 2-3 "请输入工程名" 对话框

PMCAD 结构平面建模的主界面如图 2-4 所示。程序将屏幕划分为上侧的 Ribbon 菜单区、模块切换及楼层显示管理区, 右侧的工作树、分组及命令树面板区, 下侧的命令提示区、快捷工具条按钮区、图形状态提示区和中部的图形显示区。各分区主要功能如下:

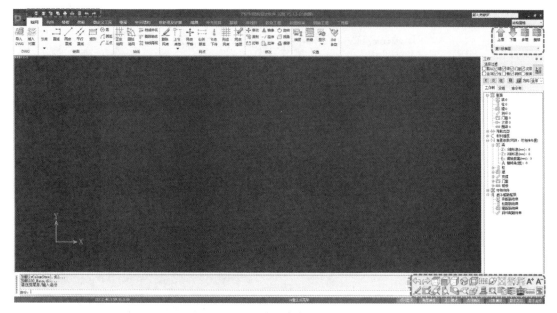

图 2-4 平面建模主界面

1) Ribbon 菜单主要包含文件存储、图形显示、轴线网点生成、构件布置编辑、荷载输入、楼层组装、工具设置等功能。

2) 上部的模块切换及楼层管理区, 可以在同一集成环境中切换到其他计算分析处理模块, 而楼层显示管理区可以快速进行单层、全楼的展示。

3) 上部的快捷命令按钮区, 主要包含了模型的快速存储、恢复, 以及编辑过程中的恢复 (Undo)、重做 (Redo) 功能。

4) 下侧的快捷工具条按钮区, 主要包含了模型显示模式快速切换, 构件的快速删除、编辑、测量工具, 楼板显示开关, 模型保存、编辑过程中的恢复 (Undo)、重做 (Redo) 等功能。

5) 右侧的工作树、分组及命令树面板区, 提供了一种全新的方式, 可做到以前版本不能做到的选择、编辑交互。树表提供了 PM 中已定义的各种截面、荷载、属性, 反过来可作为选择过滤条件, 同时也可由树表内容看出当前模型的整体情况。

6) 下侧的图形状态提示区, 包含了图形工作状态管理的一些快捷按钮, 有点网显示、角度捕捉、正交模式、点网捕捉、对象捕捉、显示坐标等功能, 可以在交互过程中单击相应按钮，直接进行各种状态的切换。

7）在屏幕下侧是命令提示区，一些数据、选择和命令由键盘在此输入，如果用户熟悉命令名，可以在"命令："的提示下直接输入一个命令而不必使用菜单。

此外，单击 PMCAD 主界面左上角的 PKPM 图标，会弹出"文件"菜单，包含了保存、恢复模型，发布桌面 i-model、移动 i-model，导入 DXF 文件，打印当前图形区域等功能。

2.1.4 基本功能

PMCAD 结构平面建模模块的主要功能如下：

（1）智能交互建立全楼结构模型 智能交互方式引导用户在屏幕上逐层布置柱、梁、墙、洞口、楼板等结构构件，快速搭起全楼的结构构架，输入过程伴有中文菜单及提示，并便于用户反复修改。

（2）自动导算荷载建立恒、活载库

1）设定楼面恒、活载后，程序自动进行楼板到次梁、次梁到主梁或承重墙的分析计算，所有次梁传到主梁的支座反力、各梁到梁、各梁到节点、各梁到柱传递的力均通过平面交叉梁系计算求得。

2）计算次梁、主梁及承重墙的自重。

3）人机交互输入或修改各房间楼面荷载、次梁荷载、主梁荷载、墙间荷载、节点荷载及柱间荷载，并为用户提供了复制、拷贝、反复修改等功能。

（3）为各种计算模型提供计算所需数据文件

1）可指定任一个轴线形成 PK 模块平面杆系计算所需的框架计算数据文件，包括结构立面、恒载、活载、风载的数据。

2）可指定任一层平面的任一由次梁或主梁组成的多组连续梁，形成 PK 模块按连续梁计算所需的数据文件。

3）为空间有限元壳元计算程序 SATWE 提供数据，SATWE 用壳元模型精确计算剪力墙，程序对墙自动划分壳单元并写出 SATWE 数据文件。

4）为特殊多、高层建筑结构分析与设计程序（广义协调墙元模型）PMSAP 提供计算数据。

（4）为上部结构施工图模块提供结构构件的精确尺寸 如梁柱施工图的截面、跨度、挑梁、次梁、轴线号、偏心距等，剪力墙的平面与立面模板尺寸，楼板厚度，楼梯间布置等。

（5）为基础分析与设计 JCCAD 模块提供布置数据与恒、活载 不仅可为 JCCAD 模块提供底层结构布置与轴线网格布置，还提供上部结构传下的恒、活载。

此外，PMCAD 平面建模过程中，可使用以下快捷功能键：

鼠标左键或【Enter】——用于确认、输入等

鼠标右键或【Esc】——用于否定、放弃、返回菜单等

鼠标中滚轮——向上滚动可放大图形；向下滚动可缩小图形；按住滚轮平移可拖动图形

【Tab】——用于功能转换，或在绘图时选取参考点

【Ctrl】+按住滚轮平移——三维线框显示时变换空间透视的方位角度

【F1】——帮助热键，提供必要的帮助信息

【F2】——坐标显示开关，控制光标的坐标值是否显示

【Ctrl】+【F2】——点网显示开关，控制点网是否在屏幕背景上显示

【F3】——点网捕捉开关，控制点网捕捉方式是否打开

【Ctrl】+【F3】——节点捕捉开关，控制节点捕捉方式是否打开

【F4】——角度捕捉开关，控制角度捕捉方式是否打开

【Ctrl】+【F4】——十字准线显示开关，可以打开或关闭十字准线

【F5】——重新显示当前图、刷新修改结果

【Ctrl】+【F5】——恢复上次显示

【F6】——充满显示

【Ctrl】+【F6】——显示全图

【F7】——放大一倍显示

【F8】——缩小1/2显示

【Ctrl】+【W】——提示用户选窗口放大图形

【F9】——设置捕捉参数

【Ctrl】+【←】——左移显示的图形

【Ctrl】+【→】——右移显示的图形

【Ctrl】+【↑】——上移显示的图形

【Ctrl】+【↓】——下移显示的图形

【U】——在绘图时，后退一步操作

【S】——在绘图时，选择节点捕捉方式

【Ctrl】+【P】——打印或绘出当前屏幕上的图形

2.1.5 适用范围

结构平面形式任意，平面网格可以正交，也可斜交成复杂体型平面，并可处理弧墙、弧梁、圆柱、各类偏心值、转角等，主要技术参数的适用范围见表2-1。

表2-1 PMCAD的主要技术参数适用范围

分　类	项　　目	适 用 范 围
1. 层数	1. 楼层数	≤190
	2. 标准层数	≤190
2. 网格数	正交网格时,横向网格、纵向网格	≤170
	斜交网格时,每层网格线条数	≤32000
	用户命名的轴线总条数	≤5000
3. 节点数	每层节点总数	≤20000
4. 构件与荷载类型	标准柱截面	≤800
	标准梁截面	≤800
	标准墙体洞口	≤512
	标准楼板洞口	≤80
	标准墙截面	≤200

(续)

分　类	项　目	适用范围
4. 构件与荷载类型	标准斜杆截面	≤200
	标准荷载定义	≤9000
5. 构件根数	每层柱根数	≤3000
	每层梁根数(不包括次梁)	≤30000
	每层圈梁根数	≤20000
	每层墙数	≤2500
	每层房间总数	≤10000
	每层次梁总根数	≤6000
	每个房间周围最多可以容纳的梁墙数	≤150
	每节点周围不重叠的梁墙根数	≤15
	每层房间次梁布置种类数	≤40
	每层房间预制板布置种类数	≤40
	每层房间楼板开洞种类数	≤40
	每个房间楼板开洞数	≤7
	每个房间次梁布置数	≤16
	每层层内斜杆布置数	≤10000

此外，使用 PMCAD 时应注意以下几点：

1）两节点之间最多布置一个洞口；需布置两个时，应在两洞口间增设网格线与节点。

2）结构平面上房间数量的编号由软件自动生成，软件将由墙或梁围成的平面闭合体自动编成房间，房间用来作为输入次梁、预制板、洞口、导荷和画图的基本单元。

3）PKPM 结构建模时，次梁是指在房间内布置，且采用"构件布置"菜单的"次梁"命令输入的梁。矩形房间或非矩形房间均可输入次梁，次梁布置不需要网格线，次梁和主梁、墙相交处也不产生节点。若房间内的梁采用"主梁"命令输入，则程序将该梁当作主梁处理。

采用"次梁"命令布置房间内的梁有以下优点：可避免过多的无柱连接点，避免这些点将主梁分隔过细，或造成梁根数和节点个数过多而超界，或造成每层房间数量超过容量限制而使程序无法运行。当工程规模较大而节点、杆件或房间数超界时，把主梁当作次梁输入可有效地大幅减少节点、杆件或房间的数量。因目前程序无法输入弧形次梁，可把弧形次梁作为主梁输入。

4）PMCAD 输入的墙应是结构承重墙或抗侧力墙，框架填充墙不应当作墙输入，它的重量可作为外加荷载输入。

5）平面布置时，应避免大房间内套小房间的布置，否则会在荷载导算或统计材料时重叠计算，可在大小房间之间用虚梁（虚梁为截面 100mm×100mm 的主梁）连接，将大房间切割。

2.2 平面建模的主要流程

PMCAD 结构平面建模的主要流程如图 2-5 所示，具体操作步骤如下：

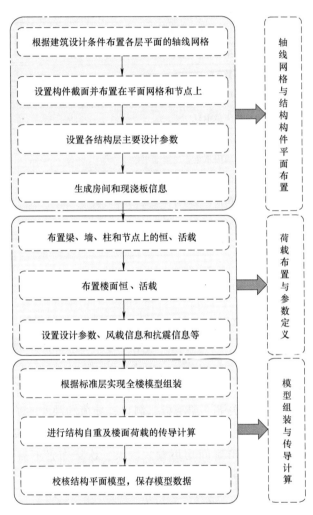

图 2-5 PMCAD 结构平面建模的主要流程

1）布置各层平面的轴线网格，各层平面网格可以相同，也可以不同。

2）输入柱、梁、墙、洞口、斜柱支撑、次梁、层间梁、圈梁的截面数据，并按设计方案将它们布置在平面网格和节点上。

3）设置各结构层主要设计参数，如楼板厚度、混凝土强度等级等。

4）生成房间和现浇板信息，布置预制板、楼板开洞、悬挑板、楼板错层等楼面信息。

5）输入作用在梁、墙、柱和节点上的恒、活载。

6）定义各标准层上的楼面恒、活载（均布荷载），并对各房间的荷载进行修改。

7）设置设计参数、材料信息、风载信息和抗震信息等。

8）根据结构标准层、荷载标准层和各层层高，楼层组装出总层数。

9）进行结构自重及楼面荷载的传导计算。

10）保存数据，校核各层荷载，为后续分析做准备。

网点编辑与轴网命名

2.3 轴线与网格输入

绘制轴网是整个交互输入程序最为重要的环节。"轴线网点"菜单如图 2-6 所示，其集成了轴线输入和网格生成两部分功能，只有在此绘制出准确的轴网才能为以后的布置工作打下良好的基础。

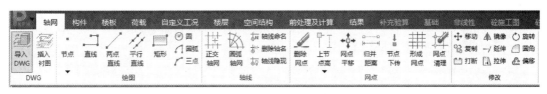

图 2-6 "轴线网点"菜单

2.3.1 轴线输入

1. 基本轴线图素

"绘图""轴线"的子菜单如图 2-7 所示。程序提供了两点直线、折线、圆、圆弧、节点、平行直线、矩形等基本图素，它们配合各种捕捉工具、热键和其他一级菜单中的各项工具，构成了一个小型绘图系统，用于绘制各种形式的轴线。绘制图素的操作和 AutoCAD 完全相同。而在轴线输入部分有"正交轴网"和"圆弧轴网"两种方式，可不通过屏幕画图方式，而是以参数定义方式形成平面正交轴线或圆弧轴网。

图 2-7 "绘图""轴线"子菜单

（1）节点 用于直接绘制单个节点，如果需要成批输入可以使用编辑菜单进行复制。此外，软件提供了"定数等分"和"定距等分"两种快捷操作方式。

（2）两点直线 适用于绘制零散的直轴线。

（3）平行直线 适用于绘制一组平行的直轴线。首先绘制第一条轴线，以第一条轴线为基准输入复制的间距和次数，间距值的正负决定了复制的方向，以"上、右为正"，可以分别按不同的间距连续复制，提示区自动累计复制的总间距。

（4）折线 用于绘制连续首尾相接的直轴线和弧轴线，按【Esc】键可以结束一条折线，输入另一条折线或切换为切向圆弧。

（5）矩形 适用于绘制与 X、Y 轴平行的闭合矩形轴线。该命令仅需输入两个对角的坐标，因此比用"折线"绘制同样的轴线更快速。

（6）圆 适用于绘制一组闭合同心圆轴线。在确定圆心和半径或直径的两个端点或圆上的三个点后可以绘制第一个圆。输入复制间距和次数可绘制同心圆，复制间距值的正负决定了复制方向，以"半径增加方向为正"，可以分别按不同间距连续复制，提示区自动累计半径增减的总和。

（7）圆弧　适用于绘制一组同心圆弧轴线。按圆心、起始角、终止角的次序绘出第一条弧轴线，然后输入复制间距和次数绘制同心圆弧。绘制过程中还可使用热键直接输入数值或改变顺逆时针方向。

2. 绘图操作方式

（1）直接键入坐标　在提示区直接输入绝对坐标、相对坐标或极坐标值，坐标输入格式如下：

> 绝对直角坐标输入——格式为! X, Y, Z 或! X, Y；相对直角坐标输入——格式为 X, Y, Z 或 X, Y；只输入 XYZ 不跟数字表示 XYZ 坐标均取上次输入值。
>
> 绝对极坐标输入——格式为! R<A, R 为极距, A 为角度；相对极坐标输入——格式为 R<A。
>
> 绝对柱坐标输入——格式为! R<A, Z；相对柱坐标输入——格式为 R<A, Z。
>
> 绝对球坐标输入——格式为! R<A<A；相对球坐标输入——格式为 R<A<A。

如图 2-8 所示，以输入一条 3 段直线 ABCD 为例，起点 A 的绝对坐标为（1000, 1000），第 1 段 AB 段方向角为 30°，长度为 6000mm；第 2 段 BC 段方向角为 0°，长度为 3000mm，第 3 段 CD 段方向角为-90°，长度为 4000mm。

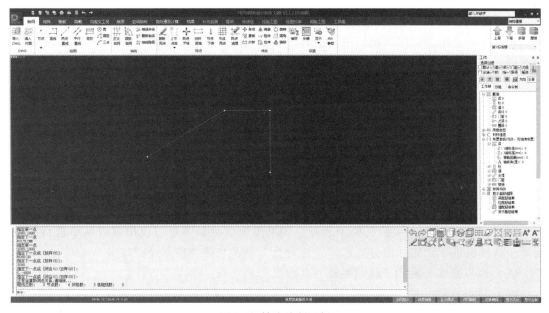

图 2-8　轴线绘制示例

单击"直线"命令，第一点 A 由绝对坐标（1000, 1000）确定，在"输入第一点"的提示下在提示区键入! 1000, 1000，按【Enter】键。

第二点 B 采用相对极坐标输入，该点位于第一点 30°方向，距离第一点 6000mm。这时屏幕上出现输入下一点的提示，键入 6000<30，按【Enter】键输入相对极坐标，即完成第二点输入。

第三点 C 采用相对坐标输入，键入 3000，0，按【Enter】键（Y 向相对坐标 0 也可省略输入）。

第四点 D 采用相对坐标输入，键入 0，-4000，按【Enter】键，至此绘制完毕，按【Esc】键结束绘制。

（2）利用追踪线方式输入点 输入一点后即出现橙黄色的方形框套住该点，随后移动鼠标在某些特定方向，如水平或垂直方向时，屏幕上会出现拉长的虚线（追踪线），这时输入一个数值即可得到沿虚线方向该数值距离的点。程序隐含设定水平和垂直两个方向的追踪线，用户可定义其他角度的方向。

（3）鼠标键盘配合输入相对距离 输入相对距离时，用鼠标在屏幕上拉出方向，用键盘输入距离数值。如对上面三段直线的输入，点取第一点 A 后，按【F4】键进入角度捕捉状态，在 30°方向拉出直线，键盘输入距离数值"6000"并按【Enter】键给出 B 点；再在 0°方向拉出直线，键盘输入"3000"并按【Enter】键给出 C 点；再在-90°方向拉出直线，键盘输入"4000"并按下【Enter】键给出 D 点。

3. 轴网输入

在轴线输入部分有"正交轴网"和"圆弧轴网"两个命令，可通过参数定义方式形成规则的平面正交轴线或圆弧轴线。

（1）正交轴网 正交轴网通过定义开间和进深形成正交网格。开间指输入横向从左到右连续各跨跨度，进深指输入竖向从下到上各跨跨度。跨度数据可用光标从屏幕上已有的常见数据中挑选，也可手动输入。

输完开间和进深后，单击"确定"按钮退出对话框，此时移动光标可将形成的轴网布置在平面上的任意位置。布置时可输入轴线的倾斜角度，也可以直接捕捉现有的网点使新建轴网与之相连。图 2-9 所示为"正交轴网"对话框。

1）预览窗口。可动态显示用户输入的轴网，并可标注尺寸。鼠标滚轮可以对预览窗口中的轴网进行实时比例放缩，按下鼠标中键还可以平移预览图形。在预览窗口的上方有三个小按钮，"放大"按钮用于放大预览图形，"缩小"按钮用于缩小预览图形，"全图"按钮用于充满显示预览图形。

2）数据录入。预览窗口的右边显示当前开间或进深的数据，可直接单击进行输入。如果用户习惯键盘输入的方式，可以在预览窗下的"下开间""左进深""上开间""右进深"四个

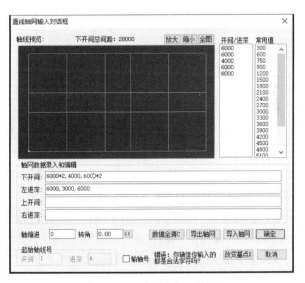

图 2-9 "正交轴网"对话框

文本框中直接输入数据。在输入数据的时候支持使用乘号"*"，乘号后输入重复次数。

3）转角。用于设置轴网的旋转角度。

4）输轴号。勾选时，可在此选项左侧给轴线命名，输入横向和竖向起始的轴线号

即可。

5）导出轴网。将当前设置的轴网导出至独立的 *.axr 文件中，以便重复使用。

6）导入轴网。从已有的 *.axr 文件中导入轴网，当轴网类似时可避免重复工作。

7）改变基点。可在轴网四个角端点间切换基点，以改变布置轴网时的基点。

数据全部输入完成后，单击"确定"按钮即可进行轴网布置。在布置轴网时，可通过快捷键【A】改变轴网的旋转角度，通过快捷键【B】改变轴网的插入基点，通过快捷键【R】返回"直线轴网输入"对话框重新设置。

（2）圆弧轴网　图 2-10 所示为"圆弧轴网"对话框。开间指轴线展开角度，进深指半径方向的跨度。

1）内半径。环向最内侧轴线半径，作为起始轴线。

2）旋转角。径向第一条轴线起始角度，轴线按逆时针方向排列。

3）插入点。单击右侧"两点确定"按钮输入插入点，默认方式是以圆心为基准点，按【Tab】键可转换为以第一开间与第一进深的交点为基准点的布置方式。

完成后单击"确定"按钮，弹出图 2-11 所示的"轴网输入"对话框。

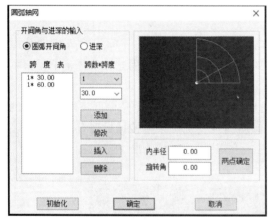

图 2-10　"圆弧轴网"对话框

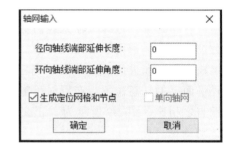

图 2-11　"轴网输入"对话框

1）输入径向轴线端部延伸长度。为避免径向轴线端节点置于内外侧环向轴线上，可将径向轴线两端延长。

2）输入环向端部轴线延伸角度。为避免环向网格端节点置于起止径向轴线上，可将环向轴线延长一个角度。

3）生成定位网格和节点。由于环向轴线是无始无终的闭合圆，因此程序将环向自动生成网格线来代表环向轴线，而径向轴线的网点可根据需要生成。

4）单向轴网。如果环向或径向只定义了一个跨度，将激活该选项。勾选该项，只产生单向轴网，否则产生双向轴网。

数据全部输入完成后，单击"确定"按钮即可进行轴网布置。

4. 图素编辑

图素的复制、删除等编辑功能在"轴网"→"修改"子菜单中。如图 2-12 所示，该子菜单可用于编辑轴线、网格、节点和各种构件。

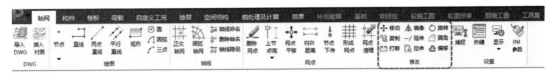

图 2-12　图素编辑菜单

各项编辑命令均有以下五种工作方式，并可采用【Tab】键切换：

（1）目标捕捉方式　当进入程序出现捕捉靶（□）后，便可以对单个图素进行捕捉并要求加以确认。需要注意的是，在单击没有选中的情形下，程序会自动变为窗口方式进行选择。

（2）窗口方式　当进入程序出现箭头（↑）后，程序要求在图中用两个对角点截取窗口，当第一点在左边时，完全包在窗口中的所有图素都不经确认地被选中而被编辑，当第一点在右边时，与窗口边框相交或完全包在窗口中的所有图素都不经确认地被选中而被编辑。

（3）直线方式　当进入程序出现十字叉（十）后，程序要求在图中用两个点拉一直线，与直线相交的所有图素都不经确认地被选中而被编辑。

（4）带窗围取方式　当进入程序出现选择框（□）后，程序要求将需要编辑的图素全部被包围在该选择框范围内。

（5）围栏方式　当进入程序出现十字叉（十）后，程序要求在图中选取任意的点围成一个区域将需要编辑的图素全部包围在内。采用此种方式，应避免在围选时出现交叉线。

5. 轴线命名与删除

（1）轴线命名　在网点生成之后为轴线命名的菜单。在此输入的轴线名将在施工图中使用。在输入轴线时，凡在同一条直线上的线段不论其是否贯通都视为同一轴线，在执行本菜单时可以单击每根网格线，为其所在的轴线命名。对于平行的直轴线，可按一次【Tab】键后进行成批命名，这时程序要求选择相互平行的起始轴线及不需要命名的轴线。选择完毕后，按屏幕提示输入一个字母或数字作为起始轴号，程序自动按字母或数字顺序为轴线编号。

（2）删除轴名　轴线命名后，单击需要删除的轴号，按屏幕提示操作即可。

6. 操作示例

绘制图 2-13 所示的某工程轴网，操作过程如下：

（1）绘制①～⑤轴部分的轴网　单击"正交轴网"按钮，进入直线轴网输入对话框，如图 2-14 所示。在下开间处输入"6000*4"，左进深处输入"6000,3600,6000"，其他参数选取默认值。单击"确定"按钮，将轴网放置到屏幕图形显示区域的合适位置后，左击将轴网定位。

（2）绘制⑥～⑨轴部分的轴网　单击"正交轴网"按钮，进入直线轴网输入对话框，如图 2-15 所示。在下开间处输入"6000*3"，左进深处输入"6000,3600,6000"，"转角"参数设置为30°，其他参数选取默认值。单击"改变基点 x"按钮，将基点调整至轴网的左上角位置后，单击"确定"按钮，将该轴网基点捕捉至①～⑤轴轴网的右上角点位置，然后左击将轴网定位。

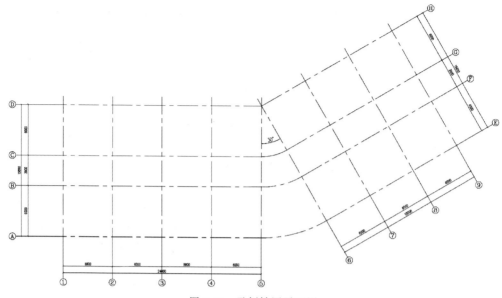

图 2-13　示例轴网平面图

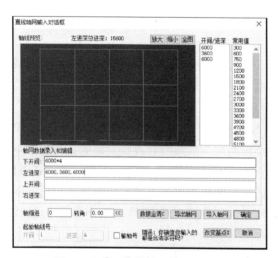

图 2-14　①~⑤轴轴网输入对话框

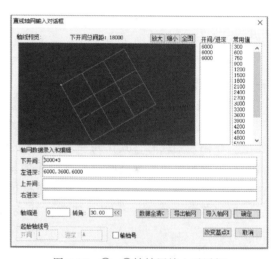

图 2-15　⑥~⑨轴轴网输入对话框

（3）绘制⑤~⑥轴间转角部分的轴网　单击"圆弧轴网"按钮，进入"圆弧轴网"输入对话框，如图 2-16 所示。在圆弧开间处输入"30"，进深处输入"6000，3600，6000"，旋转角输入"-90"，其他参数选取默认值。单击"确定"按钮，将该轴网基点捕捉至①~⑤轴轴网的右上角点位置，然后左击将轴网定位。

（4）轴线命名　单击"轴线命名"命令根据屏幕提示依次输入各轴线名，输入完毕后，按【Esc】键：

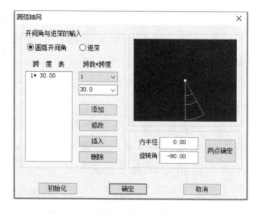

图 2-16　"圆弧轴网"输入对话框

```
轴线名输入:请用光标选择轴线(【Tab】成批输入)
移光标点取起始轴线
移光标去掉不标的轴线(【Esc】没有)
输入起始轴线名:
1
移光标点取起始轴线
移光标去掉不标的轴线(【Esc】没有)
输入起始轴线名:
6
移光标点取起始轴线
移光标去掉不标的轴线(【Esc】没有)
输入起始轴线名:
A
移光标点取起始轴线
移光标去掉不标的轴线(【Esc】没有)
输入起始轴线名:
E
```

至此，该示例轴网输入完毕，结果如图 2-17 所示。

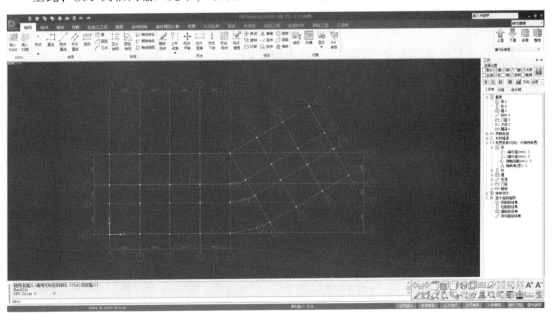

图 2-17　示例轴网输入结果

2.3.2　网格生成

"网格生成"是程序自动将所绘制的定位轴线分割为网格和节点。凡是轴线相交处都会产生一个节点，用户可对其做进一步的修改。网格生成部分的子菜单如图 2-18 所示。

（1）删除网点　在形成网点后可对节点进行删除。删除节点过程中若节点被布置的墙线挡住，可使用【F9】键中的"填充开关"项使墙线变为非填充状态。端节点删除将导致与之联系的网格也被删除。

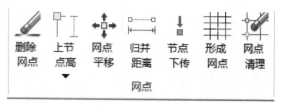

（2）网点平移 可以不改变构件的布置情况，而对轴线、节点、间距进行调整。对于与圆弧有关的节点应使所有与该圆弧有关的节点一起移动，否则圆弧的新位置无法确定。

图2-18 网格生成部分的子菜单

（3）形成网点 可将输入的几何线条转变成楼层布置需要的白色节点和红色网格线，并显示轴线与网点的总数。这项功能在输入轴线后自动执行，一般不必专门执行此菜单命令。

（4）网点清理 清除本层平面上没有用到的网格和节点。程序会把平面上的无用网点，如作辅助线用的网格、从其他层拷贝的网格等进行清理，以避免无用网格对程序运行产生负面影响。网点清理的基本规则如下：

1）网格上没有布置任何构件（并且网格两端节点上无柱）时，将被清理。

2）节点上没有布置柱、斜杆。

3）节点未输入过附加荷载并且不存在其他附加属性。

4）与节点相连的网格不能超过两段，当节点连接两段网格时，网格必须在同一直轴线上。

5）当节点与两段网格相连并且网格上布置了构件时（构件包括墙、梁、圈梁），构件必须为同类截面并且偏心等布置信息完全相同，相连的网格上不能有洞口。如果清理此节点后会引起两端相连墙体的合并，则合并后的墙长不能超过18m。

（5）上节点高 本层在层高处节点相对于楼层的高差，程序隐含为楼层的层高，即上节点高为0。改变上节点高，也就改变了该节点处的柱高、墙高和与之相连的梁端部高度。用该菜单命令可更方便地处理像坡屋顶这种楼面高度有变化的情况。"设置上节点高"对话框如图2-19所示。

程序提供了以下三种上节点高调整方式：

1）单节点抬高。直接输入抬高值（单位为mm），并按多种选择方式选择按此值进行抬高的节点。

2）指定两个节点，自动调整两点间的节点。指定同一轴线上两节点的抬高值，程序自动将此两点之间其他节点的抬高值按同一坡度自动调整。

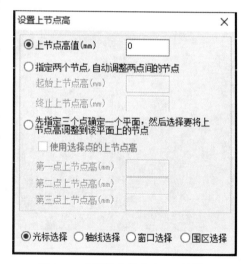

图2-19 "设置上节点高"对话框

3）指定三个节点，自动调整其他节点。该功能用于快捷的形成一个斜面。主要方法是指定这个斜面上的三点，分别给出三点的标高，此时再选择其他需要拉伸到此斜面上的节点，即可由程序自动抬高或下降这些节点，从而形成所需的斜面。

此外，为解决使用上节点高制造错层而频繁修改边缘节点两端梁、墙顶标高的问题，PKPM提供了"同步调整节点关联构件两端高度"选项，若勾选了该选项，则设置上节点高后，两端的梁、墙两端将保持同步上下平动。

2.4　楼层定义与构件布置

2.4.1　构件布置

1. 构件布置集成面板

在 PMCAD 主界面中单击构件布置的相关命令，屏幕左侧将弹出图 2-20 所示的"构件布置集成面板"（停靠式对话框）。

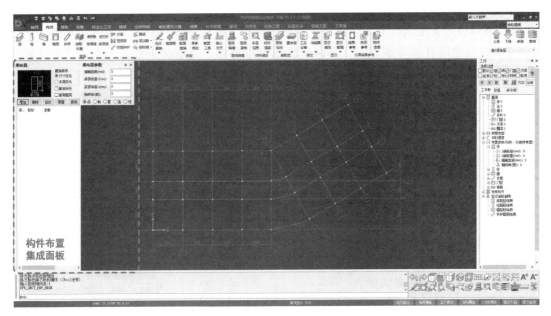

图 2-20　构件布置集成面板

面板的左侧提供了每类构件的预览图，根据选中的截面类型、参数重新绘制，进行动态预览，提示每个参数的具体含义。在列表中，以浅绿色加亮的行表示该截面在本标准层中有构件引用。

面板的右侧是每类构件布置时需要输入的参数，如偏心、标高、转角等。单击顶部的构件类别选项卡，程序会自动切换布置信息，单击"布置"按钮或直接双击截面列表中某类截面，即可在图面上开始构件的布置。

如果需要使用图面上已有构件的截面类型、偏心、转角、标高等信息，可以单击"拾取"按钮，按提示选中某一构件，程序将按这个构件的标高、偏心等布置信息，自动刷新到布置信息区域内的各个文本输入框，再单击"布置"按钮即可快速输入相似构件。

2. 构件布置要点

（1）构件类型　图 2-21 所示为构件布置子菜单，PMCAD 中可布置梁、柱、墙、墙洞、斜杆等常用结构构件。楼板布置在"楼板"子菜单生成。

（2）构件定位规则

1）柱布置在节点上，每个节点上只能布置一根柱。

图 2-21 "常用构件"子菜单

2）梁、墙布置在网格上，两节点之间的一段网格上仅能布置一道墙，可以布置多道梁，但各梁标高不应重合。梁、墙长度即两节点之间的距离。

3）层间梁的布置方式与主梁基本一致，但需要在输入时指定相对于层顶的高差和作用在其上的均布荷载。

4）洞口也布置在网格上，该网格上还应布置墙。可在一段网格上布置多个洞口，但程序会在两洞口之间自动增加节点，如洞口跨越节点布置，则该洞口会被节点截成两个标准洞口。

5）斜杆支撑有两种布置方式，按节点布置和按网格布置。斜杆在本层布置时，其两端点的高度可以任意，即可越层布置，也可水平布置，用输标高的方法来实现。注意斜杆两端点所用的节点，不能只在执行布置的标准层有，承接斜杆另一端的标准层也应标出斜杆节点。

6）次梁布置时选取与它首、尾两端相交的主梁或墙构件，连续次梁的首、尾两端可以跨越若干跨一次布置，不需要在次梁下布置网格线，此梁的顶面标高和与它相连的主梁或墙构件的标高相同。

（3）构件布置参数 构件在布置前必须要定义它的截面尺寸、材料、形状类型等信息。程序对构件定义和布置的管理都采用类似图 2-22 所示的对话框。

图 2-22 "梁布置"对话框

1）增加。定义一个新的截面类型，在对话框中输入构件的相关参数。

2）修改。修改已经定义过的构件截面形状类型，已布置于各层的此类构件截面尺寸也会自动改变。

3）删除。删除已经定义过的构件截面定义，已布置于各层的此类构件也将自动删除。

4）清理。自动清除已定义但在整个工程中未使用的截面类型。

（4）构件布置方式 PMCAD 提供了五种构件布置方式，并可采用【Tab】键进行切换。

1）直接布置。在选择了标准构件，并输入了偏心值后程序首先进入该方式，凡是被捕捉靶套住的网格或节点，在按【Enter】键后即插入该构件，若该处已有构件，将被当前值替换。

2）沿轴线布置。被捕捉靶套住的轴线上的所有节点或网格将被插入该构件。

3）按窗口布置。用光标在图中截取窗口，窗口内的所有网格或节点上将被插入该构件。

4）按围栏布置。用光标选择多个点围成一个任意形围栏，将围栏内所有节点与网格上插入构件。

5）直线栏选布置。用光标拉一条线段，与该线段相交的节点或网格即被选中，随即进行后续的布置操作。

（5）布置过程 下面以一个柱布置的实例具体说明构件布置的操作方法。主要操作过程如下：

1）单击"构件"菜单中的"柱"命令，弹出图 2-23 所示的"柱布置"对话框。

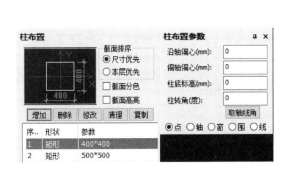

图 2-23 "柱布置"及"柱布置参数"对话框

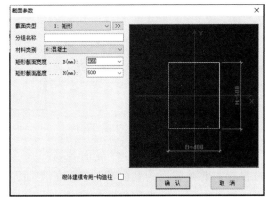

图 2-24 "截面参数"对话框

2）定义截面类型。单击"增加"或"修改"按钮，弹出图 2-24 所示"截面参数"对话框，在对话框中输入构件的相关参数，如果要修改截面类型，单击"截面类型"右侧的">>"按钮，屏幕弹出图 2-25 所示对话框，单击要选择的截面类型即可。

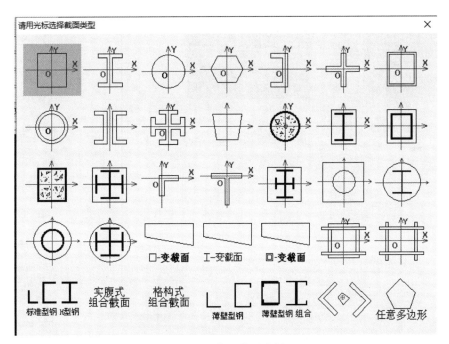

图 2-25 截面类型选择

3）布置构件。在对话框中选取某一种截面后，在图 2-23 所示"柱布置参数"对话框中输入柱子的偏心与转角。对话框下面对应的是构件布置的 4 种方式。可以直接单击对应布置方式前的复选框，也可按【Tab】键在几种方式间进行转换。

（6）构件修改 "构件修改"子菜单如图 2-26 所示。在 PMCAD 软件中布置完成构件后，可通过修改菜单实现构件删除、截面替换、偏心对齐等快捷修改功能。

1）构件删除。单击"构件修改"子菜单中的"构件删除"命令，弹出图 2-27 所示"构件删除"对话框。在对话框中选中某类构件（可一次选择多类构件），即可完成删除操作。

图 2-26 "构件修改"子菜单　　　　　　　　图 2-27 "构件删除"对话框

2）截面替换。单击"截面替换"命令，选择构件类型后弹出图 2-28 所示对话框，通过设置需要被替换的截面及替换后的截面即可实现所有该截面类型的构件替换。操作中可自由选择针对哪一标准层进行构件替换，常适用于不同标准层构件变截面时的快速建模修改。

3）偏心对齐。如图 2-29 所示，提供了梁、柱、墙相关的对齐操作，可用来调整梁、柱、墙沿某个边界的对齐操作，常用来处理建筑外轮廓的平齐问题。举例说明如下：

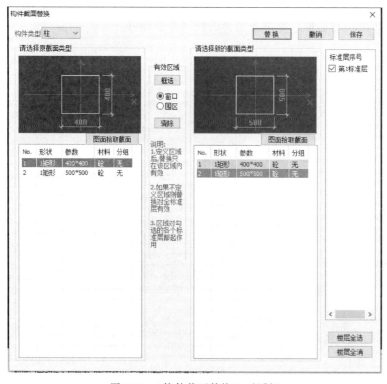

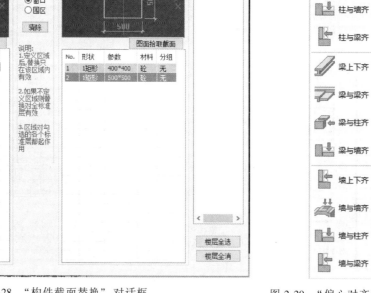

图 2-28 "构件截面替换"对话框　　　　　　　图 2-29 "偏心对齐"子菜单

柱上下齐：当上下层柱的尺寸不一样时，可按上层柱对下层柱某一边对齐（或中心对齐）的要求自动算出上层柱的偏心值并按该偏心值对柱的布置自动修正。此时打开"层间编辑"菜单可使从上到下各标准层都与第一层柱的某边对齐。因此布置柱时可先省去偏心值的输入，在各层布置完成后再用本菜单修正各层柱的偏心值。

梁与柱齐：可使梁与柱的某一边自动对齐，按轴线或窗口方式选择某一列梁时可使这些梁全部自动与柱对齐，这样在布置梁时不必输入偏心值，省去人工计算偏心值的过程。

3. 构件布置示例

在图2-17绘制的轴网上，布置梁柱构件，主要操作步骤如下：

1）"构件"菜单下，单击"梁"按钮，在左侧的梁布置集成面板中单击"增加"按钮，在图2-30所示的"截面参数"对话框内，截面类型选择"矩形"，截面宽度输入200mm，截面高度输入550mm，输入完毕后单击"确认"按钮。

梁构件布置

2）在"梁布置参数"对话框内，所有参数取默认值，布置方式切换为按窗口输入，根据屏幕提示，用光标截取窗口，在轴网上布置梁构件。

3）"构件"菜单下，单击"柱"按钮，在左侧的柱布置集成面板中，单击"增加"按钮，在图2-31所示的"截面参数"对话框内，截面类型选择"矩形"，截面宽度输入500mm，截面高度输入500mm，输入完毕后单击"确认"按钮。

墙柱构件布置

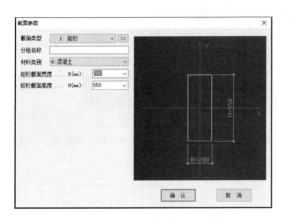

图2-30 梁"截面参数"对话框

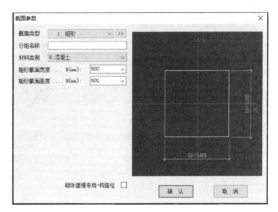

图2-31 柱"截面参数"对话框

4）在"柱布置参数"对话框内，所有参数取默认值，布置方式切换为按轴线输入，根据屏幕提示，依次单击①~⑤轴，布置柱构件。而后将"柱转角"设置为30°，根据屏幕提示，依次单击⑥~⑨轴，布置剩余柱构件。

5）"构件"菜单下，单击"偏心对齐"→"梁与柱齐"按钮，按如下屏幕提示单击①轴，选择左下角柱子作为参考柱，并在①轴左侧任意位置左击，即可完成边梁与柱子的对齐。重复上述步骤完成所有边梁的对齐操作。

轴线方式：用光标选择轴线（【Tab】转换方式，【Esc】返回）

请用光标点取参考柱

请用光标指出对齐边方向

轴线方式：用光标选择轴线（【Tab】转换方式，【Esc】返回）

至此，梁柱构件输入完毕，结果如图2-32所示。

构件偏心对齐

2.4.2 楼层定义

楼层定义主要包含本层信息与材料强度两项功能，如图2-33所示。

本层信息菜单项是每个结构标准层必须做的操作，用于输入和确认图 2-34 所示各项结构信息参数。在新建一个工程时，梁、柱、墙钢筋级别默认设置为 HRB400，梁、柱箍筋及墙分布筋级别默认设置为 HPB300。菜单中的板厚、混凝土强度等级等参数均为本标准层统一值，后续可通过"楼板"菜单进行详细的修改。此外，可单击 PMCAD 主界面"楼层"菜单下的"全楼信息"按钮查看所有标准层的信息。

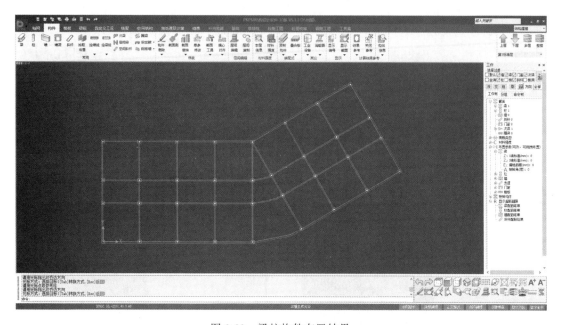

图 2-32　梁柱构件布置结果

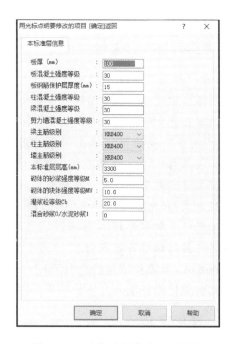

图 2-33　"本层信息与材料强度"子菜单　　　　图 2-34　"本标准层信息"对话框

材料强度初设值可在"本层信息与材料强度"子菜单内设置,而对于与本层信息和设计参数中默认强度等级不同的构件,则可用本菜单提供的"材料强度"按钮进行赋值。该命令目前支持的内容包括修改墙、梁、柱、斜杆、楼板、悬挑板、圈梁的混凝土强度等级和修改柱、梁、斜杆的钢号。

2.4.3 楼板生成

如图 2-35 所示,楼板生成子菜单包含了自动生成楼板、板厚设置、楼板错层设置、板洞设置、悬挑板布置、预制板布置等功能。其中的"生成楼板"功能按"本层信息"中设置的板厚值自动生成各房间楼板,同时生成由主梁和墙围成的各房间信息。本菜单其他功能除悬挑板外,都要按房间进行操作。操作时,鼠标移动到某一房间时,其楼板边缘将以亮黄色勾勒出来,方便确定操作对象。

图 2-35 "楼板生成"子菜单

1. 楼板生成基本操作

(1)生成楼板 运行此命令可自动生成本标准层结构布置后的各房间楼板,板厚默认取"本层信息"菜单中设置的板厚值,也可通过修改板厚命令进行修改。生成楼板后,如果修改"本层信息"中的板厚,没有进行过手工调整的房间板厚将自动按照新的板厚取值。如果生成过楼板后改动了模型,此时再次执行生成楼板命令,程序可以识别出角点没有变化的楼板,并自动保留原有的板厚信息,对新的房间则按照"本层信息"菜单中设置的板厚取值。布置预制板时,同样需要用到此功能生成的房间信息,因此要先运行一次生成楼板命令,再在生成好的楼板上进行布置。

(2)修改板厚 "生成楼板"功能自动按"本层信息"中的板厚值设置板厚,可以通过"修改板厚"命令进行修改。运行此命令后,每块楼板上标出其目前板厚,并弹出板厚的输入窗口,输入后在图形上选中需要修改的房间楼板即可。

(3)错层 运行此命令后,每块楼板上标出其错层值,并弹出错层参数输入窗口,输入错层高度后,此时选中需要修改的楼板即可。

(4)全房间洞 将指定房间全部设置为开洞。当某房间设置了全房间洞时,该房间楼板上布置的其他洞口将不再显示。全房间开洞时,相当于该房间无楼板,也无楼板恒、活载。若建模时不需在该房间布置楼板,却要保留该房间楼面恒、活载时,可通过将该房间板厚设置为 0 解决。

(5)板洞 板洞的布置方式与一般构件类似,需要先进行洞口形状的定义,然后将定义好的板洞布置到楼板上。目前支持的洞口形状有矩形、圆形和自定义多边形。洞口布置的要点如下:

1)洞口布置首先选择参照的房间,当光标落在参照房间内时,图形上将加粗标识出该房间布置洞口的基准点和基准边,将光标靠近围成房间的某个节点,则基准点将挪动到该点上。

2)矩形洞口插入点为左下角点,圆形洞口插入点为圆心,自定义多边形的插入点在画多边形后由人工指定。

3）洞口的沿轴偏心指洞口插入点距离基准点沿基准边方向的偏移值；偏轴偏心指洞口插入点距离基准点沿基准边法线方向的偏移值；轴转角指洞口绕其插入点沿基准边正方向逆时针旋转的角度。

（6）布悬挑板

1）悬挑板的布置方式与一般构件类似，需要先进行悬挑板形状的定义，然后将定义好的悬挑板布置到楼面上。

2）悬挑板的类型定义。程序支持输入矩形悬挑板和自定义多边形悬挑板。在悬挑板定义中，增加了悬挑板宽度参数，输入 0 时取布置的网格宽度。

3）悬挑板的布置方向由程序自动确定，其布置网格线的一侧必须已经存在楼板，此时悬挑板挑出方向将自动定为网格的另一侧。

4）悬挑板的定位距离。对于在定义中指定了宽度的悬挑板，可以在此输入相对于网格线两端的定位距离。

5）悬挑板的顶部标高。可以指定悬挑板顶部相对于楼面的高差。

6）一道网格只能布置一个悬挑板。

（7）层间板　用来进行夹层楼板的布置。层间板只能布置在支撑构件（梁、墙）上，并且要求这些构件已经形成了闭合区域。在指定标高时，必须与支撑构件处于同一标高。所以，在布置层间板前，请执行"生成楼板"命令。一个房间区域内，只能布置一块层间板。在"层间板参数"设置对话框中，标高参数的默认值为"−1"，含义是让程序从层顶开始，向下查找第一块可以形成层间板的空间区域，自动布置上层间板。这个参数支持"−1"到"−3"，即可以最多向下查找三层。程序支持自动查找空间斜板。

（8）布预制板　需要先运行"生成楼板"命令，在房间中生成现浇板信息。PMCAD 提供"自动布板"及"指定布板"两种预制板布置方式，每个房间中预制板可有两种宽度。

1）自动布板方式。输入预制板宽度（每间可有两种宽度）、板缝的最大宽度限值与最小宽度限值，由程序自动选择板的数量、板缝，并将剩余部分做成现浇带放在最右或最上。

2）指定布板方式。由用户指定本房间中楼板的宽度和数量、板缝宽度、现浇带所在位置。

（9）组合楼盖　可以完成钢结构组合楼板的定义、压型钢板的布置，STS 模块中"画结构平面图与钢材统计"可以进行组合楼板的计算和施工图绘制，以及统计全楼钢材（包括压型钢板）的用量。组合楼盖菜单如图 2-36 所示，其包含"楼盖定义""压板布置""压板删除"三项子菜单，用于组合楼盖的定义和交互布置。"组合楼盖定义"对话框如图 2-37 所示。可完成当前标准层组合楼盖类型定义、施工阶段荷载输入、洞口处压型钢板切断方式的选择、压型钢板的种类选择、次梁上压型钢板连续铺设定义及用户自定义截面库的编辑等。在定义了楼盖类型等参数后即可进行压型钢板布置，按布置方式、布置方向及压型钢板种类三项内容进行布板。需注意的是对于已布置预制楼板的房间不能同时布置压型钢板。

（10）楼梯布置　为了适应建筑抗震设计规范的相关要求，程序给出了计算中考虑楼梯影响的解决方案。在 PMCAD 建模过程中，可在矩形房间输入二跑或平行的三跑、四跑楼梯等类型。程序可自动将楼梯转化成折梁或折板。此后接力 SATWE 时，在"参数定义"中直接选择是否考虑楼梯作用即可。如果考虑楼梯影响，可选梁或板任一种方式或两种方式考虑楼梯参与计算。布置楼梯时，单击"楼梯"子菜单下"布置"命令，在平面上选择要布置楼梯的房间后，弹出图 2-38 所示对话框。以布置双跑楼梯为例，单击双跑楼梯预览图后，弹出图 2-39 所示对话框，按建筑设计方案调整设计参数后，单击"确定"按钮即可完成楼梯布置。

图 2-36 "组合楼盖"子菜单

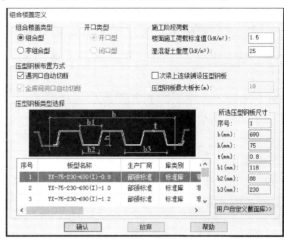

图 2-37 "组合楼盖定义"对话框

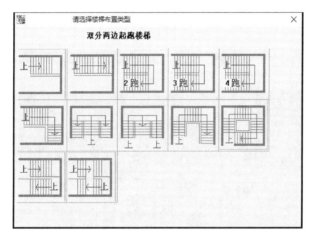

图 2-38 "请选择楼梯布置类型"对话框

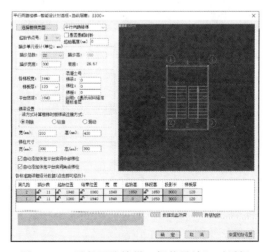

图 2-39 "平行两跑楼梯—智能设计"对话框

（11）楼板删除、层间复制　操作方法与梁、柱等构件相同。

2. 楼板生成示例

以图2-32的框架结构为例，设置楼层信息并生成楼板，主要操作步骤如下：

1）"构件"菜单下，单击"本层信息"按钮，将板厚调整为150mm，层高调整为3600mm，其余参数不变，单击"确定"按钮，完成楼层信息设置。

楼板构件布置

2）"楼板"菜单下，单击"生成楼板"按钮，程序根据楼面梁的布置自动生成和划分楼板，并将本层信息中设置的板厚值（150mm）赋给各块板。

3）"楼板"菜单下，单击"修改板厚"按钮，将Ⓑ~Ⓒ轴与Ⓕ~Ⓖ轴内的中间区块板板厚修改为120mm，将①~②轴、④~⑤轴和⑧~⑨轴的楼梯间位置板厚修改为0，修改后的结构平面图如图2-40所示。

楼梯布置

4）"楼板"菜单下，单击"楼梯布置"按钮，根据屏幕提示选择要布置楼梯的房间，并在楼梯布置类型图中选择"双分中间起跑楼梯"。在相应的楼梯设计对话框内，将起始节点号修改为3，踏步宽度修改为270mm，梯梁高修改为500mm，梯柱宽和高分别修改为200mm和400mm，其余参数取默认值，单击"确定"按钮。

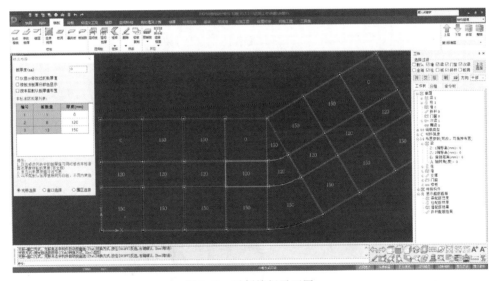

图2-40　示例楼板平面图

至此，该示例工程标准层的楼板布置工作完成，本层结构模型的三维效果图如图2-41所示。

2.4.4　层编辑

1. 楼层管理

楼层管理包含增加标准层、删除标准层和插入标准层等操作。"楼层管理"子菜单位于"楼层"菜单内，主要功能命令如图2-42所示。

（1）增加　用于新标准层的输入。为保证上下节点网格的对应，将旧标准层的全部或

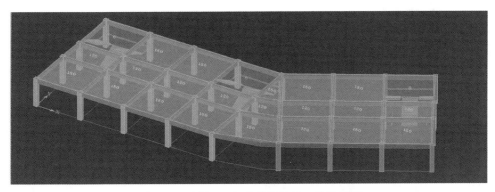

图 2-41 示例工程标准层结构的三维效果图

一部分复制成新标准层，在此基础上进行修改。在"楼层管理"子菜单或屏幕右上角的标准层列表中单击"增加"按钮时，弹出图 2-43 所示对话框。可以依据当前标准层，增加一个新标准层，把已有的楼层内容全部或局部复制下来，并可通过直接、轴线、窗口、围栏 4 种方式选择复制的部分。切换标准层菜单如图 2-44 所示，可以单击下拉式工具条中的标准层名称进行切换，也可单击"上层"和"下层"按钮来直接切换到相邻的标准层。

（2）删除 用于删除某个标准层。

（3）插入 在指定标准层后插入一标准层，其网点和构件布置可从指定标准层上选择复制。

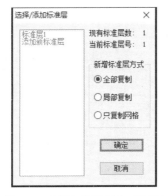

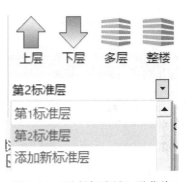

图 2-42 "楼层管理"子菜单 图 2-43 "添加标准层"对话框 图 2-44 "选择标准层"子菜单

2. 层间编辑

"层间编辑"子菜单位于"构件"菜单内，有层间编辑和层间复制两个功能选项。

（1）层间编辑 单击"层间编辑"，弹出图 2-45 所示"层间编辑设置"对话框。利用该对话框可将操作在多个或全部标准层上同时进行，省去来回切换到不同标准层去执行同一菜单的麻烦。

（2）层间复制 该菜单项可将当前层的部分构件复制到已有的其他标准层中，对话框如图 2-46 所示，操作方法与层间编辑功能类似。

3. 楼层管理示例

在图 2-41 所示的标准层结构模型基础上增加一个新的屋面标准层，并将新标准层的楼板厚度全部修改为 160mm，具体操作如下：

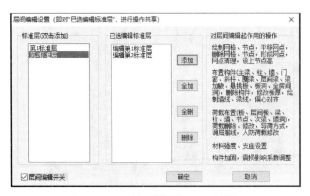

图 2-45　"层间编辑设置"对话框

图 2-46　"层间复制设置"对话框

1）楼层管理区中，打开楼层选择下拉菜单，单击添加新标准层，在弹出的对话框中，"新增标准层方式"选择全部复制，然后单击"确定"按钮，完成建立新标准层。

2）在"楼板"菜单下，单击"删除"→"楼梯"按钮，按屏幕提示选择图 2-47 所示虚线框内的楼梯，进行删除。

3）"楼板"菜单下，单击"修改板厚"按钮，将板厚度设置为 160mm，布置方式修改为窗口选择，用光标框选平面图内所有楼板，完成屋面标准层的板厚修改。

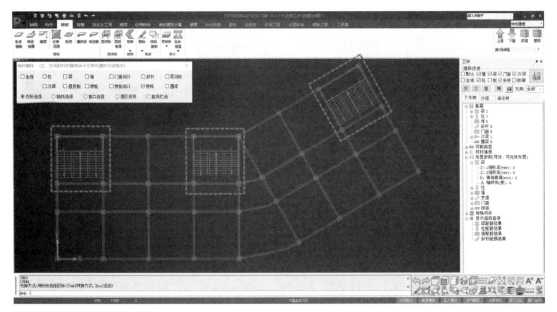

图 2-47　删除屋面标准层的楼梯构件

2.5　荷载输入与校核

PMCAD 建模过程中，只有结构布置与荷载布置都相同的楼层才能成为同一结构标准层。荷载布置的各子功能菜单如图 2-48 所示，可输入的荷载类型包括：①楼面恒、活荷载；②非楼面传来的梁间荷载、次梁荷载、墙间荷载、节点荷载及柱间荷载等；③人防荷载；

④吊车荷载。

PMCAD 中输入的是荷载标准值。以下重点介绍前两类荷载的输入与修改方式。

图 2-48　"荷载布置"的各子功能菜单

2.5.1　荷载输入

（1）恒活设置　用于设置当前标准层楼面恒、活荷载的统一值及全楼相关荷载的处理方式。单击"恒活设置"按钮，弹出图 2-49 所示的"楼面荷载定义"对话框。

1）恒、活载统一值。各荷载标准层需定义作用于楼面的恒、活均布面荷载。先假定各标准层上选用统一的恒、活面荷载（一般设置为大多数房间的荷载数值）；如各房间不同时，可在楼面恒载和楼面活载处修改调整。

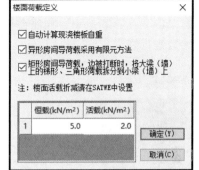

图 2-49　"楼面荷载定义"对话框

2）自动计算现浇楼板自重。选中该项后程序可以根据楼层各房间楼板的厚度，折合成该房间的均布面荷载，并把它叠加到该房间的恒载面荷载中。此时用户输入的各层恒载面荷载值中不应该再包含楼板自重。

3）可选择设置异形房间导荷载是否采用有限元方法。

4）矩形房间导荷打断设置。如果矩形房间周边网格被打断，在进行房间荷载导算时，程序会自动按照每边的边长占整个房间周长的比值，将楼面荷载按均布线荷载分配到每边的梁、墙上。新增加的导荷方法是程序先按照矩形房间的塑性铰线方式进行导算，再将每个大边上得到的三角形、梯形线荷载拆分，按位置分配到各个小梁、墙段上，荷载类型为不对称梯形，各边总值不变。

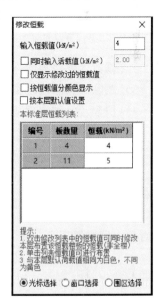

图 2-50　"修改恒载"对话框

5）活荷载折减参数说明。活荷载折减参数在 SATWE 程序的"参数定义"→"活载信息"命令中考虑。

（2）楼面荷载输入

1）使用此功能之前，必须要用"构件布置"中的"生成楼板"命令形成过房间和楼板信息。该功能用于根据已生成的房间信息进行楼面恒、活荷载的局部修改。

2）单击"恒载"面板中的"板"命令，则该标准层所有房间的恒载值将在图形上显示，同时弹出图 2-50 所示的"修改恒载"对话框。在对话框中，用户可以输入需要修改的恒载值，然后在模型上选择需要修改的房间，即可实现对楼面荷载的修改。

3）对于已经布置了楼面荷载的房间，可以勾选"按本层默认值设置"选项，后续使用"恒活设置"命令修改楼面恒、活载默认值时，这些房间的荷载值可以自动更新。

4）楼面活载的布置、修改方式也与此操作相同。

（3）梁间荷载输入 用于输入非楼面传来的作用在梁上的恒载或活载。以恒载为例，在子菜单单击"梁"按钮后，弹出图2-51所示的"梁：恒载布置"对话框。梁间荷载输入的操作命令包括：增加、修改、删除及清理。

1）增加。单击"增加"按钮后，屏幕上显示平面图的单线条状态，并弹出图2-52所示"添加：梁荷载"对话框。软件提供了多种梁间荷载形式供设计选择，还有填充墙荷载的辅助计算功能。程序自动将楼层组装表中各层高度统计出来，增加到列表中供用户选择，同时提供一个"高扣减"参数，主要用来考虑填充墙高度时，扣除层顶梁的高度值。用户在"容重"[⊖]文本框输入填充墙重度，在"高度"下拉框及"宽度"下拉框进行相应设置后，单击"计算"按钮，程序会自动计算出线荷载，并将荷载示意图下的"组名"按上述各参数进行修改。

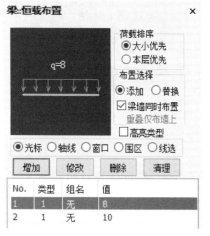

图2-51 "梁：恒载布置"对话框

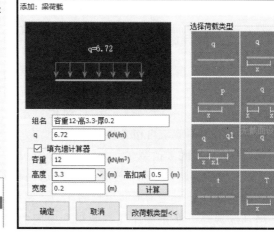

图2-52 "添加：梁荷载"对话框

2）修改。修正当前选择荷载类型的定义数值。

3）删除。删除选定类型的荷载，工程中已布置的该类型荷载将被自动删除。

4）清理。自动清理荷载表中未使用的类型。

完成上述荷载信息输入操作后，单击列表中的类型将它布置到杆件上，用户可使用"添加"和"替换"两种方式进行输入。选择"添加"单选按钮时，构件上原有的荷载不动，在其基础上增加新的荷载；选择"替换"单选按钮时，当前工况下的荷载被替换为新荷载。

（4）柱间荷载输入 用于输入柱间的恒载和活载信息，与梁间荷载的操作一样，但操作对象由网格线变为有柱的网格点，且柱间荷载需区分力的作用方向（X向与Y向）。

（5）墙间荷载输入 用于布置作用于墙顶的荷载信息。墙荷载的荷载定义、操作与梁间荷载相同。

⊖ 为与软件一致，文中引用软件内容用"容重"，在其他表述时用"重度"。

（6）节点荷载输入 用于直接输入加在平面节点上的荷载，荷载作用点即平面上的节点，各方向弯矩的正向以右手螺旋法则确定。节点荷载操作命令与梁间荷载类同。操作的对象由网格线变为节点。每类节点荷载需输入6个数值。节点荷载的布置和添加设置如图2-53所示。

注意：输入了梁、墙荷载后，如果再对节点信息（删除节点、清理节点、形成网点、绘制节点等）进行修改操作，由于和相关节点相连的杆件荷载将被等效替换（合并或拆分），故此时应核对相关的荷载是否正确。

（7）板局部荷载输入 板间荷载有三种类型：集中点荷载、线荷载和局部面荷载。支持恒活工况和各类自定义工况，且可以布置在层间板上。

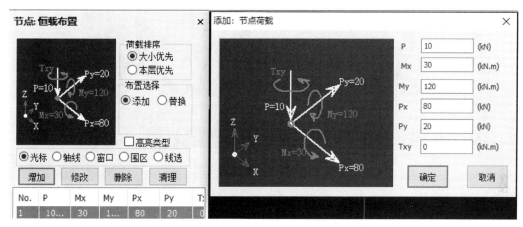

图 2-53 节点荷载的布置和添加设置

（8）次梁荷载 操作与梁间荷载相同。

（9）墙洞荷载 用于布置作用于墙开洞上方的荷载，类型只有均布荷载，操作与梁间荷载相同。

（10）自定义荷载工况 "自定义工况"菜单如图2-54所示，程序默认提供了五类常用工况，即消防车、屋面活、屋面雪、屋面灰、工业停产检修。

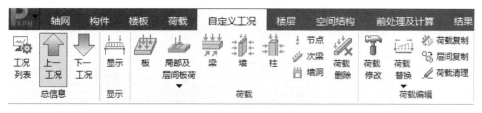

图 2-54 "自定义工况"菜单

（11）楼板荷载类型 根据《建筑结构荷载规范》（GB 50009—2012）（以下简称《荷规》）第5.1.2条的要求，设计楼面梁、墙、柱及基础时，对不同的房屋类型和条件采用不同的活荷折减系数。PMCAD模块在活荷布置菜单中增加了指定房屋类型功能，在后续计算中，将根据此处的指定，依据规范自动采用合理的活荷折减系数。

单击"楼板活荷类型"按钮，则弹出图2-55所示的停靠对话框。对话框中按照规范表格列出了各种房屋类型，每一类房屋类型后均对应一个属性值，如1（1）房屋对应的属性值为1-1，选定某种房屋类型后，单击"布置"按钮，程序此时进入房间选择过程，选中的房间即被布置上当前选择的房屋类型属性，并在房间中显示该简化名称。如需删除掉某些房间的活载属性，单击"删除"按钮后选择相应的房间即可。

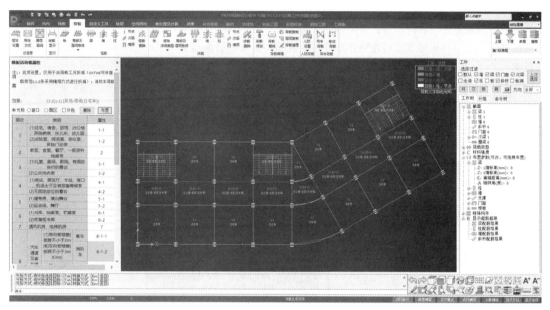

图 2-55　楼板活载属性设置

在"楼板活荷类型"的基础上，程序还提供了按规范指定的荷载标准值修改已布置楼板活荷类型房间活载的功能。单击"按标准值刷新荷载"命令即可完成操作。

如图 2-56 所示，活荷类型标准值与活荷相同的房间，同时显示活荷值和活荷类型。而与活荷值不同的房间，除显示上述两项外，还会以红色显示当前活荷类型对应的标准值大

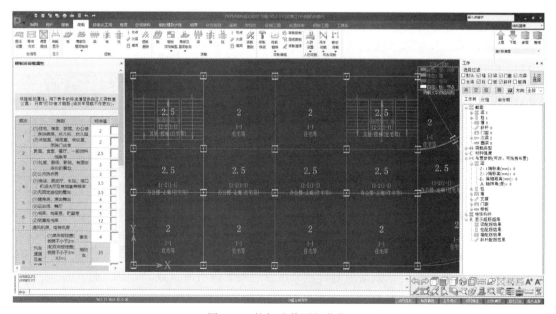

图 2-56　按标准值刷新荷载

小，以提示当前活载值与活荷类型对应的标准值不同。如果房间的活荷要采用活荷类型的标准值，仅需单击左侧停靠对话框中的"根据板的属性，用下表中的标准值替换自定义荷载值"按钮，此时弹出界面如图 2-57 所示，允许用户选择哪些标准层要根据房间类型的标准值修改房间活荷大小，选择完标准层后单击"确定"按钮，则所选标准层中房间活荷值将修改为其布置活荷类型对应的标准值。

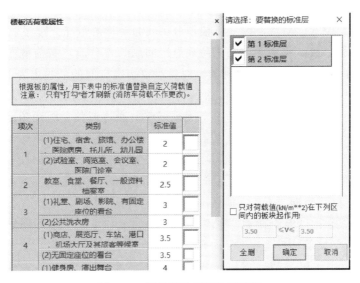

图 2-57 根据标准值修改活荷载

2.5.2 荷载编辑

1. 基本操作

（1）荷载删除 荷载的删除分为"恒载删除"和"活载删除"两个菜单，操作方法相同。"恒荷载删除"对话框如图 2-58 所示。程序允许同时删除多种类型的荷载。可以直接选择荷载（文字或线条），包括楼板局部荷载，并支持三维选择，以方便选择层间梁的荷载。对于一根梁上有多个荷载的情形，直接框选要删除的荷载即可。

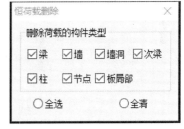

（2）荷载修改 同荷载删除一样，不再捕捉荷载布置的构件，而是直接单击荷载（文字或线条）进行修改，并支持层间编辑。

图 2-58 "恒荷载删除"对话框

（3）荷载替换 与截面替换功能类似，在"荷载布置"菜单中，包含了梁荷载、柱荷载、墙荷载、节点荷载、次梁荷载、墙洞荷载的替换命令，具体操作与构件截面替换类似。

（4）荷载复制 复制同类构件上已布置的荷载，可恒、活载同时复制。

（5）层间复制 可以将其他标准层上曾经输入的构件或节点荷载复制到当前标准层，包括梁、墙、柱、次梁、节点及楼板荷载。当两标准层之间某构件在平面上的位置完全一致时，就会进行荷载复制。

2. 荷载导算

（1）导荷方式　用于修改程序自动设定的楼面荷载传导方式。程序提供了以下三种导荷方式供设计选择：

1）对边传导方式。只将荷载向房间两对边传导，在矩形房间上铺预制板时，程序按板的布置方向自动取用这种荷载传导方式。使用这种方式时，需指定房间某边为受力边。

2）梯形三角形方式。对现浇混凝土楼板且房间为矩形的情况，程序采用这种方式。

3）沿周边布置方式。将房间内的总荷载沿房间周长等分成均布荷载布置，对于非矩形房间程序选用这种传导方式。使用这种方式时，可以指定房间的某些边为不受力边。

（2）调屈服线　楼板荷载导荷到周边构件上，是根据楼板的屈服线来分配荷载的。程序默认的屈服线角度为45°，在一般情况下无须调整。通过调整屈服线角度，可实现房间两边、三边受力等状态。

（3）荷载导算　荷载自动导算功能在PMCAD建模程序存盘退出时执行。若退出时选择存盘退出，则会弹出图2-59所示对话框。选中后两项"楼面荷载导算"和"竖向导荷"，则程序会完成相对应的荷载导算功能。其中"楼面荷载导算"将楼面恒、活载导算至周围的梁、墙等构件上；"竖向导荷"则将从上至下的各层恒、活载（包括结构自重）做传导计算，生成基础各模块可接口的PM恒、活载。此导荷结果也被砌体结构设计程序使用，因此砌体结构设计的后续菜单执行前必须先执行此步导算操作。

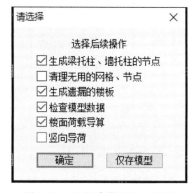

图2-59　退出建模时的对话框

PKPM中荷载导算满足以下规则：

1）输入的荷载应为荷载标准值，输入的楼面恒载应根据建模时"自动计算楼板自重"选项决定现浇楼板自重是否考虑到楼面恒载中；对预制楼板的自重，应加入到楼面恒载中。

2）楼面荷载统计荷载面积时，考虑了梁、墙偏心及弧形梁、墙弧中所含的面积。

3）现浇矩形板时，按梯形或三角形规律导算到次梁或框架梁、墙；可通过"调屈服线"菜单，人工控制梯形或三角形的形状，默认屈服线角度为45°。

4）预制楼板荷载按板的铺设方向导算。

5）房间非矩形时或房间矩形但某一边由多于一根的梁、墙组成时，近似按房间周边各杆件长度比例分配楼板荷载。

6）有次梁时，荷载先传至次梁，从次梁再传给主梁或墙。房间内有二级次梁或交叉次梁时，程序先将楼板上荷载自动导算到次梁上，再把每一房间的次梁当作一个交叉梁系做超静定分析求出次梁的支座反力，并将其加到承重的主梁或墙上。

7）计算完各房间次梁，再把每层主梁当作一个以柱和墙为竖向约束支承的交叉梁系进行计算。

3. 荷载输入示例

以图2-41所示的标准层为例，布置楼板荷载与梁间荷载，具体操作步骤如下：

1）"荷载"菜单下，单击"恒活设置"按钮，在弹出的对话框中，勾选"自动计算现浇楼板自重"和"异形房间导荷采用有限元方法"，并将恒载与活载分别设置为 $2.5kN/m^2$ 和 $2.0kN/m^2$。

构件荷载布置

2）"荷载"菜单下，单击"恒载"子菜单中的"板"按钮，勾选"同时输入活载值"，并将活载修改为 $3.5kN/m^2$；依次单击三个楼梯间，修改其活荷载，将弹出图2-60所示的提示框（提示用户楼梯间恒载当考虑整体计算时不应包括平台板和梯板的重量），单击"确定"按钮即可。

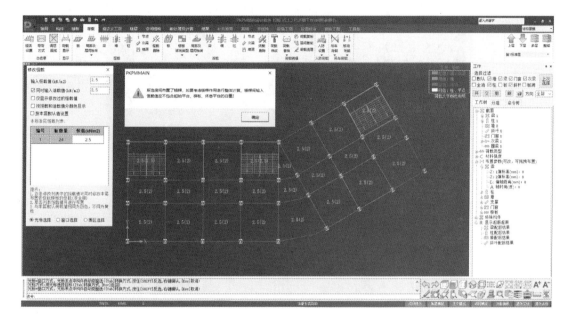

图2-60 示例楼面荷载布置

3）修改楼梯间荷载后，继续单击Ⓑ~Ⓒ轴与Ⓕ~Ⓖ轴间的走廊部分，按步骤2）的方法将楼面活载修改为 $2.5kN/m^2$。

4）"荷载"菜单下，单击"恒载"子菜单中的"梁"按钮，荷载布置集成面板内，单击"增加"按钮，在弹出的对话框内勾选"填充墙计算器"，将"容重""高度""宽度"及"高扣减"分别修改为 $10kN/m^3$、3.6m、0.2m 和 0.55m，然后单击"计算"按钮，程序自动对该隔墙荷载命名并计算其大小为 6.1kN/m。单击"确定"按钮完成梁荷载添加。

5）按图2-61在有隔墙位置，布置上述梁荷载，完成该标准层荷载布置操作。

2.5.3 荷载校核

该命令位于"前处理及计算"菜单内，此菜单可检查在PMCAD中设计者输入的荷载及自动导算的荷载是否正确。这里汇总了所有的荷载类型，且这里可以进行竖向导荷和荷载统计，便于对整个结构的荷载进行分析控制，在不考虑抗震时，竖向导荷的结果可直接用于基础设计。

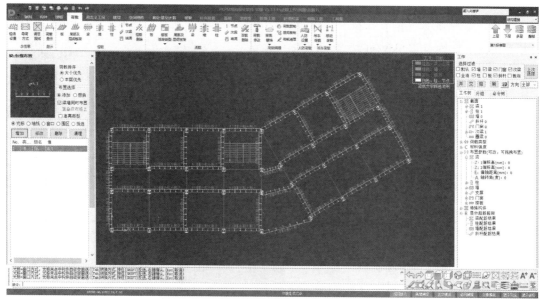

图 2-61 梁上隔墙荷载布置

2.6 设计参数定义

设计参数定义位于"楼层"菜单下，单击"设计参数"命令后，弹出的对话框内可依次设置总信息、材料强度、地震信息、风荷载信息与钢筋信息的基本参数。PMCAD 模块"设计参数"对话框中的各类设计参数，当用户执行"保存"命令时，会自动存储到*.JWS 文件中，对后续各种结构计算模块均起控制作用。

2.6.1 总信息

总信息设置页面如图 2-62 所示，各项参数的基本含义与设置方法如下：

（1）结构体系　包括框架结构、框剪结构、框筒结构、筒中筒结构、剪力墙结构、砌体结构、底框结构、配筋砌体、板柱剪力墙、异形柱框架、异形柱框剪、部分框支剪力墙结构、单层钢结构厂房、多层钢结构厂房、钢框架结构，可通过下拉列表框设置。

（2）结构主材　包括钢筋混凝土、钢和混凝土、有填充墙钢结构、无填充墙钢结构、砌体，可通过下拉列表框设置。

（3）结构重要性系数　可在下拉列表框选择 1.1、1.0、0.9。根据《混凝土结构设计规范》（GB 50010—2010）（以下简称《混规》）第 3.2.3 条确定。

（4）地下室层数　进行 SATWE 计算时，对

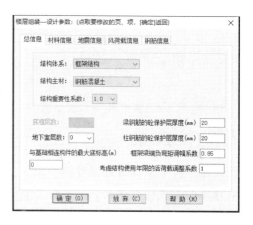

图 2-62 "总信息"对话框

地震作用、风作用、地下人防等因素有影响。程序结合地下室层数和层底标高判断楼层是否为地下室，如此处设置为4，则层底标高最低的4层判断为地下室。

（5）与基础相连构件的最大底标高　该标高是程序自动生成接基础支座信息的控制参数。当在楼层组装对话框中选中了左下角"生成与基础相连的墙柱支座信息"，并按"确定"按钮退出该对话框时，程序会自动根据此参数将各标准层上底标高低于此参数的构件所在的节点设置为支座。

（6）梁/柱钢筋的砼保护层厚度　根据《混规》第8.2.1条确定，默认值为20mm。

（7）框架梁端负弯矩调幅系数　根据《高层建筑混凝土结构技术规程》（JGJ 3—2010）（以下简称《高规》）第5.2.3条确定。在竖向荷载作用下，可考虑框架梁端塑性内力重分布对梁端负弯矩进行调幅。负弯矩调幅系数取值范围是0.7~1.0，一般工程取0.85。

（8）考虑结构使用年限的活荷载调整系数　根据《高规》第5.6.1条确定，默认值为1.0。

2.6.2　材料信息

材料信息设置对话框如图2-63所示，各项参数的基本含义与设置方法如下：

（1）混凝土容重（kg/m³）　根据《荷规》附录A确定。一般情况下，钢筋混凝土结构的重度为2500kg/m³，若采用轻骨料混凝土或要考虑构件表面装修层重时，混凝土重度可填入适当值。

（2）钢材容重（kg/m³）　根据《荷规》附录A确定。一般情况下，钢材重度为7800kg/m³，若要考虑钢构件表面装修层重时，钢材的重度可填入适当值。

（3）轻骨料混凝土容重（kg/m³）　根据《荷规》附录A确定。

（4）轻骨料混凝土密度等级　默认值为1800。

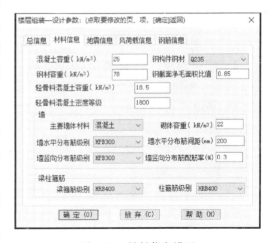

图2-63　材料信息设置

（5）钢构件钢材　包括Q235、Q345、Q390、Q420、Q460、Q500、Q550、Q620、Q690、Q235GJ、Q345GJ、Q390GJ、Q420GJ、Q460GJ、LQ550，可在下拉列表框中选择。根据《钢结构设计规范》（GB 50017—2017）（以下简称《钢规》）及其他相关规范确定。

（6）钢截面净毛面积比值　钢构件截面净面积与毛面积的比值。

（7）墙选项组

1）主要墙体材料，可在下拉列表框中选择混凝土、烧结砖、蒸压砖、混凝土砌块。

2）砌体容重（kg/m³），可根据《荷规》附录A确定。

3）墙水平分布筋类别，可在下拉列表框中选择HPB300、HRB335、HRB400、HRB500、CRB550、CRB600、HTRB600、T63、HPB235。

4）墙竖向分布筋类别，可在下拉列表框中选择HPB300、HRB335、HRB400、

HRB500、CRB550、CRB600、HTRB600、T63、HPB235。

5）墙水平分布筋间距（mm），可在文本框中输入，取值为100~400。

6）墙竖向分布筋配筋率（%），可在文本框中输入，取值为0.15~1.2。

（8）梁柱箍筋选项组

1）梁箍筋级别，可在下拉列表框中选择HPB300、HRB335、HRB400、HRB500、CRB550、CRB600、HTRB600、T63、HPB235。

2）柱箍筋级别，可在下拉列表框中选择HPB300、HRB335、HRB400、HRB500、CRB550、CRB600、HTRB600、T63、HPB235。

以上钢筋类别根据《混规》《冷轧带肋钢筋混凝土结构技术规程》（JGJ 95—2011）、《热处理带肋高强钢筋混凝土结构技术规程》（DGJ32/TJ 202—2016）、《T63 热处理带肋高强钢筋混凝土结构技术规程》（Q/321182 KBC001—2016）及其他相关规范确定。对于新建工程，构件的钢筋级别默认值，梁、柱主筋及箍筋为HRB400，墙主筋为HRB400，水平分布筋为HPB300，竖向分布筋为HRB335。

2.6.3 地震信息

地震信息设置如图2-64所示，各项参数的基本含义与设置方法如下：

（1）设计地震分组 根据《建筑抗震设计规范》（GB 50011—2010）（以下简称《抗规》）附录A确定。

（2）地震烈度 可选择6（0.05g）、7（0.1g）、7（0.15g）、8（0.2g）、8（0.3g）、9（0.4g）、0（不设防）。

（3）场地类别 I_0一类、I_1一类、Ⅱ二类、Ⅲ三类、Ⅳ四类、Ⅴ上海。根据《抗规》第4.1.6条和5.1.4条调整。

（4）砼框架抗震等级 0特一级、1一级、2二级、3三级、4四级、5非抗震。根据《抗规》表6.1.2确定。

（5）剪力墙抗震等级 0特一级、1一级、2二级、3三级、4四级、5非抗震。

（6）钢框架抗震等级 0特一级、1一级、2二级、3三级、4四级、5非抗震。

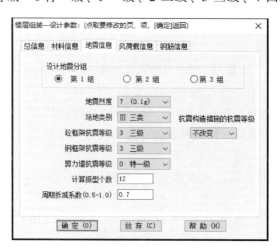

图 2-64　地震信息设置

（7）抗震构造措施的抗震等级　提高二级、提高一级、不改变、降低一级、降低二级。根据《高规》第3.9.7条调整。

（8）计算振型个数　根据《抗规》第5.2.2条的条文说明确定。振型数应至少取3，且振型数最好为3的倍数。当考虑扭转耦联计算时，振型数不应小于9。对于多塔结构，振型数应大于12。但也要特别注意一点：此处指定的振型数不能超过结构固有振型的总数。

（9）周期折减系数（0.5~1.0）　周期折减的目的是充分考虑框架结构和框架-剪力墙结构的填充墙刚度对计算周期的影响。对于框架结构，若填充墙较多，周期折减系数可取0.6~0.7，填充墙较少时可取0.7~0.8；对于框架-剪力墙结构，可取0.8~0.9，纯剪力墙结构的周期可不折减。

2.6.4　风荷载信息

风荷载信息设置如图2-65所示，各项参数的基本含义与设置方法如下：

（1）修正后的基本风压（kN/m^2）　只考虑了《荷规》第7.1.1-1条的基本风压，地形条件的修正系数 η 程序没考虑。

（2）地面粗糙度类别　可以分为A、B、C、D四类，分类标准根据《荷规》第7.2.1条确定。

（3）沿高度体型分段数　现代多、高层结构立面变化比较大，不同的区段内的体型系数可能不一样，程序限定体型系数最多可分三段取值。

（4）各段最高层层高　根据实际情况填写。若体型系数只分一段或两段时，则仅需填写前一段或两段的信息，其余信息可不填。

（5）各段体型系数　根据《荷规》第7.3.1条确定。用户可以单击"辅助计算"按钮，弹出"确定风荷载体型系数"对话框（图2-66），根据对话框中的提示确定具体的风荷载系数。

图2-65　风荷载信息设置

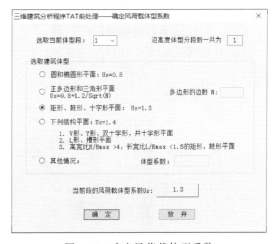

图2-66　确定风荷载体型系数

2.6.5　钢筋信息

"钢筋信息"对话框如图2-67所示。钢筋强度设计值根据《混规》第4.2.3条确定。

如果用户自行调整了此选项卡中的钢筋强度设计值，后续计算模块将采用修改过的钢筋强度设计值进行计算。

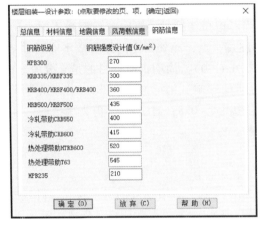

图 2-67　"钢筋信息"对话框

2.7　模型组装与保存

2.7.1　楼层组装

楼层组装功能中，可为每个输入完成的标准层指定层高、层底标高，并将标准层布置到建筑整体的某一部位，从而搭建出完整建筑模型。"楼层组装"对话框如图 2-68 所示。各项参数说明如下：

（1）复制层数　需要增加的楼层数。

（2）标准层　需要增加的楼层对应的标准层。

（3）层高　需要增加楼层的层高。

（4）层名　需要增加楼层的名称，以便在程序生成的计算书等结果文件中标识出这个楼层。

楼层编辑与组装

图 2-68　"楼层组装"对话框

（5）自动计算底标高　选中此项时，新增加的楼层会根据其上一层（指"组装结果"列表中用鼠标选中的那一层，可在使用过程中选取不同的楼层作为新加楼层的基准层）的标高加上一层层高获得一个默认的底标高数值。

（6）层底标高设置　指定或修改层底标高时使用。

（7）增加　根据参数设置在组装结果框楼层列表后面添加若干楼层。

（8）修改　根据当前对话框内设置的"标准层""层高""层名""层底标高"修改当前在楼层列表中呈高亮状态的选中楼层。

（9）插入　根据参数设置在组装结果框楼层列表中选中的楼层前插入指定数量的楼层。

（10）删除　删除当前选中的标准层。

（11）全删　清空当前布置的所有楼层。

（12）查看标准层按钮　显示组装结果框选择的标准层，按鼠标或键盘任意键返回楼层组装界面。

（13）组装结果楼层列表　显示全楼楼层的组装状态。

（14）生成与基础相连的墙柱支座信息　勾选此项，单击"确定"按钮退出对话框时，程序会自动进行相应处理。

2.7.2　节点下传

上下楼层的节点和轴网的对齐，是PMCAD中上下楼层构件对齐和正确连接的基础，大部分情况下如果上下层构件的定位节点、轴线不对齐，则在后续的其他程序中往往会视为没有正确连接，从而无法正确处理。可根据上层节点的位置在下层生成一个对齐节点，并打断下层的梁、墙构件，使上下层构件可以正确连接。

节点下传有自动下传和交互选择下传两种方式，一般情况下自动下传可以解决大部分问题，包括梁托柱、梁托墙、梁托斜杆、墙托柱、墙托斜杆、斜杆上接梁的情况。自动下传功能有两处可执行，一是单击"楼层组装"→"节点下传"，在弹出的对话框中单击"自动下传"按钮，程序将当前标准层相关节点下传至下方的标准层上；二是在程序退出的提示对话框中勾选"生成梁托柱、墙托柱节点"，则程序会自动对所有楼层执行节点的自动下传。

2.7.3　工程拼装

使用工程拼装功能，可以将已经输入完成的一个或几个工程拼装到一起，这种方式对于简化模型输入操作、大型工程的多人协同建模都很有意义。

工程拼装功能可以实现模型数据的完整拼装，包括结构布置、楼板布置、各类荷载、材料强度及在SATWE、PMSAP中定义的特殊构件在内的完整模型数据。

工程拼装目前支持"合并顶标高相同的楼层""楼层表叠加"和"任意拼装方法"三种方式，选择拼装方式后，根据提示指定拼装工程插入本工程的位置即可完成拼装。

（1）合并顶标高相同的楼层　按"楼层顶标高相同时，该两层拼接为一层"的原则进行拼装，拼装出的楼层将形成一个新的标准层。这样两个被拼装的结构，不限于必须从第一层开始往上顺序拼装，可以对空中开始的楼层拼装。多塔结构拼装时，可对多塔的对应层合并，这种拼装方式要求各塔层高相同，简称"合并层"方式。

（2）楼层表叠加　这种拼装方式可以将工程B中的楼层布置原封不动地拼装到工程A

中，包括工程 B 的标准层信息和各楼层的层底标高参数。实质上就是将工程 B 的各标准层模型追加到工程 A 中，并将楼层组装表也添加到工程 A 的楼层组装表末尾。

（3）任意拼装方法　当各塔层高或标高不同时，采用以上两种方法需要手工修改层高和标高，使标准层在拼装时能严格对应，才能正确拼装。这一步工作量比较大，为此提供了按楼层拼装的新方式。只需一步就可以将任意两个工程拼装在一起，而不受标高层高的限制。整个过程不需要再对工程做任何人工调整。

此外，PMCAD 提供了单层拼装功能，可调入其他工程或本工程的任意一个标准层，将其全部或部分地拼装到当前标准层上。具体操作和工程拼装相似。

模型组装完成后，可采用以下三种方式查看组装后的模型：

（1）整楼模型　用于三维透视方式显示全楼组装后的整体模型。

（2）多层组装　输入要显示的起始层高和终止层高，即可三维显示局部几层的模型。

（3）动态模型　相对于"整楼模型"一次性完成组装的效果，动态模型功能可以实现楼层的逐层组装，更好地展示楼层组装的顺序，尤其可以很直观地反映出广义楼层模型的组装情况。

2.7.4　模型保存与退出

随时保存文件可防止因程序的意外中断而丢失已输入的数据。可通过界面左上侧的"保存"按钮完成保存操作，或在切换程序模块弹出保存提示时进行操作。

退出建模程序时或切换至"前处理及计算"菜单时，屏幕会弹出图 2-69 所示的信息提示框。程序给出了"存盘退出"和"不存盘退出"的选项，如果选择"不存盘退出"，则程序不保存已做的操作并直接退出交互建模程序。如果选择"存盘退出"，则弹出图 2-59 所示信息窗口。可根据选项选择勾选要进行的后续操作，单击"确定"按钮。

图 2-69　退出建模程序的信息提示

2.8　平面建模操作实例

2.8.1　设计资料

实例操作演示（1）　实例操作演示（2）

本节通过一个钢筋混凝土框架-剪力墙结构的实例进一步说明 PMCAD 结构模型输入的过程。图 2-70 为该建筑的标准层结构平面布置图，结构层高 3.3m，共 16 层。1~10 层柱尺寸为 800mm×800mm，11~16 层柱尺寸为 600mm×600mm；各层梁尺寸均为 300mm×500mm，剪力墙厚度为 200mm，楼板厚度均为 140mm。边梁与柱外侧对齐，其余梁与柱居中对齐。混凝土强度等级均采用 C30，梁、板、柱、墙钢筋强度等级均为 HRB400。

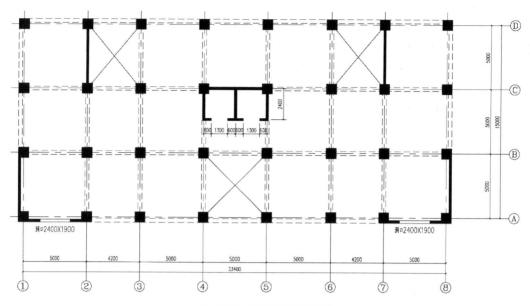

图 2-70 结构平面布置图

2.8.2 轴网输入

打开 PKPM，"结构"页面选择"SATWE 核心的集成设计"模块，单击"新建/打开"按钮，弹出工作目录设置对话框，完成设置后单击"确定"按钮。双击项目预览图图标即进入集成设计系统操作主界面。

（1）轴网输入 在"轴网"菜单单击"正交轴网"按钮，弹出图 2-71 所示对话框，输入结构的开间和进深后，单击"确定"按钮。

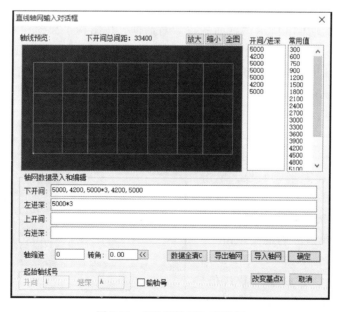

图 2-71 "正交轴网"对话框

（2）轴线命名　单击"轴线命名"按钮，在"请用光标选择轴线（Tab 成批输入）"提示下，按【Tab】键切换为成批输入。在"移光标点取起始轴线"提示下单击左侧第一根轴线作为起始轴线；在"移光标点取终止轴线"提示下单击右侧第一根轴线作为终止轴线。此时程序会自动将两轴线间的所有轴线选中，并提示"移光标去掉不标的轴线（Esc 没有）"，由于没有不标的轴线，直接按【Esc】键。接下来在"输入起始轴线名"提示下，输入"1"，则程序自动将其他轴线命名为"2、3、4、5、6、7、8"。同理可输入水平轴线名称"A、B、C、D"，轴线命名结果如图 2-72 所示。此外，为布置电梯井位置的剪力墙及洞口，在"轴网"菜单选择"两点直线"输入局部附加轴线。

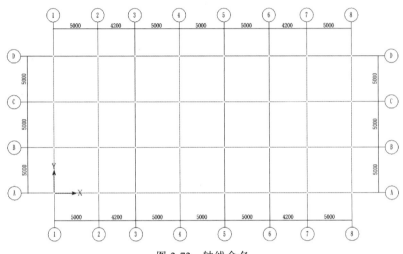

图 2-72　轴线命名

2.8.3　构件布置

（1）柱布置　单击"构件"菜单中的"柱"命令，弹出"柱布置"集成面板，单击"增加"按钮，弹出图 2-73 所示"截面参数"对话框，按结构平面图输入柱参数（800mm×800mm），然后单击"确定"按钮。在柱截面列表中选中已定义的柱截面，本例中布置参数取系统默认值，即柱子相对轴网节点的偏心距均为 0。用光标单击轴网节点布置框架柱，或采用按轴线布置、按窗口布置及按围栏布置等快捷操作方式。

（2）墙布置

1）选择"构件"菜单中的"墙"命令，弹出"墙布置"集成面板，单击"增加"按钮，弹出图 2-74 所示"墙截面信息"对话框，按结构平面图输入墙厚度 200mm，然后单击"确定"按钮。

2）在墙截面列表中选中已定义的墙截面，本例中布置参数取系统默认值，即墙相对轴网节点的偏心距先设置为 0。用光标单击要布置墙的轴网，完成墙体

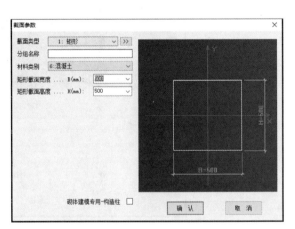

图 2-73　柱"截面参数"对话框

布置。

3）单击"偏心对齐"→"墙与柱齐"，按图2-70所示调整结构左下角与右下角L形剪力墙的偏心距，使其与框架柱的外侧对齐。

4）单击"构件"菜单中的"墙洞"命令，弹出"墙洞布置"集成面板，单击"增加"按钮，弹出图2-75所示"洞口尺寸"对话框，按平面图所示尺寸增加外墙窗洞口及电梯井洞口。选择定义的墙洞布置在平面图的对应位置上。

图2-74 "墙截面信息"对话框

图2-75 "洞口尺寸"对话框

（3）梁布置 选择"构件"菜单中的"梁"命令，弹出"梁布置"集成面板，单击"增加"按钮，弹出图2-76所示"截面参数"对话框，按结构平面图输入梁参数（300mm×500mm），然后单击"确定"按钮。在梁截面列表中选中已定义的梁截面，用光标单击需要布置框架梁的轴线段，或采用按轴线布置、按窗口布置及按围栏布置等快捷操作方式。在梁布置参数中，"偏轴距离"指梁截面形心偏移轴线的距离，进行梁布置时梁将向光标标靶中心所在侧偏移，本例中边梁的偏轴距离为±250mm，中梁的偏轴距离为0。此外，梁布置时也可暂不设置偏轴距离，后续通过"偏心对齐"中的"梁与柱齐"等功能实现梁偏心对齐的快速操作。

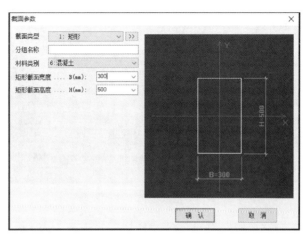

图2-76 梁"截面参数"对话框

至此，标准层的柱、墙、梁构件布置结束，单击"构件"菜单中的"显示截面"命令，可检查构件布置结果，如图2-77所示。

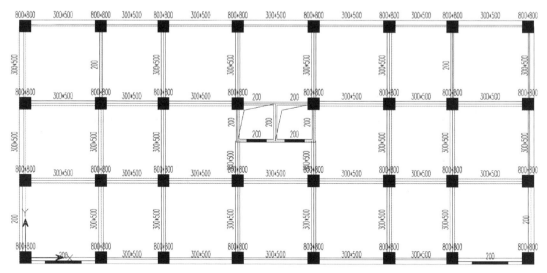

图2-77 柱、墙、梁布置结果

（4）本层信息 选择"本层信息"，弹出"本层信息"对话框，板厚设置为140mm，板、柱、梁、混凝土强度等级均设置为C30，主筋级别设置为HRB400，本层层高设置为3300mm，单击"确定"按钮完成。

（5）楼板生成 选择"楼板"菜单下的"生成楼板"命令，程序按本层信息中的板厚初步生成楼板信息。单击"修改板厚"按钮，将楼梯间板厚设置为0。单击"楼板"菜单中的"全房间洞"按钮，将电梯井位置楼板设置为全房间洞。需要注意的是，楼梯间不可采用"楼板开洞"选项。因为采用楼板开洞后，开洞部分的楼板荷载将在荷载传导时扣除，而事实上楼梯部分的荷载最终是要传导到相邻的梁上的。设置完成后的楼板布置如图2-78所示。

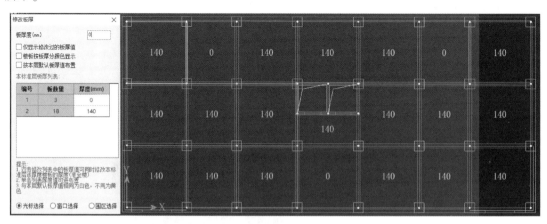

图2-78 生成楼板及修改板厚

（6）楼梯布置 单击"楼板"菜单下的"楼梯"→"布置"按钮，按平面图所示位置布置三跑转角楼梯，楼梯具体参数分别如图2-79和图2-80所示。

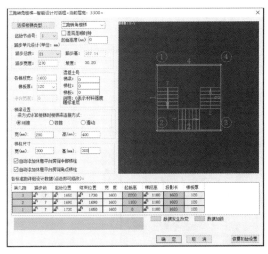

图 2-79 Ⓐ~Ⓑ轴间楼梯设计参数

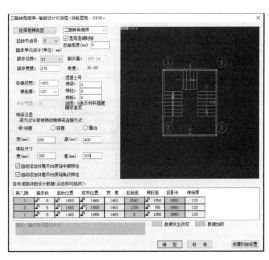

图 2-80 Ⓒ~Ⓓ轴间楼梯设计参数

2.8.4 荷载输入

（1）楼面荷载设置 楼层布置完毕后，进行荷载输入。单击"恒活设置"按钮，弹出图 2-81 所示对话框，将恒载及活载标准值均设置为 2.5kN/m²，并勾选"自动计算现浇楼板自重"等选项。选择"恒载"及"活载"子菜单下的"板"功能，对恒、活与上述设置不同的房间进行修改，修改完成的楼面荷载布置结果如图 2-82 所示。

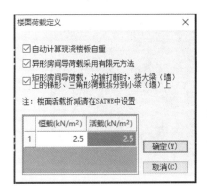

图 2-81 "楼面荷载定义"对话框

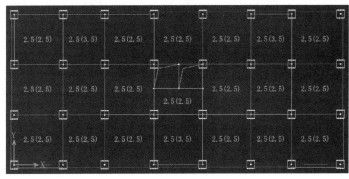

图 2-82 楼面荷载设置结果

（2）梁间荷载设置 单击"恒载"子菜单下的"梁"按钮，弹出"梁：恒载布置"对话框，继续单击"增加"按钮，弹出图 2-83 所示"添加：梁荷载"对话框，勾选"填充墙计算器"选项，根据建筑方案填写填充墙参数后，单击"计算"按钮即可自动完成填充墙均布线荷载计算。

在梁间荷载类型表中，选择要布置的荷载，分别布置到相应的框架梁上，结果如图 2-84 所示。

2.8.5 楼层管理

利用层编辑功能在此结构标准层基础上快速生成其他楼层。在右侧楼层选择快捷栏中单击"添加新标准层"按钮,在弹出的对话框(图2-85)"新增标准层方式"选择"全部复制",然后单击"确定"按钮增加第2标准层。各标准层可以从图2-86所示的下拉列表框中随时切换。

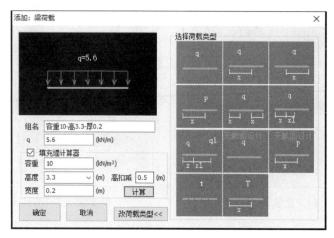

图2-83 "添加:梁荷载"对话框

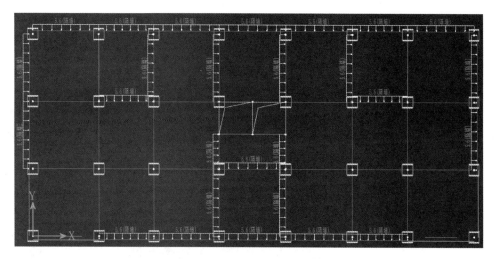

图2-84 "梁间恒荷载"布置结果

图2-85 插标准层

图2-86 切换标准层

第 2 标准层中，将柱截面尺寸修改为 600mm×600mm，其他参数保持不变。

在第 2 标准层基础上，继续增加第 3 标准层作为屋面层，按前述方法完成楼板生成及屋面荷载输入操作，结果分别如图 2-87 ~ 图 2-90 所示。

在第 3 标准层基础上，继续增加第 4 标准层作为机房层。第 4 标准层内，仅保留④~⑤轴至Ⓐ~Ⓑ轴间的部分网格，并按图 2-91 布置结构构件与荷载。至此完成标准层平面建模工作。

2.8.6 模型组装

（1）设计参数定义 单击"楼层"菜单下的"设计参数"按钮，在弹出的对话框中，按实际条件依次修改"总信息""材料信息""地震信息""风荷载信息"和"钢筋信息"。

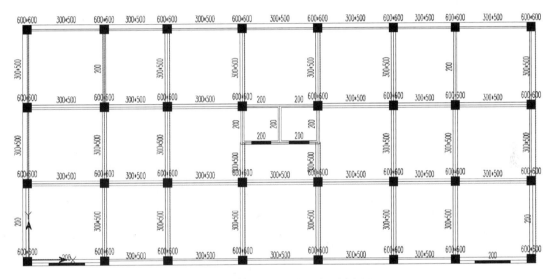

图 2-87 第 3 标准层墙、柱、梁布置

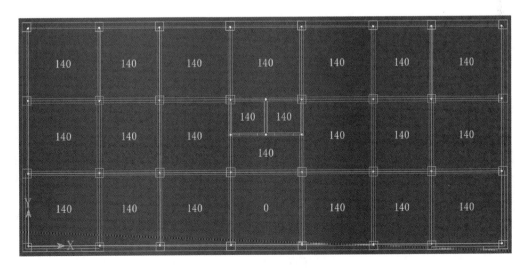

图 2-88 第 3 标准层楼板布置

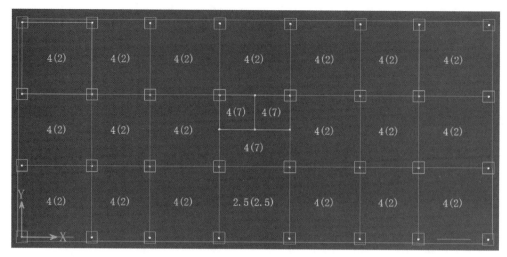

图 2-89　第 3 标准层板荷载布置

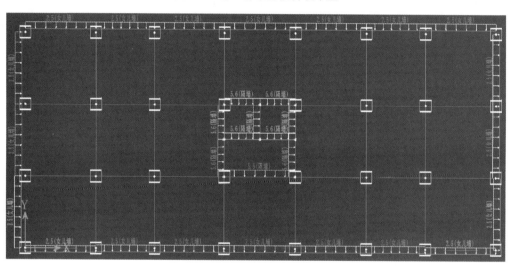

图 2-90　第 3 标准层梁间荷载布置

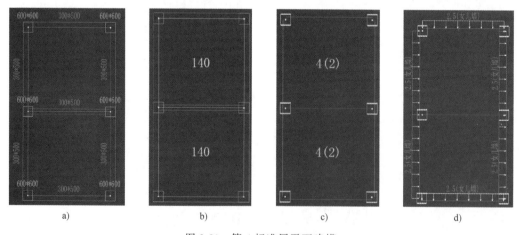

图 2-91　第 4 标准层平面建模

a）梁柱布置　b）楼板布置　c）楼面荷载　d）梁间荷载

1）"总信息"页面的"结构体系"设置为框剪结构，"与基础相连构件最大底标高"设置为−2.0m。

2）"材料信息"页面的"墙水平分布钢筋级别"和"墙竖向分布钢筋级别"设置为HRB400。

3）"地震信息"页面的"砼框架抗震等级"设置为三级，"剪力墙抗震等级"设置为二级；"计算振型个数"设置为18，"周期折减系数"设置为0.85。

4）"风荷载"信息页面的"修正后的基本风压"设置为0.4，"地面粗糙度类别"设置为B。

5）其他参数取默认值，单击"确定"按钮完成参数设置。

（2）楼层组装　选择楼层组装功能。本建筑为16层，2~10层是第1结构标准层，11~15层为第2结构标准层，16层为第3结构标准层，机房层为第4结构标准层，层高均为3300mm；1层设为第5结构标准层，层高为5300mm（楼面至基础顶面）。

1）"复制层数"选1，"标准层"选5，层高指定5300mm，单击"添加"按钮，完成建筑第1层组装。

2）"复制层数"选9，"标准层"选1，层高指定3300mm，单击"添加"按钮，完成建筑第2~10层组装。

3）"复制层数"选5，"标准层"选2，层高指定3300mm，单击"添加"按钮，完成建筑第11~15层组装。

4）"复制层数"选1，"标准层"选3，层高指定3300mm，单击"添加"按钮，完成建筑第16层组装。

5）"复制层数"选1，"标准层"选4，层高指定3300mm，单击"添加"按钮，完成机房层组装。

最终的楼层组装表如图2-92所示。

图2-92　"楼层组装"对话框

（3）全楼模型　单击"动态模型"或"整楼模型"按钮，显示全楼的三维结构模型如图2-93所示。至此，整个结构的建模工作全部完成。退出建模程序时，选择"存盘退出"并单击"确定"按钮，程序将自动完成导荷计算。

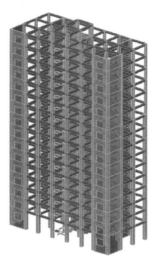

图 2-93　全楼的三维结构模型

2.9　本章练习

1. 简要叙述 PKPM 结构平面建模的一般操作流程。

2. PMCAD 结构平面建模中，有哪四种构件布置方式？

3. 布置框架结构的梁间荷载时，如何利用 PKPM 自带小程序计算隔墙自重线荷载？

4. PKPM 中如何布置楼梯，使其参与结构整体计算？

5. 独立完成 2.8 节示例工程的结构建模。

第3章 结构内力分析与计算

本章介绍：

  SATWE 是采用空间有限元壳元模型计算分析的模块，适合于各种复杂体形的高层钢筋混凝土框架、框剪、剪力墙、筒体结构等，以及钢-混凝土混合结构和高层钢结构。SATWE 可完成建筑结构在恒、活、风载及地震作用下的内力分析、动力时程分析及荷载效应组合计算，可进行活载不利布置计算、底框结构空间计算、吊车荷载计算，并可将上部结构和地下室作为一个整体进行分析，对钢筋混凝土结构可完成截面配筋计算，对钢构件可做截面验算。SATWE 所需的几何信息和荷载信息全部都从 PMCAD 建立的建筑模型中自动提取生成，并且有墙元和弹性楼板单元自动划分，多塔、错层信息自动生成功能，大大简化了用户操作。完成计算后，可接力后处理模块完成全楼结构施工图绘制，并可为基础设计提供荷载。本章将对 SATWE 结构内力分析与计算的参数定义与结果分析方法加以介绍。

学习要点：

- 了解 SATWE 结构内力分析与计算模块的基本功能与适用范围。
- 结合规范要求，熟悉 SATWE 模块的各项参数含义与设置原则。
- 掌握 SATWE 图形与文本结果的查看与分析方法。

3.1 界面环境与基本功能

3.1.1 界面环境

  SATWE 分析与计算模块的界面采用了目前流行的 Ribbon 界面风格，如图 3-1 所示。

  其界面的上侧为典型的 Ribbon 菜单，主要包括"前处理及计算""结果"和"补充验算"三个标签，菜单的扁平化和图形化方便了用户进行菜单查找和对菜单功能的理解。界

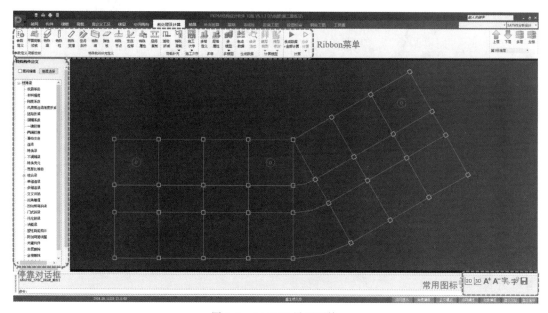

图 3-1 SATWE 界面环境

面的左侧为停靠对话框，更加方便地实现人图交互功能。界面的中间区域为图形窗口，用来显示图形及进行人图交互。界面的下侧为命令行，允许用户通过输入命令的方式实现特定的功能。界面的右下角为常用工具条，为用户提供一些常用的功能，简化了用户的操作流程。如标签页提供了二维和三维显示的切换功能、字体增大和减小功能、移动字体、特殊字体控制开关和保存数据的功能。

3.1.2　基本功能

1）可自动读取 PMCAD 的建模数据、荷载数据，并自动转换成 SATWE 所需的几何数据和荷载数据格式。

2）程序中的空间杆单元除了可以模拟常规的柱、梁外，通过特殊构件定义，还可以有效地模拟铰接梁、支撑等。特殊构件记录在 PMCAD 建立的模型中，这样可以随着 PMCAD 建模变化而变化，实现 SATWE 与 PMCAD 的互动。

3）随着工程应用的不断拓展，SATWE 可以计算的梁、柱及支撑的截面类型越来越多。矩形截面和圆形截面是混凝土结构最常用的截面类型。工字形截面、箱形截面和型钢截面是钢结构最常用的截面类型。自定义任意多边形截面采用人机交互的方式，程序提供了针对不同类型截面的参数输入对话框。

4）剪力墙的洞口仅考虑矩形洞，无须为结构模型简化而加计算洞；墙的材料可以是混凝土、砌体或轻骨料混凝土。

5）考虑了多塔、错层、转换层及楼板局部开大洞口等结构的特点，可以高效、准确地分析这些特殊结构。

6）SATWE 也适用于多层结构、工业厂房及体育场馆等各种复杂结构，并实现了在三维结构分析中考虑活荷载不利布置、底框结构计算和起重机荷载计算功能。

7）自动考虑了梁、柱的偏心、刚域影响。

8）具有剪力墙墙元和弹性楼板单元自动划分功能。

9）具有较完善的数据检查和图形检查功能，以及较强的容错能力。

10）具有模拟施工加载过程的功能，并可以考虑梁上的活荷载不利布置作用。

11）可任意指定水平力作用方向，程序自动按转角进行坐标变换及风荷载导算；还可根据用户需要进行特殊风荷载计算。

12）在单向地震力作用时，可考虑偶然偏心的影响；可进行双向水平地震作用下的扭转地震作用效应计算；可计算多方向输入的地震作用效应；可按振型分解反应谱方法计算竖向地震作用；对于复杂体型的高层结构，可采用振型分解反应谱法进行耦联抗震分析和动力弹性时程分析。

13）对于高层结构，程序可以考虑 $P\text{-}\Delta$ 效应。

14）对于底层框架抗震墙结构，可接力 QITI 整体模型计算进行底框部分的空间分析和配筋设计；对于配筋砌体结构和复杂砌体结构，可进行空间有限元分析和抗震验算。

15）可进行起重机荷载的空间分析和配筋设计。

16）可考虑上部结构与地下室的联合工作，上部结构与地下室可同时进行分析与设计。

17）具有地下室人防设计功能，在进行上部结构分析与设计的同时可完成地下室人防设计。

18）SATWE 计算完以后，可接力施工图设计模块软件绘制梁、柱、剪力墙施工图，接力钢结构设计模块 STS 绘制钢结构施工图。

19）可为 PKPM 系列中基础设计软件 JCCAD、BOX 提供底层柱、墙内力作为其组合设计荷载的依据，从而大大简化各类基础设计中的数据准备工作。

3.1.3 主要特点与适用范围

（1）模型化误差小、分析精度高 对剪力墙和楼板的合理简化及有限元模拟，是多、高层结构分析的关键。SATWE 以壳元理论为基础，构造了一种通用墙元来模拟剪力墙，这种墙元对剪力墙洞口（仅限于矩形洞）的尺寸和位置无限制，具有较好的适用性。墙元不仅具有平面内刚度，也具有平面外刚度，可以较好地模拟工程中剪力墙的真实受力状态，而且墙元的每个节点都具有空间全部六个自由度，可以方便地与任意空间梁、柱单元连接，而无须任何附加约束。对于楼板，SATWE 给出了四种简化假定，即假定楼板整体平面内无限刚、分块无限刚、分块无限刚带弹性连接板带和弹性楼板。上述假定灵活、实用，在应用中可根据工程的实际情况采用其中的一种或几种。

（2）计算速度快、解题能力强 SATWE 具有自动搜索计算机内存的功能，可把计算机的内存资源充分利用起来，最大限度地发挥计算机硬件资源的作用，在一定程度上解决了在计算机上运行的结构有限元分析软件的计算速度和解题能力问题。

（3）前后处理功能强 SATWE 前接 PMCAD 模块，完成结构建模。SATWE 前处理模块可实现读取 PMCAD 生成的结构几何信息及荷载数据，补充输入 SATWE 的特有信息，诸如特殊构件（弹性楼板、转换梁、框支柱等）、温度荷载、起重机荷载、支座位移、特殊风荷载、多塔，以及局部修改原有材料强度、抗震等级或其他相关参数，完成墙元和弹性楼板单元自动划分等功能。

由 SATWE 完成内力分析和配筋计算后，可接力混凝土施工图模块，并可为基础设计

JCCAD 模块提供传基础刚度及柱、墙底部组合内力作为各类基础的设计荷载。同时 SATWE 自身具有强大的图形后处理功能。

（4）适用范围可满足大多数工程需求　①结构层数（高层版）≤200；②每层梁数≤12000；③每层柱数≤5000；④每层墙数≤4000；⑤每层支撑数≤2000；⑥每层塔数≤20；⑦每层刚性楼板数≤99；⑧结构总自由度数不限。

3.2　结构分析与计算的主要流程

SATWE 结构分析与计算的主要流程如图 3-2 所示。

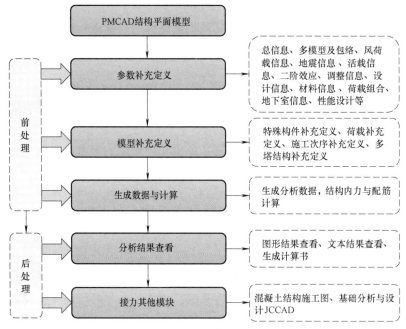

图 3-2　SATWE 结构分析与计算的主要流程

3.3　分析与设计参数定义

SATWE 的前处理及计算菜单如图 3-3 所示。

前处理与计算

图 3-3　SATWE 前处理及计算菜单

"参数定义"中的参数信息是 SATWE 计算分析必需的信息。新建工程必须执行此项菜单，确认参数正确后方可进行下一步的操作，此后如参数不再改动，则可略过此项菜单。对于一个新建工程，在 PMCAD 模型中已经包含了部分参数，这些参数可以为 PKPM 结构系列软件的多个模块所共用，但对于结构分析而言并不完备。SATWE 在 PMCAD 参数的基础上，提供了一套更为丰富的参数，以适应结构分析和设计的具体需要。

在单击"参数定义"菜单后，弹出的"分析和设计参数补充定义"对话框共分为 18 个页面，分别为：总信息、多模型及包络、风荷载信息、地震信息、隔震信息、活荷载信息、二阶效应、刚度调整、内力调整、基本设计信息、钢结构设计信息、钢筋信息、混凝土信息、工况信息、组合信息、地下室信息、性能设计和高级参数。

生成数据是 SATWE 前处理的核心功能，程序将 PMCAD 模型数据和前处理补充定义的信息转换成适合有限元分析的数据格式。新建工程必须执行"生成数据"菜单，正确生成 SATWE 数据并且数据检查无错误提示后，方可进行下一步的计算分析。此外，只要在 PM-CAD 中修改了模型数据或在 SATWE 前处理中修改了参数、特殊构件等相关信息，都必须重新执行"生成 SATWE 数据文件及数据检查"，才能使修改生效。

除上述两项，其余各项菜单不是必需的，可根据工程实际情况，有针对性地选择执行。

3.3.1 总信息

"总信息"页面如图 3-4 所示。"总信息"页面包含的是结构分析必需的基本参数。

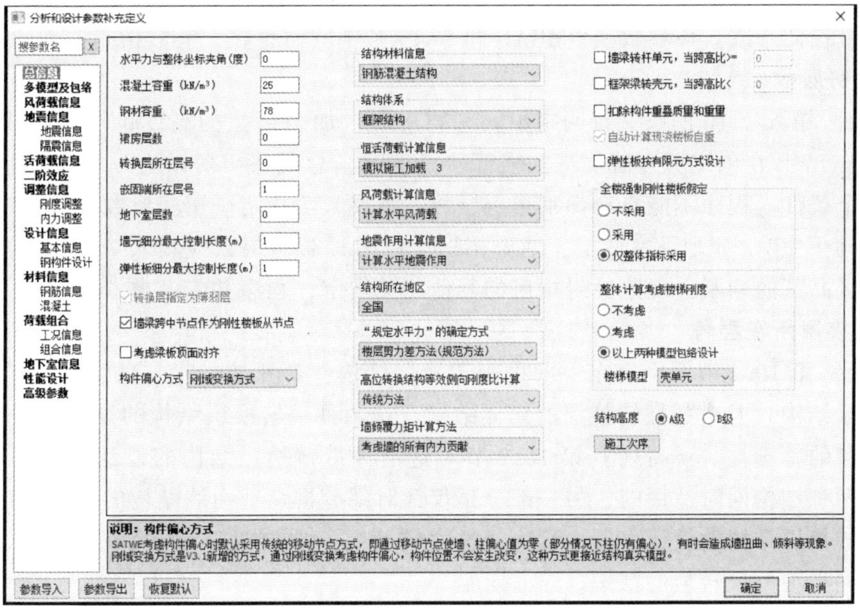

图 3-4 "总信息"页面

页面左下角的"参数导入""参数导出"功能，可以将自定义参数保存在一个文件里，方便用户统一设计参数时使用。"恢复默认"功能可将参数恢复为 SATWE 初始参数设置。页面左上角设有参数搜索功能。在文本框中直接输入关键字，程序对包含此项关键字的参数高亮显示，单击右侧"×"按钮可退出搜索状态。

1. 水平力与整体坐标夹角

地震作用和风荷载的方向默认是沿着结构建模的整体坐标系 X 轴和 Y 轴方向成对作用的。当用户认为该方向不能控制结构的最大受力状态时，则可改变水平力的作用方向。改变"水平力与整体坐标夹角"，实质上就是填入新的水平力方向与整体坐标系 X 轴之间的夹角，逆时针方向为正，单位为度。程序默认为0°。

改变夹角后，程序并不直接改变水平力的作用方向，而是将结构反向旋转相同的角度，以间接改变水平力的作用方向，即填入30°时，SATWE中将结构平面顺时针旋转30°，此时水平力的作用方向将仍然沿整体坐标系的 X 轴和 Y 轴方向，即0°和90°方向。改变结构平面布置转角后，必须重新执行"生成数据"菜单，以自动生成新的模型几何数据和风荷载信息。

此参数将同时影响地震作用和风荷载的方向。因此建议需改变风荷载作用方向时才采用该参数。此时如果结构新的主轴方向与整体坐标系方向不一致，可将主轴方向角度作为"斜交抗侧力附加地震方向"填入，以考虑沿结构主轴方向的地震作用。

如不改变风荷载方向，只需考虑其他角度的地震作用时，则无须改变"水平力与整体坐标夹角"，只增加附加地震作用方向即可。

2. 混凝土容重、钢材容重

"混凝土容重"和"钢材容重"用于求梁、柱、墙和板自重，一般情况下混凝土的为 $25kN/m^3$，钢材的为 $78kN/m^3$，即程序的默认值。如要考虑梁、柱、墙和板上的抹灰、装修层等荷载时，可以采用增大其值的方法近似考虑，以避免烦琐的荷载导算。若采用轻质混凝土等，也可在此修改。该参数在 PMCAD 和 SATWE 中同时存在，其数值是联动的。

3. 裙房层数

《抗规》第6.1.10的条文说明指出：有裙房时，加强部位的高度也可以延伸至裙房以上一层。SATWE 在确定剪力墙底部加强部位高度时，总是将裙房以上一层作为加强区高度判定的一个条件。程序不能自动识别裙房层数，需要人工指定。裙房层数应从结构最底层起算（包括地下室）。如地下室3层，地上裙房4层时，裙房层数应填入7。裙房层数仅用于底部加强区高度的判断，规范针对裙房的其他相关规定，程序并未考虑。

4. 转换层所在层号

《高规》第10.2节明确规定了两种带转换层结构：带托墙转换层的剪力墙结构（部分框支剪力墙结构）及带托柱转换层的筒体结构。这两种带转换层结构的设计有其相同之处，也有其各自的特殊性。《高规》第10.2节对这两种带转换层结构的设计要求做出了规定，一部分是两种结构同时适用的，另一部分是仅针对部分框支剪力墙结构的设计规定。为适应不同类型转换层结构的设计需要，程序通过"转换层所在层号"和"结构体系"两项参数来区分不同类型的带转换层结构。

1) 只要用户填写了"转换层所在层号"，程序即判断该结构为带转换层结构，自动执行《高规》第10.2节针对两种结构的通用设计规定，如根据第10.2.2判断底部加强区高度、根据第10.2.3条输出刚度比等。

2) 如果用户同时选择了"部分框支剪力墙结构"，程序在上述基础上还将自动执行《高规》第10.2节专门针对部分框支剪力墙结构的设计规定，包括根据第10.2.6条对高位转换时框支柱和剪力墙底部加强部位抗震等级自动提高一级、根据第10.2.16-7条输出框支框架的地震倾覆力矩、根据第10.2.17条对框支柱的地震内力进行调整、根据第10.2.18条对剪力墙底部加强部位的组合内力进行放大、根据第10.2.19条控制剪力墙底部加强部位分布钢筋的最小配筋率等。

3) 如果用户填写了"转换层所在层号"但选择了其他结构类型，程序将不执行上述仅针对部分框支剪力墙结构的设计规定。

关于水平转换构件和转换柱的设计要求，与"转换层所在层号"及"结构体系"两项参数均无关，只取决于在"特殊构件补充定义"中对构件属性的指定。只要指定了相关属性，程序将自动执行相应的调整，如根据第10.2.4条对水平转换构件的地震内力进行放大、根据第10.2.7条和第10.2.10条执行转换梁、柱的设计要求等。

对于仅有个别构件进行转换的结构，如剪力墙结构或框架-剪力墙结构中存在的个别墙或柱在底部进行转换的结构，可参照水平转换构件和转换柱的设计要求进行构件设计，此时只需对这部分构件指定其特殊构件属性，不需要再填写"转换层所在层号"，程序将仅执行对于转换构件的设计规定。

程序不能自动识别转换层，需要人工指定。"转换层所在层号"应从结构最底层起算（包括地下室）。如地下室3层，转换层位于地上2层时，转换层所在层号应填入5。程序在进行高位转换层判断时，是以地下室顶板起算转换层的层号，即以（转换层所在层号-地下室层数）进行判断，大于或等于3层时为高位转换。

5. 嵌固端所在层号

对于无地下室的结构，嵌固端一定位于首层底部，此时嵌固端所在层号为1，即结构首层；对于带地下室的结构，当地下室顶板具有足够的刚度和承载力，并满足规范的相应要求时，可以作为上部结构的嵌固端，此时嵌固端所在楼层为地上一层，即（地下室层数+1），这也是程序默认的"嵌固端所在层号"。如果修改了地下室层数，应注意确认嵌固端所在层号是否需相应修改。

嵌固端位置的确定应参照《抗规》第6.1.14条和《高规》第12.2.1条的相关规定，其中应特别注意楼层侧向刚度比的要求。如地下室顶板不能满足作为嵌固端的要求，则嵌固端位置要相应移动至满足规范要求的楼层。程序默认的"嵌固端所在层号"总是为地上一层，并未判断是否满足规范要求，用户应特别注意自行判断并确定实际的嵌固端位置。

对于此处指定的嵌固端，程序主要执行如下的调整：

1）确定剪力墙底部加强部位时，将起算层号取为（嵌固端所在层号-1），即默认将加强部位延伸到嵌固端下一层，比《抗规》第6.1.10-3条的要求保守一些。

2）嵌固端下一层的柱纵向钢筋，除应满足计算配筋外，还应不小于上层对应位置柱的同侧纵筋的1.1倍，梁端弯矩设计值应放大1.3倍，参见《抗规》第6.1.14条和《高规》第12.2.1条。

3）当嵌固层为结构底层时，即"嵌固端所在层号"为1时，进行薄弱层判断时的刚度比限值取1.5，参见《高规》第3.5.2-2条。

4）涉及"底层"的内力调整，除底层外，程序将同时针对嵌固层进行调整，参见《抗规》第6.2.3条、第6.2.10-3条等。

6. 地下室层数

地下室层数是指与上部结构同时进行内力分析的地下室部分的层数。地下室层数影响风荷载和地震作用计算、内力调整、底部加强区的判断等众多内容，是一项重要参数。

7. 墙元、弹性板细分最大控制长度

工程规模较小时，建议在0.5~1.0之间填写；剪力墙数量较多，不能正常计算时，可适当增大细分尺寸，在1.0~2.0之间取值，但前提是一定要保证网格质量。用户可在SAT-

WE 的 "分析模型及计算"→"模型简图"→"空间简图" 中查看网格划分的结果。

当楼板采用弹性板或弹性膜时，弹性板细分最大控制长度起作用。通常墙元和弹性板可取相同的控制长度。当模型规模较大时可适当降低弹性板控制长度，在 $1.0\sim2.0$ 之间取值，以提高计算效率。

8. 转换层指定为薄弱层

SATWE 中这个参数默认勾选，不可更改。勾选此项与在 "内力调整" 页 "指定薄弱层号" 中直接填写转换层层号的效果相同。

9. 墙梁跨中节点作为刚性楼板从节点

勾选此项时，剪力墙洞口上方墙梁的上部跨中节点将作为刚性楼板的从节点；不勾选时，这部分节点将作为弹性节点参与计算。该选项的本质是确定连梁跨中节点与楼板之间的变形协调，将直接影响结构整体的分析和设计结果，尤其是墙梁的内力及设计结果。

10. 考虑梁板顶面对齐

PMCAD 建立的模型是梁和板的顶面与层顶对齐，这与真实的结构是一致的。计算时若不勾选 "考虑梁板顶面对齐" 会强制将梁和板上移，使梁的形心线、板的中面位于层顶，这与实际情况有些出入。勾选 "梁板顶面对齐" 时，程序将梁、弹性膜、弹性板沿法向向下偏移，使其顶面置于原来的位置。有限元计算时用刚域变换的方式处理偏移。当勾选考虑梁板顶面对齐，同时将梁的刚度放大系数置 1.0，理论上此时的模型最为准确合理。采用这种方式时应注意定义全楼弹性板，且楼板应采用有限元整体结果进行配筋设计，但目前 SATWE 尚未提供楼板的设计功能，因此用户在使用该选项时应慎重。

11. 构件偏心方式

（1）传统移动节点方式 如果模型中的墙存在偏心，则程序会将节点移动到墙的实际位置，以此来消除墙的偏心，即墙总是与节点贴合在一起，而其他构件的位置可以与节点不一致，它们通过刚域变换的方式进行连接。

（2）刚域变换方式 将所有节点的位置保持不动，通过刚域变换的方式考虑墙与节点位置的不一致。

12. 结构材料信息

程序提供 "钢筋混凝土结构""钢与砼混合结构""有填充墙钢结构""无填充墙钢结构""砌体结构" 5 个选项供用户选择。该选项会影响程序选择不同的规范来进行分析和设计。如对于框剪结构，当 "结构材料信息" 为 "钢结构" 时，程序按照钢框架-支撑体系的要求执行 $0.25V_0$ 调整；当 "结构材料信息" 为 "混凝土结构" 时，则执行混凝土结构的 $0.2V_0$ 调整。因此应正确填写该信息。

13. 结构体系

程序提供了 20 种结构形式，包括框架、框剪、框筒、筒中筒、剪力墙、板柱剪力墙结构、异型柱框架结构、异型柱框剪结构、配筋砌块砌体结构、砌体结构、底框结构、部分框支剪力墙结构、单层钢结构厂房、多层钢结构厂房、钢框架结构、巨型框架-核心筒结构（仅限广东地区）、装配整体式框架结构、装配整体式剪力墙结构、装配整体式部分框支剪力墙结构和装配整体式预制框架-现浇剪力墙结构。结构体系的选择影响到众多规范条文的执行，计算时应根据实际结构形式确定。

14. 恒活荷载计算信息

（1）不计算恒活荷载　不计算竖向荷载。

（2）一次性加载　按一次加荷方式计算竖向荷载。

（3）模拟施工加载1　按模拟施工加荷方式计算竖向荷载。

（4）模拟施工加载2　按模拟施工加荷方式计算竖向荷载，同时在分析过程中将竖向构件（柱、墙）的轴向刚度放大10倍，以削弱竖向荷载按刚度的重分配。这样做将使得柱和墙上分得的轴力比较均匀，接近手算结果，传给基础的荷载更为合理。

（5）模拟施工加载3　比较真实地模拟结构竖向荷载的加载过程，即分层计算各层刚度后，再分层施加竖向荷载，采用这种方法计算出来的结果更符合工程实际。需要注意的是，采用"模拟施工加载3"时，必须正确指定"施工次序"，否则会直接影响到计算结果的准确性。

15. 风荷载计算信息

SATWE提供两类风荷载，一类是程序依据《荷规》公式（8.1.1-1）在"分析模型及计算"→"生成数据"时自动计算的水平风荷载，作用在整体坐标系的X和Y向，可在"分析模型及计算"→"风荷载"菜单中查看，习惯称为"水平风荷载"；另一类是在"设计模型前处理"→"特殊风荷载"菜单中自定义的特殊风荷载。"特殊风荷载"又可分为两类，即通过单击"自动生成"菜单自动生成的特殊风荷载和用户自定义的特殊风荷载，习惯统称为"特殊风荷载"。

一般来说，大部分工程采用SATWE默认的"水平风荷载"即可，如需考虑更细致的风荷载，则可通过"特殊风荷载"实现。SATWE通过"风荷载计算信息"参数判断参与内力组合和配筋时的风荷载种类，具体如下：

（1）不计算风荷载　任何风荷载均不计算。

（2）计算水平风荷载　仅水平风荷载参与内力分析和组合，无论是否存在特殊风荷载数据。

（3）计算特殊风荷载　仅特殊风荷载参与内力分析和组合。

（4）计算水平和特殊风荷载　水平和特殊风荷载同时参与内力分析和组合。此选项只用于特殊情况，一般工程不建议采用。

16. 地震作用计算信息

（1）不计算地震作用　对于不进行抗震设防的地区或者抗震设防烈度为6度时的部分结构，《抗规》第3.1.2条规定可以不进行地震作用计算，此时可选择"不计算地震作用"。

《抗规》第5.1.6条规定，6度时的部分建筑，应允许不进行截面抗震验算，但应符合有关的抗震措施要求。因此这类结构在选择"不计算地震作用"的同时，仍然要在"地震信息"页中指定抗震等级，以满足抗震构造措施的要求。此时，"地震信息"页除抗震等级相关参数外，其余项会变灰。

（2）计算水平地震作用　计算X、Y两个方向的地震作用。

（3）计算水平和规范简化方法竖向地震　按《抗规》第5.3.1条规定的简化方法计算竖向地震。

（4）计算水平和反应谱方法竖向地震　按竖向振型分解反应谱方法计算竖向地震。

《高规》第4.3.14规定：跨度大于24m的楼盖结构、跨度大于12m的转换结构和连体结构、悬挑长度大于5m的悬挑结构，结构竖向地震作用效应标准值宜采用时程分析方法或振型分解反应谱方法进行计算。SATWE提供了按竖向振型分解反应谱方法计算竖向地震的选项。

采用振型分解反应谱法计算竖向地震作用时，程序输出每个振型的竖向地震力，以及楼层的地震反应力和竖向作用力，并输出竖向地震作用系数和有效质量系数，与水平地震作用均类似。

（5）计算水平和等效静力法竖向地震　按《抗规》第5.3.2条和第5.3.3条及《高规》第4.3.15条的要求，增加了"等效静力法"计算竖向地震作用效应，并且可以针对构件在结构中的不同位置指定不同的竖向地震效应系数，使得高烈度区的大跨度、长悬臂结构等的竖向地震效应计算更加合理。

17. 结构所在地区

分为全国、上海、广东，分别采用中国国家规范、上海地区规程和广东地区规程。

18. "规定水平力"的确定方式

《高规》第3.4.5条规定，在规定水平力下楼层的最大弹性水平位移（层间位移），不宜大于该楼层两端弹性水平位移（层间位移）平均值的1.2倍。规定水平力的确定方式依据上述要求，采用楼层地震剪力差的绝对值作为楼层的规定水平力，即选项"楼层剪力差方法（规范方法）"，一般情况下建议选择此项方法。"节点地震作用CQC组合方法"是程序提供的另一种方法，其结果仅供参考。

19. 高位转换结构等效侧向刚度比计算

（1）"传统方法"　采用串联层刚度模型计算。

（2）采用《高规》附录E.0.3方法　程序自动按照《高规》要求分别建立转换层上下部结构的有限元分析模型，并在层顶施加单位力，计算上下部结构的顶点位移，进而获得上下部结构的刚度和刚度比。此时，需选择"全楼强制采用刚性楼板假定"或"整体指标计算采用强刚，其他指标采用非强刚"。

20. 墙倾覆力矩计算方法

在一般的框剪结构设计中，剪力墙的面外刚度及其抗侧力能力是被忽略的，因为在正常的结构中，剪力墙的面外抗侧力贡献相对于其面内微乎其微。但对于单向少墙结构，剪力墙的面外成为一种不能忽略的抗侧力成分，它在性质上类似于框架柱，宜看作一种独立的抗侧力构件。

程序提供了墙倾覆力矩计算方法的三个选项，分别为"考虑墙的所有内力贡献""只考虑腹板和有效翼缘，其余部分计算框架"和"只考虑面内贡献，面外贡献计入框架"。当需要界定结构是否为单向少墙结构体系时，建议选择"只考虑面内贡献，面外贡献计入框架"。当用户无须进行是否是单向少墙结构的判断时，可以选择"只考虑腹板和有效翼缘，其余部分计入框架"。

21. 墙梁转杆单元的控制跨高比

当墙梁的跨高比过大时，如果仍用壳元来计算墙梁的内力，计算结果的精度较差。用户可指定"墙梁转杆单元的控制跨高比"，程序会自动将墙梁跨高比大于该值的墙梁转换成框架梁，并按照框架梁计算刚度、内力并进行设计，结果更加准确合理。当指定"墙梁转杆单元的跨高比"为0时，程序对所有的墙梁不做转换处理。

22. 框架梁按壳元计算控制跨高比

根据跨高比将框架连梁转换为墙梁（壳），同时增加了转换壳元的特殊构件定义，将框架方式定义的转换梁转为壳的形式。用户可通过指定该参数将跨高比小于该限值的矩形截面框架连梁用壳元计算其刚度，若该限值取值为 0，则对所有框架连梁都不做转换。

23. 扣除构件重叠质量和重量

勾选此项时，梁、墙扣除与柱重叠部分的重量和质量。由于重量和质量同时扣除，恒荷载总值会有所减小（传到基础的恒荷载总值也随之减小），结构周期也会略有缩短，地震剪力和位移相应减少。

从设计安全性角度而言，适当的安全储备是有益的，建议用户仅在确有经济性需要，并对设计结果的安全性确有把握时才谨慎选用该选项。

24. 弹性板按有限元方式设计

梁板共同工作的计算模型，可使梁上荷载由板和梁共同承担，从而减少梁的受力和配筋，特别是针对楼板较厚的板，应将其设置为弹性板 3 或者弹性板 6 计算。在 SATWE 的前处理中，可通过以下步骤实现楼板有限元分析和设计：

第 1 步，正常建模，退出时仍按原方式导荷，支持各种楼面荷载种类、点荷载、线荷载及面荷载。

第 2 步，在参数对话框中确认各层楼板的主筋强度。

第 3 步，在特殊构件中指定需进行配筋设计的楼板为弹性板 3 或弹性板 6。

25. 全楼强制采用刚性楼板假定

"强制刚性楼板假定"和"刚性楼板假定"是两个相关但不等同的概念，应注意区分。

"刚性楼板假定"是指楼板平面内无限刚，平面外刚度为零的假定。每块刚性楼板有三个公共的自由度，从属于同一刚性板的每个节点只有三个独立的自由度。这样能大大减少结构的自由度，提高分析效率。SATWE 自动搜索全楼楼板，对于符合条件的楼板，自动判断为刚性楼板，并采用刚性楼板假定，无须用户干预。

"强制刚性楼板假定"则不区分刚性板、弹性板或独立的弹性节点，只要是位于该层楼面标高处的所有节点，在计算时都将强制从属同一刚性板。"强制刚性楼板假定"可能改变结构的真实模型，因此其适用范围是有限的，一般仅在计算位移比、周期比、刚度比等指标时建议选择。在进行结构内力分析和配筋计算时，仍要遵循结构的真实模型，才能获得正确的分析和设计结果。

"仅整体指标采用"指整体指标计算采用强刚模型计算，其他指标采用非强刚模型计算。勾选此项，程序自动对强制刚性楼板假定和非强制刚性楼板假定两种模型分别进行计算，并对计算结果进行整合，用户可以在文本结果中同时查看到两种计算模型的位移比、周期比及刚度比这三项整体指标，其余设计结果则全部取自非强制刚性楼板假定模型。通常情况下，无须用户再对结果进行整理，即可实现与过去手动进行两次计算相同的效果。

26. 整体计算考虑楼梯刚度

在结构建模中创建的楼梯，用户可在 SATWE 中选择是否在整体计算时考虑楼梯的作用。若在整体计算中考虑楼梯，程序会自动将梯梁、梯柱、梯板加入到模型当中。当采用楼梯参与计算时，暂不支持按构件指定施工次序的施工模拟计算。

SATWE 提供了两种楼梯计算的模型：壳单元和梁单元，默认采用壳单元。两者的区别在于对梯段的处理，壳单元模型用膜单元计算梯段的刚度，而梁单元模型用梁单元计算梯段的刚度，两者对于平台板都用膜单元来模拟。程序可自动对楼梯单元进行网格细分。

此外，针对楼梯计算，SATWE设置了自动进行多模型包络设计。如果用户选择同时计算不带楼梯模型和带楼梯模型，则程序自动生成两个模型，并进行包络设计。

27. 结构高度

目前，该参数只针对执行广东高规（DBJ 15-92—2013）的项目起作用，A级和B级用于结构扭转不规则程度的判断和输出。

28. 施工次序

单击"施工次序"按钮，弹出图3-5所示对话框。若用户勾选了"联动调整"，当用户修改某一层的施工次序，其以上自然层的施工次序也会调整相应的变化量。

3.3.2 多模型及包络

"多模型及包络"页面如图3-6所示。

图3-5 "施工次序"对话框

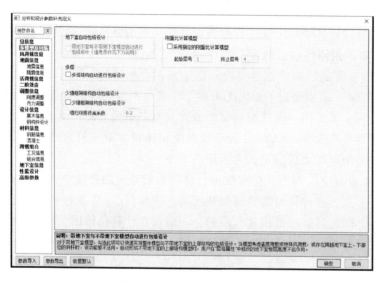

图3-6 "多模型及包络"页面

1. 带地下室与不带地下室模型自动进行包络设计

对于带地下室模型，勾选此项可以快速实现整体模型与不带地下室的上部结构的包络设计。当模型考虑温度荷载或特殊风荷载，或存在跨越地下室上、下部位的斜杆时，该功能暂不适用。自动形成不带地下室的上部结构模型时，用户在"层塔属性"中修改的地下室楼层高度不起作用。

2. 多塔结构自动进行包络设计

该参数主要用来控制多塔结构是否进行自动包络设计。勾选了该参数，程序允许进行多塔包络设计；反之，不勾选该参数，即使定义了多塔子模型，程序也不会进行多塔包络设计。

3. 少墙框架结构自动包络设计

针对少墙框架结构增加少墙框架结构自动包络设计功能。勾选该项，程序自动完成原始模型与框架结构模型的包络设计。

"墙柱刚度折减系数"仅对少墙框架结构包络设计有效。框架结构子模型通过该参数对墙柱的刚度进行折减得到。另外，可在"设计属性补充"项"墙柱的刚度折减系数"对其进行单构件修改。

4. 刚重比计算模型

程序将在全楼模型的基础上，增加计算一个子模型，该子模型的起始层号和终止层号由用户指定，即从全楼模型中剥离出一个刚重比计算模型。该功能适用于结构存在地下室、大底盘，顶部附属结构重量可忽略的刚重比指标计算，且仅适用于弯曲型和弯剪型的单塔结构。

（1）起始层号 即刚重比计算模型的最底层是当前模型的第几层。该层号从楼层组装的最底层起算（包括地下室）。

（2）终止层号 即刚重比计算模型的最高层是当前模型的第几层。目前程序未自动附加被去掉的顶部结构的自重，因此仅当顶部附属结构的自重相对主体结构可以忽略时才可采用，否则应手工建立模型进行单独计算。

3.3.3 风荷载信息

"风荷载信息"页面如图 3-7 所示。SATWE 依据《荷规》的公式（8.1.1-1）计算风荷载。计算相关的参数在此页面填写，包括水平风荷载和特殊风荷载相关的参数。若在"总信息"页面"风荷载计算信息"参数中选择了不计算风荷载，可不必考虑此页面参数的取值。

图 3-7 "风荷载信息"页面

1. 地面粗糙度类别

分 A、B、C、D 四类，用于计算风压高度变化系数等。

2. 修正后的基本风压

修正后的基本风压用于计算《荷规》公式（8.1.1-1）的风压值 w_0，一般按照《荷规》

给出的 50 年一遇的风压采用，对于部分风荷载敏感建筑，应考虑地点和环境的影响进行修正：如沿海地区和强风地带等；又如《门规》中规定，基本风压按《荷规》的规定值乘以 1.05 采用。用户应自行依据相关规范、规程对基本风压进行修正，程序以用户填入的修正后风压值进行风荷载计算，不再另行修正。

3. X、Y向结构基本周期

"结构基本周期"用于脉动风荷载的共振分量因子 R 的计算，见《荷规》公式（8.4.4-1）。新版 SATWE 可以分别指定 X 向和 Y 向的基本周期，用于 X 向和 Y 向风荷载的计算。

对于比较规则的结构，可以采用近似方法计算基本周期，框架结构取 $T=(0.08\sim0.10)N$，框剪结构、框筒结构取 $T=(0.06\sim0.08)N$，剪力墙结构、筒中筒结构取 $T=(0.05\sim0.06)N$，其中 N 为结构层数。

程序按简化方式对基本周期赋初值，用户也可以在 SATWE 计算完成后，得到了准确的结构自振周期，再回到此处将新的周期值填入，然后重新计算，以得到更为准确的风荷载。

4. 风荷载作用下结构的阻尼比

与"结构基本周期"相同，该参数也用于脉动风荷载的共振分量因子 R 的计算。

新建工程第一次进 SATWE 时，会根据"结构材料信息"自动对"风荷载作用下的阻尼比"赋初值：混凝土结构及砌体结构为 0.05，有填充墙钢结构为 0.02，无填充墙钢结构为 0.01。

5. 承载力设计时风荷载效应放大系数

《高规》第 4.2.2 条规定，对风荷载比较敏感的高层建筑，承载力设计时应按基本风压的 1.1 倍采用。对于正常使用极限状态设计，一般仍可采用基本风压值或由设计人员根据实际情况确定。也就是说，部分高层建筑在风荷载承载力设计和正常使用极限状态设计时，可能需要采用两个不同的风压值。为此，SATWE 新增了"承载力设计时风荷载效应放大系数"，用户只需按照正常使用极限状态确定风压值，程序在进行风荷载承载力设计时，将自动对风荷载效应进行放大，相当于进行承载力设计时的风压值得到了提高，这样一次计算就可同时得到全部结果。

填写该系数后，程序将直接对风荷载作用下的构件内力进行放大，不改变结构位移。结构对风荷载是否敏感，以及是否需要提高基本风压，规范尚无明确规定，应由设计人员根据实际情况确定。程序默认值为 1.0。

6. 自定义风荷载信息

用户在执行"生成数据"后可在"模型修改"的"风荷载"菜单中对程序自动计算的水平风荷载进行修改。勾选此参数，再次执行生成数据，风荷载将会保留；否则，自定义风荷载将会被替换。

7. 顺风向风振

《荷规》第 8.4.1 条规定，对于高度大于 30m 且高宽比大于 1.5 的房屋，以及基本自振周期 $T_1>0.25s$ 的各种高耸结构，应考虑风压脉动对结构产生顺风向风振的影响。当计算中需考虑顺风向风振时，应勾选该菜单，程序自动按照规范要求进行计算。

8. 横风向风振与扭转风振

《荷规》第 8.5.1 条规定，对于横风向风振作用效应明显的高层建筑及细长圆形截面构筑物，宜考虑横风向风振的影响；第 8.5.4 条规定，对于扭转风振作用效应明显的高层建筑及高耸结构，宜考虑扭转风振的影响。

9. 横向风或扭转风振校核

考虑风振的方式可以通过风洞试验或者按照《荷规》附录 H.1、H.2 和 H.3 确定。当采用风洞试验数据时，程序提供文件接口 WINDHOLE.PM，用户可根据格式进行填写。当采用程序提供的《荷规》附录方法时，除了需要正确填写周期等相关参数，必须根据规范条文确保其适用范围，否则计算结果可能无效。为便于验算，程序提供了图 3-8 所示"校核"结果供用户参考，应仔细阅读相关内容。

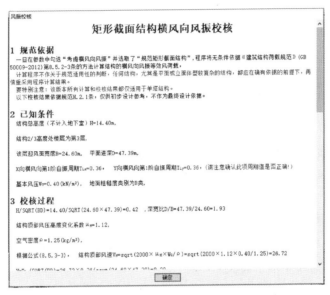

图 3-8　横向风振校核结果

10. 用于舒适度验算的风压、阻尼比

《高规》第 3.7.6 规定，房屋高度不小于 150m 的高层混凝土建筑结构应满足风振舒适度要求。SATWE 根据《高层民用建筑钢结构技术规程》（JGJ 99—1998）（以下简称《高钢规》）第 5.5.1 第 4 条，对风振舒适度进行验算。

验算风振舒适度时，需要用到风压和阻尼比，其取值与风荷载计算时采用的基本风压和阻尼比可能不同，因此单独列出，仅用于舒适度验算。

按照《高规》要求，验算风振舒适度时结构阻尼比宜取 0.01~0.02，程序默认取 0.02，风压则默认与风荷载计算的基本风压取值相同，用户均可修改。

11. 导入风洞实验数据

如果想对各层各塔的风荷载做更精细的指定，可使用此功能，如图 3-9 所示。

12. 水平风体型系数

"总信息"页面"风荷载计算信息"下拉框中，选择"计算水平风荷载"或者"计算水平和特殊风荷载"时，可在此处指定水平风荷载计算时所需的体型系数。

当结构立面变化较大时，不同区段内的体型系数可能不一样，程序限定体型系数最多可分三段取值。程序允许用户分 X、Y 方向分别指定体型系数。由于程序计算风荷载时自动扣除地下室高度，因此分段时只需考虑上部结构，不用将地下室单独分段。

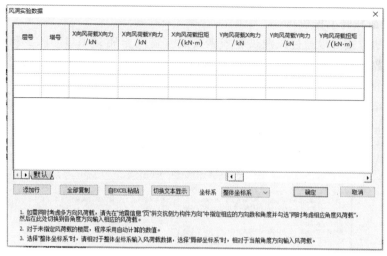

图 3-9 "风洞实验数据"对话框

计算水平风荷载时，程序不区分迎风面和背风面，直接按照最大外轮廓计算风荷载的总值，此处应填入迎风面体型系数与背风面体型系数绝对值之和。一些常见体型的风荷载体型系数取值如下：

1）圆形和椭圆形平面 $\mu_s = 0.8$。

2）正多边形及三角形平面 $\mu_s = 0.8 + 1.2/\sqrt{n}$，$n$ 为正多边形边数。

3）矩形、鼓形、十字形平面 $\mu_s = 1.3$。

4）V 形、Y 形、弧形、双十字形、井字形、L 形和槽形平面，以及高宽比大于 4、长宽比不大于 1.5 的矩形、鼓形平面，$\mu_s = 1.4$。

13. 特殊风体型系数

"特殊风荷载定义"菜单中使用"自动生成"命令生成全楼特殊风荷载时，需要用到此处定义的信息。"特殊风荷载"的计算公式与"水平风荷载"相同，区别在于程序自动区分迎风面、背风面和侧风面，分别计算其风荷载，是更为精细的计算方式。应在此处分别填写各区段迎风面、背风面和侧风面的体型系数。

"挡风系数"表示有效受风面积占全部外轮廓的比例。当楼层外侧轮廓并非全部为受风面，存在部分镂空的情况时，应填入该参数。这样程序在计算风荷载时将按有效受风面积生成风荷载。

3.3.4 地震信息

"地震信息"和"隔震信息"页面如图 3-10 和图 3-11 所示。当抗震设防烈度为 6 度时，某些房屋虽然可不进行地震作用计算，但仍应采取抗震构造措施。因此，若在"总信息"页面参数中选择了不计算地震作用，"地震信息"页面中各项抗震等级仍应按实际情况填写，其他参数全部变灰。以下重点对"地震信息"页面的各项参数进行介绍。

1. 建筑抗震设防类别

该参数暂不起作用，仅为设计标识。

2. 设防地震分组

设防地震分组应由用户自行填写，用户修改本参数时，界面上的"特征周期 T_g"会根据《抗规》第 5.1.4 条表 5.1.4-2 联动改变。因此，用户在修改设防地震分组时，应特别注意确认特征周期 T_g 值的正确性。特别是根据区划图确定了 T_g 值并正确填写后，一旦再次修改设防地震分组，程序会根据《抗规》联动修改 T_g 值，此时应重新填入根据区划图确定的 T_g 值。

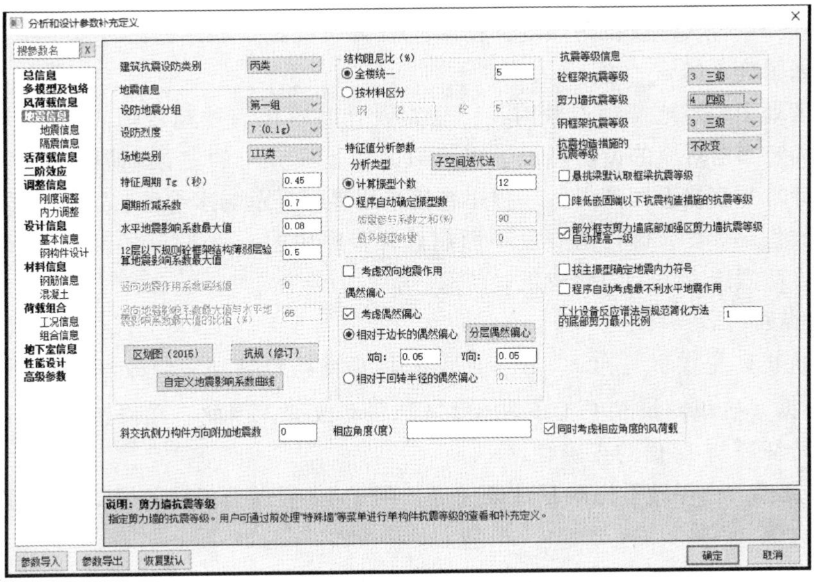

图 3-10 "地震信息"页面

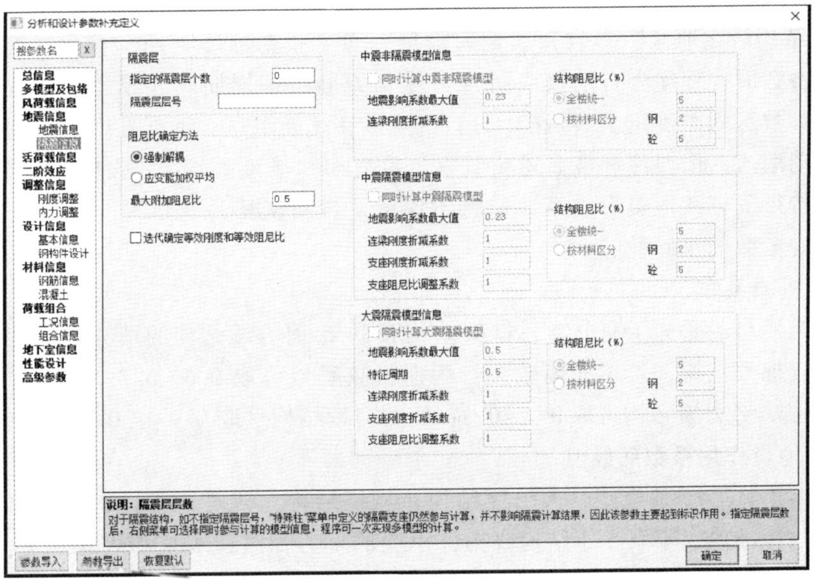

图 3-11 "隔震信息"页面

当采用地震动参数区划图确定特征周期时，设防地震分组可根据 T_g 查《抗规》第 5.1.4 条表 5.1.4-2 确定当前相对应的设防地震分组，也可以采用下文介绍的"区划图"

按钮提供的计算工具来辅助计算并直接返回到界面。由于程序直接采用界面显示的 T_g 值进行后续地震作用计算，设防地震分组参数并不直接参与计算，因此对计算结果没有影响。

3. 设防烈度

设防烈度应由用户自行填写，用户修改设防烈度时，界面上的"水平地震影响系数最大值"会根据《抗规》第5.1.4条表5.1.4-1联动改变。因此，用户在修改设防烈度时，应特别注意确认水平地震影响系数最大值 α_{max} 的正确性。特别是根据区划图确定了 α_{max} 值并正确填写后，一旦再次修改设防烈度，程序会根据《抗规》联动修改 α_{max} 值，此时应重新填入根据区划图确定的 α_{max} 值。

当采用区划图确定地震动参数时，可根据设计基本地震加速度值查《抗规》第3.2.2条表3.2.2确定当前对应的设防烈度，也可以采用下文介绍的"区划图"按钮提供的计算工具来辅助计算并直接返回到界面。程序直接采用界面显示的水平地震影响系数最大值 α_{max} 进行后续地震作用计算，即设防烈度不影响计算程序中的 α_{max} 取值，但是进行剪重比等调整时仍然与设防烈度有关，因此应正确填写。

4. 场地类别

依据《抗规》提供 Ⅰ$_0$、Ⅰ$_1$、Ⅱ、Ⅲ、Ⅳ 共五类场地类别。修改场地类别时，特征周期 T_g 值会根据《抗规》第5.1.4条表5.1.4-2联动改变。因此，在修改场地类别时，应特别注意确认特征周期 T_g 值的正确性。

5. 特征周期、水平地震影响系数最大值、用于12层以下规则砼框架薄弱层验算的地震影响系数最大值

程序默认依据《抗规》，由"总信息"页"结构所在地区"参数、"地震信息"页"场地类别"和"设计地震分组"三个参数确定"特征周期"的默认值；"地震影响系数最大值"和"用于12层以下规则混凝土框架结构薄弱层验算的地震影响系数最大值"则由"总信息"页"结构所在地区"参数和"地震信息"页"设防烈度"两个参数共同控制。当改变上述相关参数时，程序将自动按《抗规》重新判断特征周期或地震影响系数最大值。当采用地震动参数区划图确定 T_g 和 α_{max} 时，可直接在此处填写，也可采用"区划图"工具辅助计算并自动填入。但要注意当上述几项相关参数如"场地类别""设防烈度"等改变时，用户修改的特征周期或地震影响系数值将不保留，自动恢复为《抗规》取值，因此应在计算前确认此处参数的正确性。

6. 周期折减系数

周期折减的目的是为了充分考虑框架结构和框架-剪力墙结构的填充墙刚度对计算周期的影响。对于框架结构，若填充墙较多，周期折减系数可取 0.6~0.7，填充墙较少时可取 0.7~0.8；框架-剪力墙结构可取 0.7~0.8；纯剪力墙结构可取 0.9~1.0。

7. 竖向地震作用系数底线值

《高规》第4.3.15条规定，大跨度结构、悬挑结构、转换结构、连体结构的连接体的竖向地震作用标准值，不宜小于结构或构件承受的重力荷载代表值与表4.3.15规定的竖向地震作用系数的乘积。程序设置"竖向地震作用系数底线值"这项参数以确定竖向地震作用的最小值。当振型分解反应谱方法计算的竖向地震作用小于该值时，程序将自动取该参数确定的竖向地震作用底线值。需要注意的是，当用该底线值调控时，相应的有效质量系数应该达到90%以上。

8. 竖向地震影响系数最大值

用户可指定竖向地震影响系数最大值占水平地震影响系数最大值的比值，来调整竖向地震的大小。

9. 区划图工具

《中国地震动参数区划图》（GB 18306—2015）于 2016 年 6 月 1 日实施，用户在使用 SATWE 程序进行地震计算时，反应谱方法本身和反应谱曲线的形式并没有改变，只是特征周期 T_g 和水平地震影响系数最大值 α_{max} 的取值不同。用户在使用新区划图时，应根据查得的场地峰值加速度和特征周期，采用区划图规定的动力放大系数等参数及相应方法计算当前场地类别下的 T_g 和 α_{max}，并换算相应的设防烈度填入程序即可。为了减少设计人员查表和计算的工作量，SATWE 提供了地震动参数区划图检索和计算工具，如图 3-12 所示。

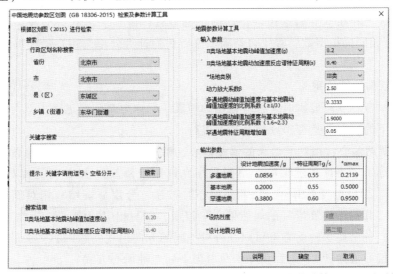

图 3-12　"地震动参数区划图（GB 18306—2015）检索及参数计算工具"对话框

10. 抗规（修订）

《抗规》局部修订中，对我国主要城镇设防烈度、设计基本地震加速度和设计地震分组进行了局部修改。类似于区划图工具，SATWE 提供了针对《抗规》修订后的地震参数的检索和计算工具。

11. 自定义地震影响系数曲线

单击该按钮，在弹出的对话框中可查看按规范公式的地震影响系数曲线，并可在此基础上根据需要进行修改，形成自定义的地震影响系数曲线。

12. 结构阻尼比

采用《抗规》第 10.2.8 条条文说明提供的"振型阻尼比法"计算结构各振型阻尼比，可进一步提高混合结构的地震效应计算精度。

用户如果采用新的阻尼比计算方法，只需要选择"按材料区分"项，并对不同材料指定阻尼比（程序默认钢材为 0.02，混凝土为 0.05），程序即可自动计算各振型阻尼比，并相应计算地震作用。

13. 特征值分析参数的分析类型

程序默认为"子空间迭代法"。对于大体量结构，可采用多重里兹向量法，以较少的振型数满足有效质量系数要求，提高计算分析效率。

14. 计算振型个数

在计算地震作用时，振型个数的选取应遵循《抗规》第5.2.2条条文说明的规定，即振型个数一般可以取振型参与质量达到总质量的90%所需的振型数。当仅计算水平地震作用或者用规范方法计算竖向地震作用时，振型数应至少取3。为了使每阶振型都尽可能地得到两个平动振型和一个扭转振型，振型数最好为3的倍数。

振型数的多少与结构层数及结构形式有关，当结构层数较多或结构层刚度突变较大时，振型数也应相应增加，如顶部有小塔楼、转换层等结构形式。

15. 程序自动确定振型数

仅当选择子空间迭代法进行特征值分析时可使用此功能。采用移频方法，根据用户输入的有效质量系数之和在子空间迭代中自动确定振型数，做到求出的振型数"一个不多，一个不少"。计算相同的振型数，程序自动确定振型数的计算效率与用户指定振型数的计算效率相当。

16. 考虑双向地震作用

勾选该项，考虑双向地震时，程序输出的地震工况内力是已经进行了双向地震组合的结果，地震作用下的所有调整都将在此基础上进行。

17. 考虑偶然偏心、相对于边长的偶然偏心、相对于回转半径的偶然偏心

当用户勾选了"考虑偶然偏心"后，程序允许用户修改 X 和 Y 向的相对偶然偏心值，默认值为0.05。用户也可单击"分层偶然偏心"按钮，分层分塔填写相对偶然偏心值。用户还可以单击"相对于回转半径的偶然偏心"按钮，填写相应的值。

从理论上，各个楼层的质心都可以在各自不同的方向出现偶然偏心，从最不利的角度出发，假设偶然偏心值为5%，则在程序中只考虑下列四种偏心方式：

1）X 向地震，所有楼层的质心沿 Y 轴负向偏移5%，该工况记作 EXP。
2）X 向地震，所有楼层的质心沿 Y 轴正向偏移5%，该工况记作 EXM。
3）Y 向地震，所有楼层的质心沿 X 轴正向偏移5%，该工况记作 EYP。
4）Y 向地震，所有楼层的质心沿 X 轴负向偏移5%，该工况记作 EYM。

18. 混凝土框架抗震等级、剪力墙抗震等级、钢框架抗震等级

程序提供0、1、2、3、4、5六种值。其中0、1、2、3、4分别代表抗震等级为特一级、一、二、三或四级，5代表不考虑抗震构造要求。此处指定的抗震等级是全楼适用的。通过此处指定的抗震等级，SATWE 自动对全楼所有构件的抗震等级赋初值。依据《抗规》《高规》等相关条文，某些部位或构件的抗震等级可能还需要在此基础上进行单独调整，SATWE 将自动对这部分构件的抗震等级进行调整。对于少数未能涵盖的特殊情况，用户可通过"前处理及计算"菜单的"特殊构件补充定义"进行单构件的补充指定，以满足工程需求。

19. 抗震构造措施的抗震等级

在某些情况下，结构的抗震构造措施等级可能与抗震等级不同。用户应根据工程的设防类别查找相应的规范，以确定抗震构造措施等级。当抗震构造措施的抗震等级与抗震措施的抗震等级不一致时，在配筋文件中会输出此项信息。另外，"前处理及计算"菜单中，可为各类特殊构件分别指定单根构件的抗震等级和抗震构造措施等级。

20. 悬挑梁默认取框梁抗震等级

当不勾选此参数时，程序默认按次梁选取悬挑梁抗震等级；如果勾选该参数，悬挑梁的抗震等级默认同主框架梁。程序默认不勾选该参数。

21. 降低嵌固端以下抗震构造措施的抗震等级

《抗规》第6.1.3-3条规定，当地下室顶板作为上部结构的嵌固部位时，地下一层的抗震等级应与上部结构相同，地下一层以下抗震构造措施的抗震等级可逐层降低一级，但不应低于四级。当勾选该选项之后，程序将自动按照规范规定执行，用户将无须在"设计模型补充定义"中单独指定相应楼层构件的抗震构造措施的抗震等级。

22. 部分框支剪力墙结构底部加强区剪力墙抗震等级自动提高一级

根据《高规》表3.9.3、表3.9.4，部分框支剪力墙结构底部加强区和非底部加强区的剪力墙抗震等级可能不同。对于"部分框支剪力墙结构"，如果用户在"地震信息"页面"剪力墙抗震等级"下拉框中设置了部分框支剪力墙结构中一般部位剪力墙的抗震等级，并在此勾选了"部分框支剪力墙结构底部加强区剪力墙抗震等级自动提高一级"，程序将自动对底部加强区的剪力墙抗震等级提高一级。

23. 按主振型确定地震内力符号

按照《抗规》公式（5.2.3-5）确定地震作用效应时，公式本身并不含符号，因此地震作用效应的符号需要单独指定。SATWE的传统规则是在确定某一内力分量时，取各振型下该分量绝对值最大的符号作为CQC计算以后的内力符号。而当选用该参数时，程序根据主振型下地震效应的符号确定考虑扭转耦联后的效应符号。其优点是确保地震效应符号的一致性，但由于牵扯到主振型的选取，因此在多塔结构中的应用有待进一步研究。

24. 程序自动考虑最不利水平地震作用

当用户勾选自动考虑最不利水平地震作用后，程序将自动完成最不利水平地震作用方向的地震效应计算。

25. 工业设备反应谱法与规范简化方法的底部剪力最小比例

该参数用来确定反应谱放大计算工业设备地震作用的最小值。填入的数值代表程序自动将设备的底部剪力放大至规范简化方法底部剪力的比例。

26. 斜交抗侧力构件方向附加地震数、相应角度

《抗规》第5.1.1条规定，有斜交抗侧力构件的结构，当相交角度大于15°时，应分别计算各抗侧力构件方向的水平地震作用。用户可在此处指定附加地震方向。附加地震数可在0~5取值，在"相应角度"输入框填入各角度值。该角度是与整体坐标系 X 轴正方向的夹角，单位为度，逆时针方向为正，各角度之间以逗号或空格隔开。

当用户在"总信息"页修改了"水平力与整体坐标夹角"时，应按新的结构布置角度确定附加地震的方向。如假定结构主轴方向与整体坐标系 X、Y 方向一致时，水平力夹角填入30°时，结构平面布置顺时针旋转30°，此时主轴 X 方向在整体坐标系下为-30°，作为"斜交抗侧力构件附加地震力方向"输入时，应填入-30°。

每个角度代表一组地震，如填入附加地震数1、角度30°时，SATWE将新增EX1和EY1沿30°和120°方向的地震。当不需要考虑附加地震时，将附加地震方向数填0即可。

27. 同时考虑相应角度风荷载

程序仅考虑多角度地震，不计算相应角度风荷载，各角度方向地震总是与0°和90°风荷载进行组合。勾选时，则"斜交抗侧力构件方向附加地震数"参数同时控制风和地震的角度，且地震和风同向组合。

该功能主要有两种用途：一是改进过去多角度地震与风的组合方式，可使地震与风总是保持同向组合；另一种更常用的用途是满足对于复杂工程的风荷载计算需要，可根据结构体型进行多角度计算，或根据风洞实验结果一次输入多角度风荷载。

3.3.5 活荷载信息

"活荷载信息"页面如图3-13所示。

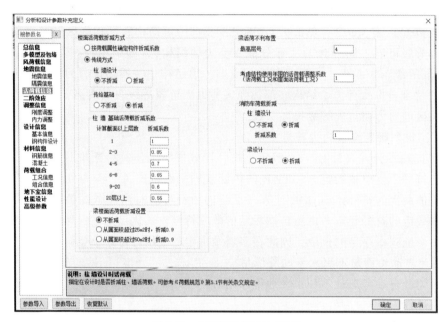

图3-13 "活荷载信息"页面

1. 楼面活荷载折减方式

（1）传统方式　可根据计算截面以上层数，分别设定墙柱设计和传给基础的活荷载是否进行折减。

（2）按荷载属性确定折减系数　适用于结构不同部位有不同用途，因而折减方式不同的情况。使用该方式时，需根据实际情况，在结构建模的"荷载布置"→"楼板活荷类型"中定义房间属性，对于未定义属性的房间，程序默认按住宅处理。

2. 柱、墙、基础设计时活荷载是否折减

《荷规》第5.1.2条规定，梁、墙、柱及基础设计时，可对楼面活荷载进行折减。为了避免活荷载在PMCAD和SATWE中出现重复折减的情况，建议用户在使用SATWE进行结构计算时，不要在PMCAD中进行活荷载折减，而是统一在SATWE中进行梁、柱、墙和基础设计时的活荷载折减。

此处指定的"传给基础的活荷载"是否折减仅用于SATWE设计结果的文本及图形输出，在接力JCCAD时，SATWE传递的内力为没有折减的标准内力，由用户在JCCAD中另行指定折减信息。

3. 柱、墙、基础活荷载折减系数

此处分 6 档给出了"计算截面以上的层数"和相应的折减系数,这些参数是根据《荷规》给出的隐含值,用户可以修改。

4. 梁楼面活荷载折减设置

用户可以根据实际情况选择不折减或相应的折减方式。

5. 梁活荷不利布置最高层号

SATWE 软件有考虑梁活荷不利布置的功能。若将此参数填 0,表示不考虑梁活荷不利布置作用;若填一个大于零的数 N_L,则表示从 $1 \sim N_L$ 各层考虑梁活荷载的不利布置,而 N_{L+1} 层以上则不考虑活荷不利布置,若 N_L 等于结构的层数 N_{st},则表示对全楼所有层都考虑活荷载的不利布置。

6. 考虑结构使用年限的活荷载调整系数

根据《高规》第 5.6.1 条,设计使用年限为 50 年时取 1.0,设计使用年限为 100 年时取 1.1。

7. 消防车荷载折减

程序支持对消防车荷载折减,对于消防车工况,SATWE 可与楼面活荷载类似,考虑梁和柱墙的内力折减。其中,柱、墙内力折减系数可在"活荷信息"页指定全楼的折减系数,梁的折减系数由程序根据《荷规》第 5.1.2-1 条第 3 款自动确定默认值。用户可在"活荷折减"菜单中,对梁、柱、墙指定单构件的折减系数,操作方法和流程与活荷内力折减系数类似。

3.3.6 二阶效应

"二阶效应"页面如图 3-14 所示。

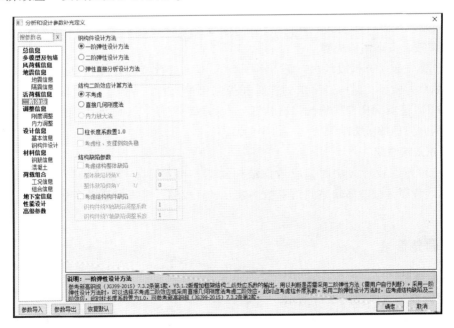

图 3-14 "二阶效应"页面

1. 钢构件设计方法

（1）一阶、二阶弹性设计方法　《高钢规》对框架柱的稳定计算进行了修改。《高钢规》第7.3.2条第1款指出，结构内力分析可采用一阶线弹性分析或二阶线弹性分析。当二阶效应系数大于0.1时，宜采用二阶线弹性分析。二阶效应系数不应大于0.2。当采用二阶弹性设计方法时，须同时勾选"考虑结构缺陷"和"柱长度系数置1.0"选项，且二阶效应计算方法应该选择"直接几何刚度法"或"内力放大法"。

（2）弹性直接分析设计方法　根据《钢规》第5章规定，直接分析可以分为考虑材料进入塑性的弹塑性直接分析和不考虑材料进入塑性的弹性直接分析。弹性直接分析不考虑材料非线性的因素，但需要考虑几何非线性（P-Δ效应和P-δ效应）、结构整体缺陷、构件缺陷（包括残余应力等）。采用弹性直接分析的结构，不再需要按计算长度法进行构件受压稳定承载力验算。

2. 结构二阶效应计算方法

结构二阶效应计算方法提供了三个选项："不考虑""直接几何刚度法"和"内力放大法"。

"直接几何刚度法"即旧版考虑P-Δ效应，"内力放大法"可参考《高钢规》第7.3.2条第2款及《高规》第5.4.3条，程序对框架和非框架结构分别采用相应公式计算内力放大系数。

当在钢构件设计方法选中"一阶弹性设计方法"时，允许在结构二阶效应计算方法选择"不考虑"和"直接几何刚度法"；当在钢构件设计方法选中"二阶弹性设计方法"时，允许在结构二阶效应计算方法选择"直接几何刚度法"和"内力放大法"。

3. 柱长度系数置1.0

采用一阶弹性设计方法时，应考虑柱长度系数，用户在进行研究或对比时也可勾选此项，将长度系数置1.0，但不能随意将此结果作为设计依据。当采用二阶弹性设计方法时，程序强制勾选此项，将柱长度系数置1.0，可参考《高钢规》第7.3.2条第2款。

4. 考虑柱、支撑侧向失稳

选择"弹性直接分析设计法"时在验算阶段不再进行考虑计算长度系数的柱、支撑的受压稳定承载力验算，但构造要求的验算和控制仍然进行。钢梁、钢柱除了按《钢规》公式（5.5.7-1）进行无侧向失稳的强度验算外，如果没有限制平面外失稳的措施，仍然需要考虑可能侧向失稳的应力验算公式（5.5.7-2）。

5. 考虑结构缺陷

采用二阶弹性设计方法时，应考虑结构缺陷，可参考新《高钢规》第7.3.2条公式（7.3.2-2）。程序开放整体缺陷倾角参数，默认为1/250，用户可进行修改。局部缺陷暂不考虑。

3.3.7　调整信息

1. 刚度调整

"刚度调整"页面如图3-15所示。

（1）采用中梁刚度放大系数B_k　对于现浇楼盖和装配整体式楼盖，宜考虑楼板作为翼缘对梁刚度和承载力的影响。SATWE可采用"梁刚度放大系数"对梁刚度进行放大，近似

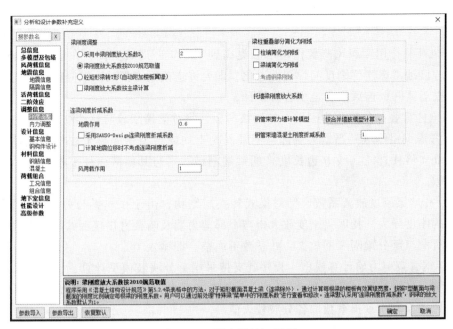

图3-15 "刚度调整"页面

考虑楼板对梁刚度的贡献。刚度增大系数 B_k 一般可在 $1.0~2.0$ 范围内取值，程序默认值为
2.0。对于中梁（两侧与楼板相连）和边梁（仅一侧与楼板相连），楼板的刚度贡献不同。
程序取中梁的刚度放大系数为 B_k，边梁的刚度放大系数为 $1+(B_k-1)/2$，其他情况不放大。
中梁和边梁由程序自动搜索。

（2）梁刚度系数按 2010 规范取值　程序将根据《混规》第 5.2.4 条的表格，自动计算
每根梁的楼板有效翼缘宽度，按照 T 形截面与梁截面的刚度比例，确定每根梁的刚度系数。

（3）砼矩形梁转 T 形（自动附加楼板翼缘）《混规》第 5.2.4 条规定，对现浇楼盖和
装配整体式楼盖，宜考虑楼板作为翼缘对梁刚度和承载力的影响。勾选此项，程序自动将所
有混凝土矩形截面梁转换成 T 形截面梁，在刚度计算和承载力设计时均采用新的 T 形截面。

注意：选择"梁刚度放大系数按 2010 规范取值"或"砼矩形梁转 T 形"时，对于被次梁打断成多
段的主梁，可以选择按照打断后的多段梁分别计算每段的刚度系数，也可以按照整根主梁进行计算。

（4）地震作用连梁刚度折减系数　多、高层结构设计中允许连梁开裂，开裂后连梁的
刚度有所降低，程序中通过连梁刚度折减系数来反映开裂后的连梁刚度。根据《高规》第
5.2.1 条规定"高层建筑结构地震作用效应计算时，可对剪力墙连梁刚度予以折减，折减系
数不宜小于 0.5"。指定该折减系数后，程序在计算时只在集成地震作用计算刚度阵时进行
折减，竖向荷载和风荷载计算时连梁刚度不予折减。

（5）采用 SAUSG-Design 连梁刚度折减系数　如果勾选该项，程序会在"分析模型及计
算"→"设计属性补充"→"刚度折减系数"中采用 SAUSG-Design 计算结果作为默认值；如果
不勾选该项，则仍选用调整信息中"连梁刚度折减系数-地震作用"的输入值作为连梁刚度
折减系数的默认值。

（6）计算地震位移时不考虑连梁刚度折减　《抗规》第 6.2.13-2 条规定，计算地震内
力时，抗震墙连梁刚度可折减；计算位移时，连梁刚度可不折减。勾选此项时，程序自动采

用不考虑连梁刚度折减的模型进行地震位移计算，其余计算结果采用考虑连梁刚度折减的模型。

（7）风荷载作用　当风荷载作用水准提高到100年一遇或更高，在承载力设计时，应允许一定程度地考虑连梁刚度的弹塑性退化，即允许连梁刚度折减，以便整个结构的设计内力分布更贴近实际，连梁本身也更容易设计。

（8）梁柱重叠部分简化为刚域　勾选该参数，将对梁端刚域与柱端刚域进行独立控制。

（9）考虑钢梁刚域　当钢梁端部与钢管混凝土柱或者型钢混凝土柱相连接时，程序默认地生成0.4倍柱直径（或B边长度）的梁端刚域，当与其他截面柱子相连时默认不生成梁端的刚域。

（10）托墙梁刚度放大系数　针对梁式转换层结构，由于框支梁与剪力墙的共同作用，使框支梁的刚度增大。托墙梁刚度放大指与上部剪力墙及暗柱直接接触共同工作的部分，托墙梁上部有洞口部分梁刚度不放大，此系数不调整，即输入1。

（11）钢管束剪力墙计算模型　程序既支持采用拆分墙肢模型计算，也支持采用合并墙肢模型计算，还支持两种模型包络设计，主模型采用合并模型，平面外稳定、正则化宽厚比、长细比和混凝土承担系数取各分肢较大值。

（12）钢管束墙混凝土刚度折减系数　当结构中存在钢管束剪力墙时，可通过该参数对钢管束内部填充的混凝土刚度进行折减。

2. 内力调整

"内力调整"页面如图3-16所示。

（1）剪重比调整　勾选"调整"项，程序根据《抗规》第5.2.5条规定自动进行调整最小地震剪力系数。也可勾选"自定义调整系数"项，分层分塔指定剪重比调整系数。

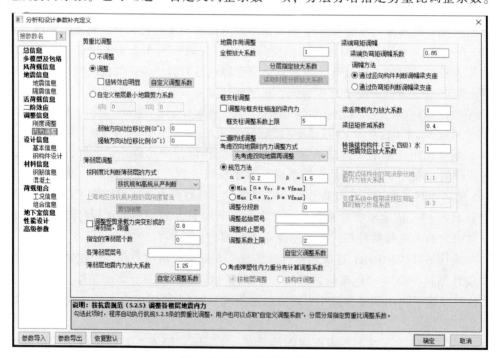

图3-16　"内力调整"页面

（2）扭转效应明显　该参数用来标记结构的扭转效应是否明显。当勾选时，楼层最小地震剪力系数取《抗规》表5.2.5第一行的数值，无论结构基本周期是否小于3.5s。可参考《抗规》表5.2.5。

（3）自定义楼层最小地震剪力系数　SATWE提供了自定义楼层最小地震剪力系数的功能。当选择此项时填入恰当的X、Y向最小地震剪力系数时，程序不再按《抗规》表确定楼层最小地震剪力系数，而是执行用户自定义值。

（4）弱/强轴方向动位移比例　《抗规》第5.2.5条条文说明中明确了三种调整方式：加速度段、速度段和位移段。当动位移比例填0时，程序采取加速度段方式进行调整；动位移比例为1时，采用位移段方式进行调整；动位移比例填0.5时，采用速度段方式进行调整。另外，程序中弱轴指结构长周期方向，强轴指短周期方向。

（5）薄弱层调整

1）按刚度比判断薄弱层的方式。提供"按抗规和高规从严判断""仅按抗规判断""仅按高规判断"和"不自动判断"四个选项供选择。

2）受剪承载力突变形成的薄弱层自动进行调整。当勾选该参数时，对于受剪承载力不满足《高规》第3.5.3条要求的楼层，程序会自动将该层指定为薄弱层，执行薄弱层相关的内力调整，并重新进行配筋设计。采用此项功能时应注意确认程序自动判断的薄弱层信息是否与实际相符。

3）指定薄弱层个数及相应的各薄弱层层号。SATWE自动按楼层刚度比判断薄弱层并对薄弱层进行地震内力放大，但对于竖向抗侧力构件不连续或承载力变化不满足要求的楼层，不能自动判断为薄弱层，需要手动指定。

4）薄弱层地震内力放大系数、自定义调整系数。《抗规》第3.4.4-2条规定，薄弱层的地震剪力增大系数不小于1.15；《高规》第3.5.8条规定，地震作用标准值的剪力应乘以1.25的增大系数。SATWE对薄弱层地震剪力调整的做法是直接放大薄弱层构件的地震作用内力。"薄弱层地震内力放大系数"由用户指定放大系数，以满足不同需求，程序默认值为1.25。

（6）地震作用调整　程序支持全楼地震作用放大系数，用户可通过此参数来放大全楼地震作用，提高结构的抗震安全度，其经验取值范围是1.0～1.5。

（7）框支柱调整　《高规》第10.2.17条规定，框支柱剪力调整后，应相应调整框支柱的弯矩及柱端框架梁的剪力和弯矩。程序自动对框支柱的剪力和弯矩进行调整，与框支柱相连的框架梁的剪力和弯矩是否进行相应调整，由设计人员决定。

由于程序计算的$0.2V_0$调整和框支柱的调整系数值可能很大，用户可设置调整系数的上限值，这样程序进行相应调整时，采用的调整系数将不会超过这个上限值。程序默认$0.2V_0$调整上限为2.0，框支柱调整上限为5.0，可以自行修改。

（8）二道防线调整　规范对于$0.2V_0$调整的方式是$0.2V_0$和$1.5V_{f,max}$取小，程序中增加了两者取大作为一种更安全的调整方式。α、β分别为地震作用调整前楼层剪力框架分配系数和框架各层剪力最大值放大系数。对于钢筋混凝土结构或钢混凝土组合结构，α、β的默认值为0.2和1.5；对于钢结构，α、β的默认值为0.25和1.8。

（9）梁端弯矩调幅

1）梁端负弯矩调幅系数。在竖向荷载作用下，钢筋混凝土框架梁设计允许考虑混凝土的塑性内力重分布，适当减小支座负弯矩，相应增大跨中正弯矩。梁端负弯矩调幅系数可在0.8~1.0范围内取值，钢梁不允许进行调幅。

2）调幅方法。提供"通过竖向构件判断调幅梁支座"和"通过负弯矩判断调幅梁支座"两种方式。

（10）梁活荷载内力放大系数　该参数用于考虑活荷载不利布置对梁内力的影响。将活荷作用下的梁内力（包括弯矩、剪力、轴力）进行放大，然后与其他荷载工况进行组合。一般工程建议取值1.1~1.2。如果已经考虑了活荷载不利布置，则应填1。

（11）梁扭矩折减系数　对于现浇楼板结构，当采用刚性楼板假定时，可以考虑楼板对梁抗扭的作用而对梁的扭矩进行折减。折减系数可在0.4~1.0范围内取值。若考虑楼板的弹性变形，梁的扭矩不应折减。

（12）转换结构构件（三、四级）水平地震效应放大系数　按《抗规》第3.4.4-2-1条要求，转换结构构件的水平地震作用计算内力应乘以1.25~2.0的放大系数；按照《高规》第10.2.4条的要求，特一级、一级、二级的转换结构构件的水平地震作用计算内力应分别乘以增大系数1.9、1.6和1.3。此处填写大于1.0时，三、四级转换结构构件的地震内力乘以此放大系数。

（13）装配式结构中的现浇部分地震内力放大系数　该参数只对装配式结构起作用，如果结构楼层中既有预制又有现浇抗侧力构件时，程序对现浇部分的地震剪力和弯矩乘以此指定的地震内力放大系数。

（14）支撑系统中框架梁按压弯验算时的轴力折减系数　支撑系统中框架梁按《钢结构设计标准》（GB 50017—2017）第17.2.4条要求进行性能设计时，对支撑屈曲时不平衡力的轴向分量进行折减，折减系数参照《抗规》第8.2.6条，取0.3。

3.3.8　设计信息

1. 基本信息

"基本信息"页面如图3-17所示。

（1）结构重要性系数　根据《工程结构可靠度设计统一标准》（GB 50153—2008）或其他规范确定房屋建筑结构的安全等级，再结合《建筑结构可靠度设计统一标准》或其他规范确定结构重要性系数的取值。

（2）梁按压弯计算的最小轴压比　梁承受的轴力一般较小，默认按照受弯构件计算。实际工程中某些梁可能承受较大的轴力，此时应按照压弯构件进行计算。该值用来控制梁按照压弯构件计算的临界轴压比，默认值为0.15。如填入0则表示梁全部按受弯构件计算。

（3）梁按拉弯计算的最小轴拉比　指定用来控制梁按拉弯计算的临界轴拉比，默认值为0.15。

（4）框架梁端配筋考虑受压钢筋　《混规》第5.4.3条规定，非地震作用下，调幅框架梁的梁端受压区高度 $x \leq 0.35h_0$。勾选该选项时，程序对于非地震作用下进行该选项的校核，如果不满足要求，程序自动增加受压钢筋以满足受压区高度要求。

（5）结构中的框架部分轴压比限值按照纯框架结构的规定采用　根据《高规》第8.1.3条，框架-剪力墙结构的底层框架部分承受的地震倾覆力矩的比值在一定范围内时，框架部分的轴压比需要按框架结构的规定采用。勾选此选项后，程序将一律按纯框架结构的

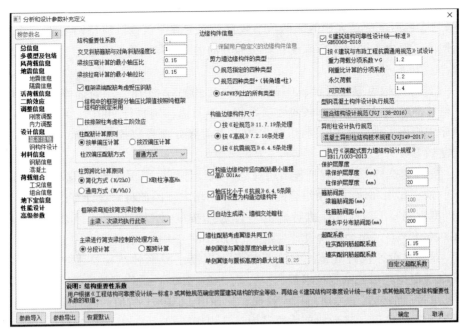

图 3-17 "基本信息"页面

规定控制结构中框架柱的轴压比；除轴压比外，其余设计仍遵循框剪结构的规定。

（6）按排架柱考虑柱二阶效应 勾选此项时，程序将按照《混规》第 B.0.4 条的方法计算柱轴压力二阶效应，此时柱计算长度系数仍默认采用底层 1.0/ 上层 1.25。对于排架结构柱，用户应注意自行修改其长度系数。不勾选时，程序将按照《混规》第 6.2.4 条的规定考虑柱轴压力二阶效应。

（7）柱配筋计算原则

1）按单偏压计算。程序按单偏压计算公式分别计算柱两个方向的配筋。

2）按双偏压计算。程序按双偏压计算公式计算柱两个方向的配筋和角筋。对于用户指定的"角柱"，程序将强制采用"双偏压"进行配筋计算。

（8）柱双偏压配筋方式

1）普通方式。根据计算结果配筋。

2）迭代优化。按双偏压计算的柱在得到配筋面积后，会继续进行迭代优化。通过二分法逐步减少钢筋面积，并在每一次迭代中对所有组合校核承载力是否满足，直到找到最小全截面配筋面积的配筋方案。

3）等比例放大。程序会先进行单偏压配筋设计，然后对单偏压的结果进行等比例放大去验算双偏压设计，以此来保证配筋方式与工程设计习惯的一致性。

（9）柱剪跨比计算原则 柱剪跨比计算可选择简化算法公式或通用算法公式。

（10）框架梁弯矩按简支梁控制 《高规》第 5.2.3-4 条规定，框架梁跨中截面正弯矩设计值不应小于竖向荷载作用下按简支梁计算的跨中弯矩设计值的 50%。程序提供了"主梁、次梁均执行此条""仅主梁执行此条"和"主梁、次梁均不执行此条"三种设计选择。

（11）边缘构件信息 可根据设计要求调整剪力墙边缘构件的类型、尺寸及设计规范、标准等信息。

（12）墙柱配筋考虑翼缘共同工作　程序通过"单侧翼缘与翼缘厚度的最大比值"与"单侧翼缘与腹板高度的最大比值"两项参数自动确定翼缘范围。应特别注意，考虑翼缘时虽然截面增大，但由于同时考虑端柱和翼缘部分的内力，即内力也相应增大，因此配筋结果不一定减小。

（13）《建筑结构可靠性设计统一标准》（GB 50068—2018）　勾选该选项，则执行这一标准，新标准修改了恒、活荷载的分项系数。不勾选，则执行 2001 版可靠性设计标准的规定。程序中给出了地震效应参与组合中的重力荷载分项系数控制参数，用户可以自行确定，目前默认参数为 1.2。

（14）按《建筑与市政工程抗震通用规范》试设计　根据《建筑与市政工程抗震通用规范》要求，地震作用和地震作用组合的分项系数均增大。因此将对设计有比较显著的影响。

（15）型钢混凝土构件设计执行规范　可选择按照《型钢混凝土组合结构技术规程》（JGJ 138—2001）或《组合结构设计规范》（JGJ 138—2016）进行设计。

（16）异形柱设计执行规范　可选择按照《混凝土异形柱结构技术规程》（JGJ 147—2017）或《混凝土异形柱结构技术规程》（JGJ 147—2006）进行设计。

（17）执行《装配式剪力墙结构设计规程》（DB 11/1003—2013）　计算底部加强区连接承载力增大系数时采用《装配式剪力墙结构设计规程》（DB 11/1003—2013）。

（18）保护层厚度　根据《混规》第 8.2.1 条规定，不再以纵向受力钢筋的外缘，而以最外层钢筋（包括箍筋、构造筋、分布筋等）的外缘计算混凝土保护层厚度，用户应注意按新的要求填写保护层厚度。

（19）箍筋间距　梁、柱箍筋间距强制为 100mm，不允许修改。对于其他情况，可对配筋结果进行折算。

（20）超配系数　《抗规》规定，对于 9 度设防烈度的各类框架和一级抗震等级的框架结构，框架梁和连梁端部剪力、框架柱端部弯矩、剪力调整应按实配钢筋和材料强度标准值来计算实际承载设计内力。但在计算时因得不到实际承载设计内力，而采用计算设计内力，所以只能通过调整计算设计内力的方法进行设计。超配系数就是按规范考虑材料、配筋因素的一个附加放大系数。

2. 钢构件设计

"钢构件设计"页面如图 3-18 所示。

（1）钢构件截面净毛面积比　即钢构件截面净面积与毛面积的比值。

（2）钢柱计算长度系数　程序允许用户在 X、Y 方向分别指定钢柱计算长度系数，当勾选"有侧移"或"无侧移"时，程序根据《钢规》附录的公式计算钢柱的长度系数。当勾选"自动考虑有无侧移"时，程序自动判断框架为无支撑框架或有支撑框架，并计算相应的长度系数。

（3）钢构件材料强度执行《高钢规》（JGJ 99—2015）　《高钢规》对钢材的设计强度进行了修改，并增加了牌号 Q345GJ。针对以上规范修改，SATWE 提供参数"钢构件材料强度执行《高钢规》（JGJ 99—2015）"。勾选该参数，钢构件材料强度执行《高钢规》（JGJ 99—2015）的规定。对于新建工程，程序默认勾选。

（4）长细比、宽厚比执行《高钢规》第 7.3.9 条和 7.4.1 条　《高钢规》（JGJ 99—2015）对框架柱的长细比和钢框架梁、柱板件宽厚比限值进行了修改。针对以上规范修改，

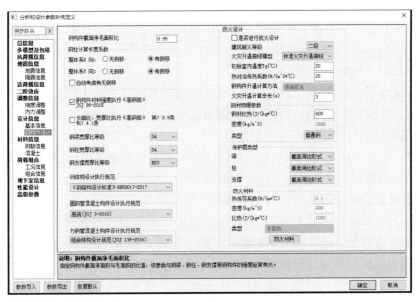

图3-18 "钢构件设计"页面

V3.1.2版本提供了该选项。勾选该选项，程序执行《高钢规》（JGJ 99—2015）第7.3.9条考虑框架柱的长细比限值，执行第7.4.1条考虑钢框架梁、柱板件宽厚比限值。

（5）钢结构设计执行规范　可选择《钢结构设计标准》（GB 50017—2017）或《钢结构设计规范》（GB 50017—2003）。如果选择2003版规范，构件设计验算部分执行旧版本规范要求。

（6）圆钢管混凝土构件设计执行规范　可选择《高规》（JGJ 3—2010）或《钢管混凝土结构技术规范》（GB 50936—2014）方法。选择《高规》时与旧版一致，程序以《高规》方法为主，局部参考CECS 28:90规程要求，进行圆钢管混凝土构件设计；选择《钢管混凝土结构技术规范》时，第五章和第六章两种方法任选其一即可，程序根据第五章和第六章的方法分别进行轴心受压承载力、拉弯、压弯、抗剪验算等，并对长细比、套箍指标等进行验算和超限判断，具体可见计算结果输出。

（7）方钢管混凝土构件设计执行规范　可选择按照《矩形钢管混凝土结构技术规程》（CECS 159:2004）、《钢管混凝土结构技术规范》（GB 50936—2014）或《组合结构设计规范》（JGJ 138—2016）进行设计。

（8）是否进行抗火设计　勾选此项，程序自动按照《建筑钢结构防火技术规范》（GB 51249—2017）进行抗火设计。程序采用临界温度法进行防火验算。

（9）建筑耐火等级　按《建筑设计防火规范》（GB 50016—2014）的规定取值。

（10）火灾升温曲线模型　程序支持两条火灾升温曲线，分别针对以纤维类物质为主的火灾和以烃类物质为主的火灾。

（11）初始室内温度　火灾前室内环境的温度（℃），默认取20℃。

（12）热对流传热系数　该参数主要用于钢构件升温计算，默认取25W/（m²℃）。钢构件升温计算用到的热辐射传热系数是程序自动计算的。

（13）钢构件升温计算方法　为了钢构件升温计算的准确性，程序默认按照《建筑钢结构防火技术规范》（GB 51249—2017）的精确算法进行计算。

（14）火灾升温计算步长　该参数主要用于钢构件升温计算，按照《建筑钢结构防火技术规范》（GB 51249—2017）考虑其取值不宜大于5s。

（15）钢材物理参数

1）钢材比热　指定钢材的比热，该参数主要用于钢构件升温计算。

2）密度　该参数主要是由总信息中的钢材重度自动计算得来，此处只是展示作用，若需要修改，请到"钢材容重"选项中修改。

3）类型　指定钢材类型，该参数主要用于按照荷载比查表得到构件的临界温度。

（16）保护层类型　该参数按照构件类型，分别指定防火保护措施类型。参数选择主要影响截面形状系数，从而影响构件升温曲线。"截面周边形式"即规范中标注的外边缘型，指按照截面实际形状计算形状系数；"截面矩形形式"指强制按照矩形截面形状系数，即规范中标注的非外边缘型。另外，对于梁构件，程序是通过自动判断该构件有无楼板，来自动计算梁截面是四面保护还是三面保护。

（17）防火材料　用户需要先单击"防火材料"按钮，根据防火材料厂家给出的防火材料属性进行填写。对于膨胀性防火材料，程序根据规范的相关公式只给出等效热阻；对于非膨胀性防火材料，程序根据规范的相关公式给出等效热阻和所需保护层厚度。

3.3.9　材料信息

1. 钢筋信息

"钢筋信息"页面如图3-19所示。可对钢筋级别进行指定，并不能修改钢筋强度，钢筋级别和强度设计值的对应关系需要在PMCAD中指定。表格的第一列和第二列分别为自然层号和塔号，其中自然层号中用"[ ]"标记的参数为标准层号。表格的第二行为全楼参数，主要用来批量修改全楼钢筋等级信息，蓝色字体表示与PMCAD进行双向联动的参数。修改全楼参数时，各层参数随之修改，也可对各层、塔参数分别修改，程序计算时采用表中各层、塔对应的信息。

对按层塔指定的参数，程序将不同参数用颜色进行了标记，红色表示本次用户修改过的参数，黑色表示本次未修改过的参数。

为了方便用户对指定楼层钢筋等级的查询，增加了按自然层、塔进行查询的功能，同时可以勾选梁、柱、墙按钮，按构件类型进行显示。

2. 混凝土

"混凝土"页面如图3-20所示。对于强度等级大于C80的高强混凝土，目前《混规》并未给出具体设计指标和承载力计算公式，但实践中不乏应用高强混凝土的情况。

设计人员可自定义大于C80的混凝土的设计指标，程序按照现行《混规》给出的承载力计算公式进行设计，对轴压比、剪压比等设计指标也按照设计人员自定义的强度参数进行计算，可以作为高强混凝土结构设计的一个参考。增加了按现行《混规》承载力计算时需要的等效矩形应力系数 α_1、等效矩形受压区高度系数 β_1 及混凝土强度影响系数 β_c，默认按C80取值。

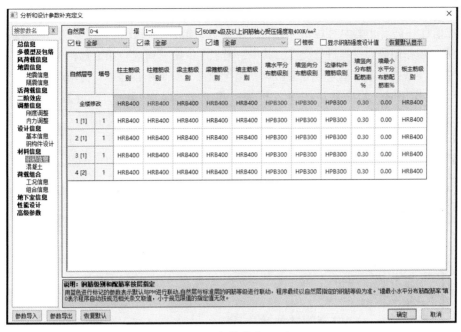

图 3-19 "钢筋信息"页面

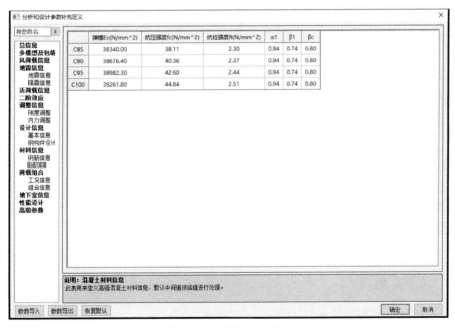

图 3-20 "混凝土"页面

3.3.10 荷载组合

1. 工况信息

"工况信息"页面如图 3-21 所示。PMCAD 建模程序增加了消防车、屋面活荷载、屋面积灰荷载及雪荷载四种工况，新版 SATWE 对工况和组合相关交互方式进行了相应修改，提供了全新的界面。

"工况信息"页面可集中对各工况进行分项系数、组合值系数等参数修改，按照永久荷载、可变荷载及地震作用分为三类进行交互，其中新增工况依据《荷规》第五章相关条文采用相应的默认值。各分项系数、组合值系数等会影响"组合信息"页面中程序默认的荷载组合。

计算地震作用时，程序默认按照《抗规》第5.1.3条对每个工况设置相应的重力荷载代表值系数，设计人员可在此页查看及修改。过去"地震信息"页面的"重力荷载代表值的活载组合值系数"也移到此页，所有可变荷载进行集中管理，以方便用户查改。此项参数影响结构的质量计算及地震作用。

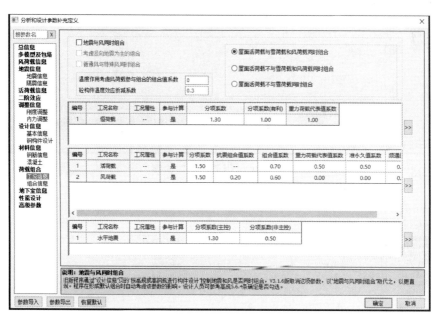

图 3-21 "工况信息"页面

2. 组合信息

"组合信息"页面如图 3-22 所示，可查看程序采用的默认组合，也可采用自定义组合，可方便地导入或导出文本格式的组合信息。其中新增工况的组合方式已默认采用《荷规》的相关规定，通常无须用户干预。在"工况信息"页面修改的相关系数会即时体现在默认组合中，可随时查看。

3.3.11 地下室信息

"地下室信息"页面如图 3-23 所示。

1. 室外地面到结构最底部的距离

该参数同时控制回填土约束和风荷载计算，填 0 表示默认，程序取地下一层顶板到结构最底部的距离。对于回填土约束，H 为正值时，程序按照 H 值计算约束刚度；H 为负值时，计算方式同填 0 一致。风荷载计算时，程序将风压高度变化系数的起算零点取为室外地面，即取起算零点的 Z 坐标为 $(Z_{min}+H)$，Z_{min} 表示结构最底部的 Z 坐标。H 填负值时，通常用于主体结构顶部附属结构的独立计算。

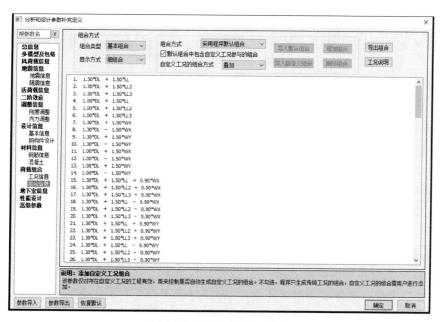

图 3-22 "组合信息"页面

2. 回填土信息

（1）X、Y 向土层水平抗力系数的比例系数　该参数可以参照《建筑桩基技术规范》（JGJ 94—2008）表 5.7.5 的灌注桩项来取值。m 的取值范围一般为 2.5~100，在少数情况的中密、密实的砂砾、碎石类土取值可达 100~300。

（2）X、Y 向地面处回填土刚度折减系数　用来调整室外地面回填土刚度。程序默认计算结构底部的回填土刚度 K（$K = 1000mH$），并通过折减系数 γ 来调整地面处回填土刚度为 γK。回填土刚度的分布允许为矩形（$\gamma = 1$）、梯形（$0 < \gamma < 1$）或三角形（$\gamma = 0$）。

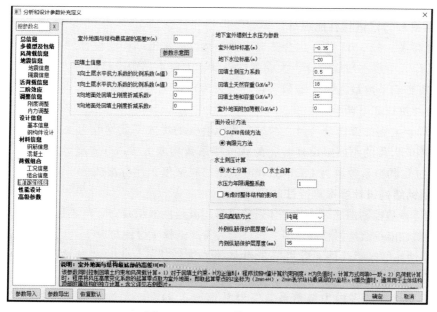

图 3-23 "地下室信息"页面

3. 地下室外墙侧土压力参数

（1）室外地坪标高，地下水位标高 以结构±0.0标高为准，高则填正值，低则填负值。

（2）回填土天然容重、回填土饱和容重和回填土侧压力系数 用来计算地下室外围墙侧土压力。

（3）室外地面附加荷载 应考虑地面恒载和活载。活载应包括地面上可能的临时荷载。对于室外地面附加荷载分布不均的情况，取最大的附加荷载计算，程序按侧压力系数转化为侧土压力。

4. 面外设计方法

程序提供两种地下室外墙设计方法，一种为SATWE传统设计方法，另一种为有限元设计方法。

5. 水土侧压计算

水土侧压计算程序提供两种选择，即水土分算和水土合算。选择"水土合算"时，增加土压力+地面活载（室外地面附加荷载）。选择"水土分算"时，增加土压力+水压力+地面活载（室外地面附加荷载）。当勾选"考虑对整体结构的影响"时，程序自动增加一个土压力工况，分析外墙荷载作用下结构的内力，设计阶段对于结构中的每个构件均增加一类恒载、活载和土压力同时作用的组合，以保证整体结构具有足够的抵抗推力的承载力。

6. 竖向配筋

程序提供三种竖向配筋方式，默认按照纯弯计算非对称配筋。当地下室层数很少，也可以选择压弯计算对称配筋。当墙的轴压比较大时，可以选择压弯计算和纯弯计算的较大值进行非对称配筋。

3.3.12 性能设计

"性能设计"页面如图3-24所示。

1. 按照高规方法进行性能设计

依据《高规》第3.11节，综合其提出的5类性能水准结构的设计要求，SATWE提供了中震弹性设计、中震不屈服设计、大震弹性设计、大震不屈服设计四种方法。选择中震或大震时，"地震影响系数最大值"参数会自动变更为规范规定的中震或大震的地震影响系数最大值，并自动执行如下调整：

1）中震或大震的弹性设计时，与抗震等级有关的增大系数均取为1。

2）中震或大震的不屈服设计时，荷载分项系数均取为1，与抗震等级有关的增大系数均取为1，抗震调整系数取为1，钢筋和混凝土材料强度采用标准值。

2. 按照钢结构设计标准进行性能设计

通过调整参数控制性能设计的总体思路是采用高延性低承载力思路还是低延性高承载力思路。例如承载性能等级选择性能7级、构件延性等级选择1级就对应于高延性低承载力思路。

1）"塑性耗能区承载性能等级"的默认值取为性能6，此时"塑性耗能区的性能系数最小值"为0.35，折减后的设防烈度地震作用相当于"小震"的地震作用。

2）"非塑性耗能区内力调整系数"默认值取1.21。"塑性耗能刚度折减系数"默认取1.0。

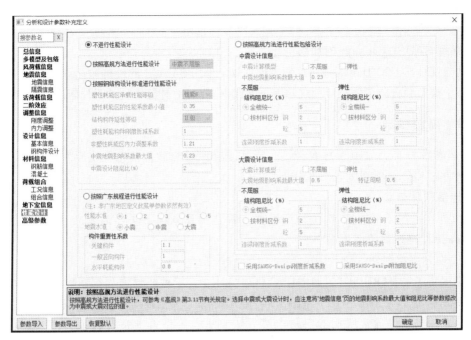

图 3-24 "性能设计"页面

3）"中震地震影响系数最大值"默认值按《抗规》确定，"中震设计阻尼比"默认取2%。

3. 按照高规方法进行性能包络设计

多模型包络设计功能，该参数主要用来控制是否进行性能包络设计。当选择该项时，用户可在下侧参数中根据需要选择多个性能设计子模型，并指定各子模型相关参数，然后在前处理"性能目标"菜单中指定构件性能目标，即可自动实现针对性能设计的多模型包络，具体细节请参考第五章。

（1）计算模型　程序提供了中震不屈服、中震弹性、大震不屈服和大震弹性四种性能设计子模型，用户可以根据需要进行选取。例如，当用户在"中震计算模型"选择"不屈服"，同时在前处理"性能目标"菜单中指定构件性能目标为中震不屈服时，程序会自动从此模型中读取该构件的结果进行包络设计。

（2）地震影响系数最大值　其含义同"地震信息"页"水平地震影响系数最大值"参数，程序根据"结构所在地区""设防烈度"及"地震水准"三个参数共同确定。用户可以根据需要进行修改，但需注意上述相关参数修改时，用户修改的地震影响系数最大值将不保留，自动修复为规范值。

（3）结构阻尼比　程序允许单独指定不同性能设计子模型的结构阻尼比，其参数含义同"地震信息"页的阻尼比含义。

（4）连梁刚度折减系数　程序允许单独指定不同性能设计子模型的连梁刚度折减系数，其参数含义同"调整信息"页中地震作用下的连梁刚度折减系数。

4. 采用 SAUSG-Design 刚度折减系数

该参数仅对 SAUSG-Design 计算过的工程有效。采用 SATWE 的性能包络设计功能时，勾选此项，各子模型会自动读取相应地震水准下 SAUSG-Design 计算得到的刚度折减系数。

读取得到的结果可在"分析模型及计算"→"设计属性补充"→"刚度折减系数"进行查看。

5. 采用 SAUSG-Design 附加阻尼比

该功能仅对 SAUSG-Design 计算过的工程有效。采用 SATWE 的性能包络设计功能时，勾选此项，各子模型会自动读取相应地震水准下 SAUSG-Design 计算得到的附加阻尼比信息。

3.3.13　高级参数

"高级参数"页面如图 3-25 所示。以下重点介绍计算软件信息、线性方程组解法、地震作用分析方法和传基础刚度 4 个部分。

1. 计算软件信息

32 位操作系统下只支持 32 位计算程序，64 位操作系统下同时支持 32 位和 64 位计算程序，但 64 位程序计算效率更高。

2. 线性方程组解法

程序提供了"PARDISO""MUMPS"和"LDLT"三种线性方程组求解器。从线性方程组的求解方法上，"PARDISO""MUMPS"采用的都是大型稀疏对称矩阵快速求解方法；而"LDLT"采用的则是通常所用的三角求解方法。从程序是否支持并行上，"PARDISO"和"MUMPS"为并行求解器，当内存充足时，CPU 核心数越多，求解效率越高；而"LDLT"为串行求解器，求解器效率低于"PARDISO"和"MUMPS"。另外，当采用了施工模拟 3时，不能使用"LDLT"求解器；"PARDISO""MUMPS"求解器只能采用总刚模型进行计算，"LDLT"求解器则可以在侧刚和总刚模型中选择。

图 3-25　"高级参数"页面

3. 地震作用分析方法

有"侧刚分析方法"和"总刚分析方法"两个选项。其中"侧刚分析方法"是指按侧刚模型进行结构振动分析;"总刚分析方法"则是指按总刚模型进行结构振动分析。当结构中各楼层均采用刚性楼板假定时可采用"侧刚分析方法";其他情况建议采用"总刚分析方法"。

4. 传基础刚度

进行上部结构与基础共同分析,应勾选"生成传给基础的刚度"选项。

3.4 模型补充定义

3.4.1 特殊构件补充定义

"特殊构件补充定义"子菜单如图 3-26 所示。

图 3-26 "特殊构件补充定义"子菜单

该子菜单可补充定义特殊柱、特殊梁、弹性楼板单元、材料强度和抗震等级等信息。补充定义的信息将用于 SATWE 计算分析和配筋设计。程序已自动对所有属性赋予初值,如无须改动,则可直接略过本菜单,进行下一步操作。用户也可利用本菜单查看程序初值。

程序以颜色区分数值类信息的默认值和用户指定值,其中默认值以暗灰色显示,用户指定值以亮白色显示。默认值一般由"分析与设计参数补充定义"中相关参数或 PMCAD 建模中的参数确定。随着模型数据或相关参数的改变,默认值也会联动改变;而用户指定的数据则优先级最高,不会被程序强制改变。

特殊构件定义信息保存在 PMCAD 模型数据中,构件属性不会随模型修改而丢失,即任何构件无论进行了平移、复制、拼装、改变截面等操作,只要其唯一 id 号不改变,特殊属性信息都会保留。

1. 基本操作

在单击"特殊构件补充定义"菜单上任意一个按钮后,程序在屏幕绘出结构首层平面简图,并在左侧提供停靠对话框。选择对话框内相应特殊属性,然后单击具体构件,即可以修改该构件的属性参数。如选择"连梁",然后单击某根梁,则被选中的梁的属性在"连梁"和非连梁间切换。

切换标准层则应通过右侧的"上层""下层"按钮或者"楼层"下拉框来进行。如果需要同时对多个标准层进行编辑,需勾选"层间编辑"复选框以打开层间编辑开关,可以单击"楼层选择"按钮,在弹出的"标准层选择"对话框中选取需要编辑的标准层,软件会以当前层为基准,同时对所选标准层进行编辑。

对于已经定义的特殊构件属性,可以通过右下角工具条按钮来切换是否进行文字显示。

2. 特殊梁

特殊梁包括不调幅梁、连梁、转换梁、转换壳元、铰接梁、滑动支座梁、门式钢梁、托柱钢梁、耗能梁、塑性耗能构件、组合梁、单缝连梁、多缝连梁、交叉斜筋和对角暗撑等。各种特殊梁的含义及定义方法如下：

（1）不调幅梁 "不调幅梁"是指在配筋计算时不做弯矩调幅的梁。程序对全楼的所有梁都自动进行判断，首先把各层所有的梁以轴线关系为依据连接起来，形成连续梁。然后，以墙或柱为支座，把两端都有支座的梁作为普通梁，以暗青色显示，并在配筋计算时，对其支座弯矩及跨中弯矩进行调幅计算。把两端都没有支座或仅有一端有支座的梁（包括次梁、悬臂梁等）隐含定义为不调幅梁，以亮青色显示。

用户可按自己的意愿进行修改定义，如想要把普通梁定义为不调幅梁，可单击该梁，则该梁的颜色变为亮青色，表明该梁已被定义为不调幅梁。反之，若想把隐含的不调幅梁改为普通梁或想把定义错的不调幅梁改为普通梁，只需在该梁上再单击一下，则该梁的颜色变为暗青色，此时该梁被改为普通梁。

（2）连梁 "连梁"是指与剪力墙相连，允许开裂，可做刚度折减的梁。程序对全楼所有的梁都自动进行了判断，把两端都与剪力墙相连，且至少在一端与剪力墙轴线的夹角不大于$30°$的梁隐含定义为连梁，以亮黄色显示，"连梁"的修改方法与"不调幅梁"一样。

（3）转换梁 "转换梁"包括"部分框支剪力墙结构"的托墙转换梁（即框支梁）和其他转换层结构类型中的转换梁（如筒体结构的托柱转换梁等），程序不做默认判断，需用户指定，以亮白色显示。

（4）转换壳元 与转换梁互斥，转换壳元后续按转换墙属性设计。程序不做默认判断，需用户指定。

（5）铰接梁 SATWE模块中考虑了梁有一端铰接或两端铰接的情况，铰接梁没有隐含定义，需用户指定。单击需定义的梁，则该梁在靠近光标的一端出现一红色小圆点，表示梁的该端为铰接。若一根梁的两端都为铰接，需在这根梁上靠近其两端各单击一次，则该梁的两端各出现一个红色小圆点。

（6）滑动支座梁 SATWE模块中考虑了梁有一端有滑动支座约束的情况，滑动支座梁没有隐含定义，需用户指定。单击需定义的梁，则该梁在靠近光标的一端出现一白色小圆点，表示梁的该端为滑动支座。

（7）门式钢梁 门式钢梁没有隐含定义，需用户指定。单击需定义的梁，则梁上标识为"MSGL"，表示该梁为门式钢梁。

（8）托柱钢梁 托柱钢梁没有隐含定义，需用户指定，非钢梁不允许定义该属性。对于指定托柱钢梁属性的梁，程序按《高钢规》第7.1.6条进行内力调整，以区别于混凝土转换梁的调整。

（9）耗能梁 耗能梁没有隐含定义，需用户指定。单击需定义的梁，则梁上标识为"HNL"，表示该梁为耗能梁。

（10）塑性耗能构件 将钢结构的全部构件分为塑性耗能构件和弹性构件两部分。对于钢框架结构，程序自动将框架梁判断为塑性耗能构件。对于钢框架支撑结构，程序自动将支撑判断为塑性耗能构件，框架梁则不判断为塑性耗能构件。设计人员须根据工程实际情况和构件受力状态确认每个构件是否是塑性耗能区构件。

（11）组合梁 组合梁无隐含定义，需用户指定。单击"组合梁"按钮可进入下级菜单，首次进入此项菜单时，程序提示是否从PMCAD数据自动生成组合梁定义信息，用户单击"确定"按钮后，程序自动判断组合梁，并在所有组合梁上标识"ZHL"，表示该梁为组合梁，用户可以通过右侧菜单查看或修改组合梁参数。

（12）单缝连梁、多缝连梁 通常的双连梁仅设置单道缝，可以通过"单缝连梁"来指定。程序提供"多缝连梁"功能将双连梁概念一般化，可在梁内设置1~2道缝。

（13）交叉斜筋、对角暗撑 指定按"交叉斜筋"或"对角暗撑"方式进行抗剪配筋的框架梁。

（14）刚度系数 连梁的刚度系数默认值取"连梁刚度折减系数"，不与中梁刚度放大系数连乘。

（15）扭矩折减 扭矩折减系数的默认值为"梁扭矩折减系数"，但对于弧梁和不与楼板相连的梁，不进行扭矩折减，默认值为1。

（16）调幅系数 调幅系数的默认值为"梁端负弯矩调幅系数"，只有调幅梁才允许修改调幅系数。

（17）附加弯矩调整 《高规》第5.2.4条规定，在竖向荷载作用下，由于竖向构件变形导致框架梁端产生的附加弯矩可适当调幅，弯矩增大或减小的幅度不宜超过30%。弯矩调整系数的默认值为"框架梁附加弯矩调整系数"，用户可对单个框架梁的调整系数进行修改。

（18）抗震等级 梁抗震等级默认值为"地震信息"页面的"框架抗震等级"。实际工程中可能出现梁抗震措施和抗震构造措施抗震等级不同的情况，程序允许分别指定二者的抗震等级。

（19）材料强度 特殊构件定义里修改材料强度的功能与PMCAD中的功能一致，两处对同一数据进行操作，因此在任一处修改均可。

（20）自动生成 程序提供了一些自动生成特殊梁属性的功能，包括自动生成本层或全楼混凝土次梁或钢次梁铰接、自动生成转换梁等。

3. 特殊柱

特殊柱包括上端铰接柱、下端铰接柱、两端铰接柱、角柱、转换柱、门式钢柱、水平转换柱、隔震支座柱。这些特殊柱的定义方法如下：

（1）上端铰接柱、下端铰接柱和两端铰接柱 SATWE模块中对柱考虑了有铰接约束的情况，用户单击需定义为铰接柱的柱，则该柱会变成相应颜色，其中上端铰接柱为亮白色，下端铰接柱为暗白色，两端铰接柱为亮青色。若想恢复为普通柱，只需在该柱上再单击一下，柱颜色变为暗黄色，表明该柱已被定义为普通柱了。

（2）角柱 角柱没有隐含定义，需用户依次单击需定义成角柱的柱，则该柱旁显示"JZ"，表示该柱已被定义成角柱。若想把定义错的角柱改为普通柱，只需在该柱上再单击一下，"JZ"标识消失，表明该柱已被定义为普通柱了。

（3）转换柱 转换柱由用户自己定义。定义方法与"角柱"相同，转换柱标识为"ZHZ"。

（4）门式钢柱 门式钢柱由用户自己定义。定义方法与"角柱"相同，门式钢柱标识为"MSGZ"。

（5）水平转换柱 水平转换柱由用户自己定义。定义方法与"角柱"相同，水平转换柱标识为"SPZHZ"。

（6）隔震支座柱　隔震支座柱由用户自行定义，需要先添加需要的隔震支座类型。

（7）抗震等级、材料强度　菜单的功能与修改方式与梁类似。

（8）自动生成　自动生成角柱、转换柱。

4. 特殊支撑

（1）两端固接、上端铰接、下端铰接、两端铰接　四种支撑的定义方法与"铰接梁"相同，铰接支撑的颜色为亮紫色，并在铰接端显示一红色小圆点。

（2）支撑分类　根据新的规范条文，不再需要指定。自动搜索确定支撑的属性（"人/V撑""单斜/交叉撑"或"偏心支撑"），默认值为"单斜/交叉撑"。

（3）水平转换支撑　水平转换支撑的含义和定义方法与"水平转换柱"类似，以亮白色显示。

（4）单拉杆　只有钢支撑才允许指定为单拉杆。

（5）隔震支座支撑　与隔震支座柱类似。

5. 特殊墙

（1）临空墙　当有人防层时，此命令才可用。

（2）地下室外墙　程序自动搜索地下室外墙，并以白色标识。

（3）转换墙　以黄色显示，并标有"转换墙"字样。在需要指定的墙上单击一次完成定义。

（4）外包/内置钢板墙　普通墙、普通连梁不能满足设计要求时，可考虑钢板墙和钢板连梁，钢板墙和钢板连梁的设计结果表达方式与普通墙相同。

（5）设缝墙梁　当某层连梁上方连接上一层剪力墙，形成高跨比很大的高连梁时，可在该层使用设缝墙梁功能，将该片连梁分割成两片高度较小的连梁。

（6）交叉斜筋、对角暗撑　洞口上方的墙梁按"交叉斜筋"或"对角暗撑"方式进行抗剪配筋。

（7）墙梁刚度折减　可单独指定剪力墙洞口上方连梁的刚度折减系数，默认值为"调整信息"页面中的"连梁刚度折减系数"。

（8）竖配筋率　默认值为"参数定义"→"配筋信息"→"钢筋信息"页面中的"墙竖向分布筋配筋率"，可以在此处指定单片墙的竖向分布筋配筋率。如当某边缘构件纵筋计算值过大时，可以在这里增加所在墙段的竖向分布筋配筋率。

（9）水平最小配筋率　默认值为"参数定义"→"配筋信息"→"钢筋信息"页面中的"墙最小水平分布筋配筋率"，可以在此处指定单片墙的最小水平分布筋配筋率，这个功能的用意在于对构造的加强。

（10）临空墙荷载　此项菜单可单独指定临空墙的等效静荷载，默认值为6级及以上取110kN/m^2，其余情况取210 kN/m^2。

6. 弹性板

弹性楼板是以房间为单元进行定义的，一个房间为一个弹性楼板单元。定义时，只需在某个房间内单击一下，则在该房间的形心处出现一个内带数字的小圆环，圆环内的数字为板厚（单位cm），表示该房间已被定义为弹性楼板。在内力分析时将考虑房间楼板的弹性变形影响。修改时，仅需在该房间内再单击一下，则小圆环消失，说明该房间的楼板已不是弹性楼板单元。在平面简图上，小圆环内为0表示该房间无楼板或板厚为零（洞口面积大于房间面积一半时，则认为该房间没有楼板）。

弹性楼板单元分三种，分别为"弹性楼板 6""弹性楼板 3"和"弹性膜"。弹性楼板 6 指程序真实地计算楼板平面内和平面外的刚度；弹性楼板 3 指假定楼板平面内无限刚，程序仅真实地计算楼板平面外刚度；弹性膜指程序真实地计算楼板平面内刚度，楼板平面外刚度不考虑（取为零）。

7. 特殊节点

可指定节点的附加质量。附加质量是指不包含在恒荷载、活荷载中，但地震作用计算时应考虑的质量，比如吊车梁重量、自承重墙等。

8. 支座位移

可以在指定工况下编辑支座节点的六个位移分量。程序还提供了"读基础沉降结果"功能，可以读取基础沉降计算结果作为当前工况的支座位移。

9. 空间斜杆

以空间视图的方式显示结构模型，用于 PMCAD 建模中以斜杆形式输入的构件的补充定义。各项菜单的具体含义及操作方式可参考"特殊梁""特殊柱"或"特殊支撑"选项。

10. 特殊属性

（1）抗震等级/材料强度 此处菜单功能与"特殊梁""特殊柱"等菜单下的抗震等级/材料强度功能相同，在"特殊梁""特殊柱"等菜单下只能修改梁或柱等单类构件的值，而在此处可查看/修改所有构件的抗震等级/材料强度值。

（2）人防构件 只有定义人防层之后，所指定的人防构件才能生效。选择梁/柱/支撑/墙之后在模型上单击相应的构件即可完成定义，并以"人防"字样标记，再次单击则取消定义。

（3）重要性系数 参考广东《高层建筑混凝土结构技术规程》（DBJ 15-92—2013）。

（4）竖向地震构件 指定为"竖向地震构件"的构件才会在配筋设计时考虑竖向地震作用效应及组合，默认所有构件均为竖向地震构件。

（5）受剪承载力统计 通过该菜单指定柱、支撑、墙、空间斜杆是否参与楼层受剪承载力的统计。该功能会影响楼层受剪承载力的比值，进而影响对结构竖向不规则性的判断，需根据实际情况使用。

3.4.2 荷载补充定义

1. 活荷折减

SATWE 除可以在"参数定义"→"活荷信息"中设置活荷载折减和消防车荷载折减外，还可以在该菜单内针对构件实现活荷载和消防车荷载的单独折减，从而使定义更加方便灵活。程序默认的活荷载折减系数是根据"活荷信息"页面中楼面活荷载折减方式确定的。活荷载折减方式分为传统方式和按荷载属性确定构件折减系数的方式。

2. 温度荷载定义

通过单击"特殊荷载"→"温度荷载"来设置。本菜单通过指定结构节点的温度差来定义结构温度荷载，温度荷载记录在文件 SATWE_TEM.PM 中。若想取消定义，可简单地将该文件删除。第 0 层对应首层地面，除第 0 层外，各层平面均为楼面。

若在 PMCAD 中对某一标准层的平面布置进行过修改，须相应修改该标准层对应各层的温度荷载。所有平面布置未被改动的构件，程序会自动保留其温度荷载。但当结构层数发生变化时，应对各层温度荷载重新进行定义。

温度荷载定义的对话框如图3-27所示。温差指结构某部位的当前温度值与该部位处于自然状态（无温度应力）时的温度值的差值，升温为正，降温为负，单位是℃。如果结构统一升高或降低一个温度值，可以单击"全楼同温"按钮，将结构所有节点赋予当前温差。

图3-27 "温度荷载定义"对话框

3. 特殊风荷载定义

特殊风荷载定义对话框如图3-28所示。对于平、立面变化比较复杂，或者对风荷载有特殊要求的结构或某些部位，如空旷结构、体育场馆、工业厂房、轻钢屋面、有大悬挑结构的广告牌、候车站、收费站等，普通风荷载的计算方式不能满足要求，此时，可采用"特殊风荷载定义"菜单中的"自动生成"功能以更精细的方式自动生成风荷载，还可在此基础上进行修改。

4. 抗火设计

用户可根据《建筑钢结构防火技术规范》（GB 51249—2017）进行构件级别的参数定义。防火设计补充定义分为抗火设计定义（图3-29）和防火材料定义（图3-30）。抗火设计定义，即按单构件定义耐火等级、耐火极限、耐火材料和钢材类型。防火材料定义，即按单构件定义耐火材料属性。

图3-28 "特殊风荷载定义"对话框

3.4.3 施工次序补充定义

复杂高层建筑结构及房屋高度大于150m的其他高层建筑结构，应考虑施工过程的影响。程序支持构件施工次序定义，从而满足部分复杂工程的需要。当勾选"总信息"页面的"采用自定义施工次序"选项后，可使用该菜单进行构件施工次序补充定义。

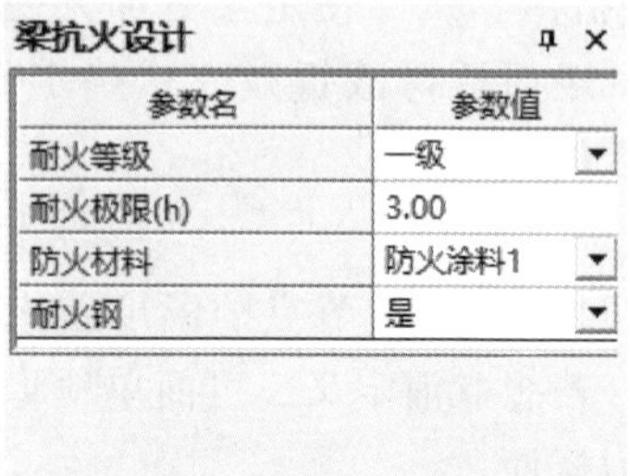

图3-29 梁抗火设计定义

图3-30 防火材料定义

施工次序补充定义有"构件次序定义"和"楼层次序定义"两种方式。"构件次序定义"的界面如图3-31所示。可以同时对梁、柱、支撑、墙、板中的一种或几种构件同时定义安装次序和拆卸次序。也可以在"施工次序定义"对话框中选择构件类型并填入安装和拆卸次序号，然后在模型中选择相应的构件即可完成定义。当用户需要指定该层所有某种类型构件的施工次序，如全部的梁时，只需勾选梁并

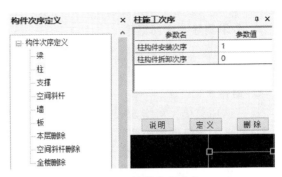

图 3-31 构件次序定义

填入施工次序号，框选全部模型即可，没有勾选的构件类型施工次序不会被改变。

"楼层次序定义"界面会显示"总信息"页面设置的默认结构楼层施工次序，即逐层施工。当用户需要进行楼层施工次序修改时，在相应"层号"的"次序号"上双击，填入正确的施工次序号即可。这两处是相互关联的，在一处进行了修改，另外一处也对应变化，从而更加方便用户进行施工次序定义。

3.4.4 多塔结构补充定义

通过这项菜单，可补充定义结构的多塔信息。对于非多塔结构，可跳过此项菜单，直接执行"生成 SATWE 数据文件"菜单，程序隐含规定工程为非多塔结构。对于多塔结构，一旦执行过本项菜单，补充输入和多塔信息将被存放在硬盘当前目录名为 SAT_TOW.PM 和 SAT_TOW_PARA.PM 两个文件中，以后再启动 SATWE 的前处理文件时，程序会自动读入以前定义的多塔信息。多塔定义菜单有多塔定义、自动生成、多塔检查和多塔删除、遮挡平面、层塔属性等功能选项。

1. 多塔定义

通过这项菜单可定义多塔信息。单击该菜单后，程序要求用户在提示区输入定义多塔的起始层号、终止层号和塔数，然后要求用户以闭合折线围区的方法依次指定各塔的范围。建议把最高的塔命名为一号塔，次之为二号塔，依次类推。依次指定完各塔的范围后，程序再次让用户确认多塔定义是否正确，若正确可按【Enter】键，否则可按【Esc】键，再重新定义多塔。对于一个复杂工程，立面可能变化较大，可多次反复执行"多塔定义"菜单，来完成整个结构的多塔定义工作。

2. 自动生成

用户可以选择由程序对各层平面自动划分多塔，对于多数多塔模型，多塔的自动生成功能都可以进行正确的划分，从而提高了用户操作的效率。但对于个别较复杂的楼层不能对多塔自动划分，程序对这样的楼层将给出提示，用户可按照人工定义多塔的方式做补充输入即可。

3. 多塔检查

进行多塔定义时，要特别注意以下三条原则，否则会造成后面的计算出错：任意一个节点必须位于某一围区内；每个节点只能位于一个围区内；每个围区内至少应有一个节点。也就是说任意一个节点必须属于且只能属于一个塔，且不能存在空塔。为此，程序增加了

"多塔检查"的功能，单击此命令，程序会对上述三种情况进行检查并给出提示。

4. 多塔删除、全部删除

"多塔删除"命令会删除多塔平面定义数据及立面参数信息（不包括遮挡信息），"全部删除"命令会删除多塔平面、遮挡平面及立面参数信息。

5. 遮挡平面

通过这项菜单，可指定设缝多塔结构的背风面，从而在风荷载计算中自动考虑背风面的影响。遮挡定义方式与多塔定义方式基本相同，需要首先指定起始和终止层号及遮挡面总数，然后用闭合折线围区的方法依次指定各遮挡面的范围。每个塔可以同时有几个遮挡面，但是一个节点只能属于一个遮挡面。

定义遮挡面时不需要分方向指定，只需要将该塔所有的遮挡边界以围区方式指定即可，也可以两个塔同时指定遮挡边界。

6. 层塔属性

图 3-32 "层塔属性定义"菜单

层塔属性菜单如图 3-32 所示。通过这项菜单可显示多塔结构各塔的关联简图，还可显示或修改各塔的有关参数，包括各层各塔的层高、梁、柱、墙和楼板的混凝土强度等级、钢构件的钢号和梁柱保护层厚度等。用户均可在程序默认值基础上修改，也可单击"层塔属性删除"命令，程序将删除用户自定义的数据，恢复默认值。各项参数的默认值如下：底部加强区由程序自动判断；约束边缘构件层为底部加强区及上一层、加强层及相邻层；过渡层为参数"设计信息"页指定的过渡层；加强层为参数"调整信息"页指定的加强层；薄弱层为参数"调整信息"页指定的薄弱层。

3.4.5 模型简图查看

1. 模型简图

SATWE 软件提供平面简图、空间简图、恒载简图和活载简图的查看与导出功能，可用于生成设计计算书。图 3-33 和图 3-34 所示为程序生成的标准层平面简图和全楼空间简图。

2. 模型修改

包括"属性修改""风荷载修改""二道防线调整"三个选项。"属性修改"用来进行计算长度系数、梁柱刚域、短肢墙、非短肢墙、双肢墙、刚度折减系数的指定。"风荷载修改"用来查看并修改程序自动导算出的水平风荷载。进行模型修改时，需注意以下几点：

1）程序在生成数据过程中自动计算柱长度系数及梁面外计算长度（支撑长度系数默认为1.0）及梁、柱刚域长度，用户可查看或修改。

2）短肢墙和非短肢墙没有默认值，在后续分析和设计过程中才会进行自动判断。用户在这里指定的短肢墙和非短肢墙是优先级最高的，高于程序自动判断的结果。若用户不认同程序自动判断的某些短肢墙，可以在这里取消其短肢墙的属性，程序不会对其进行短肢墙的相关设计。

3）《高规》第 7.2.4 条规定，抗震设计的双肢剪力墙，其墙肢不宜出现小偏心受拉；当任一墙肢为偏心受拉时，另一墙肢的弯矩设计值及剪力设计值应乘以增大系数 1.25 倍。

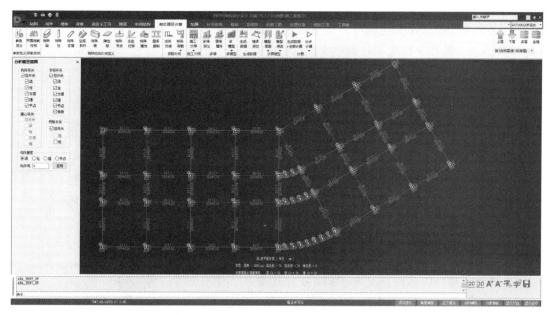

图 3-33　标准层平面计算简图

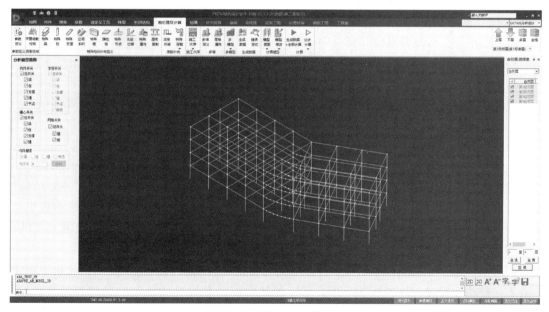

图 3-34　全楼空间计算简图

程序的做法是当任一墙肢为偏心受拉时，对双肢剪力墙的两肢弯矩设计值及剪力设计值均放大 1.25 倍。另外，程序不会对用户指定的双肢墙做合理性判断，用户需要保证指定的双肢墙合理性。

4）连梁刚度折减系数以前处理设计模型中定义的值为默认值。如果在"参数定义"→"包络信息"页面中选择了"少墙框架结构自动包络设计"选项，则相应少墙框架子模型墙柱刚度折减系数默认值按参数定义中的"墙柱刚度折减系数"取值；其他情况下构件刚度折减系数默认值为1.0。

5）自定义的信息在下次执行"生成数据"时仍将保留，除非模型发生改变。如需恢复程序默认值，只需在左侧或下拉菜单中执行相应删除操作即可。

3.5 数据生成与计算

"计算"菜单如图3-35所示。这项菜单是SATWE前处理的核心菜单，其功能是综合PMCAD生成的建模数据和前述几项菜单输入的补充信息，将其转换成空间结构有限元分析所需的数据格式。所有工程都必须执行本项菜单，正确生成数据并通过数据检查后，方可进行下一步的计算分析。用户可以单步执行或连续执行全部操作。

SATWE前处理生成数据的过程是将结构模型转化为计算模型的过程，是对PMCAD建立的结构进行空间整体分析的一个承上启下的关键环节，模型转化主要完成以下几项工作：

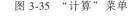

1）根据PMCAD结构模型和SATWE计算参数，生成每个构件上与计算相关的属性、参数和楼板类型等信息。

2）生成实质上的三维计算模型数据。根据PMCAD模型中的已有数据确定所有构件的空间位置，生成一套新的三维模型数据。该过程会将按层输入的模型进行上下关联，构件之间通过空间节点相连，从而得以建立完备的三维计算模型信息。

3）将各类荷载加载到三维计算模型上。

图3-35 "计算"菜单

4）根据力学计算的要求，对模型进行合理简化和容错处理，使模型既能适应有限元计算的需求，又确保简化后的计算模型能够反映实际结构的力学特性。

5）在空间模型上对剪力墙和弹性板进行单元剖分，为有限元计算准备数据。

此外，采用SATWE进行数据前处理时尚应注意以下几点：

（1）按结构原型输入　尽量按结构原型输入，不要把基于薄壁柱理论的软件对结构所做的简化应用到PKPM中。如符合梁的简化条件，就按梁输入；如符合柱或异形柱条件，就按柱或异形柱输入；如符合剪力墙条件，就按（带洞）剪力墙输入；如是没有楼板的房间，要将其板厚改成0。

（2）轴网输入　为适应SATWE数据结构和理论模型的特点，建议用户在使用PMCAD输入高层结构数据时，注意如下事项：尽可能地发挥"分层独立轴网"的特点，将各标准层不必要的网格线和节点删掉；充分发挥柱、梁墙布置可带任意偏心的特点，尽可能避免近距离的节点。

（3）板-柱结构的输入　在采用SATWE软件进行板-柱结构分析时，由于SATWE软件具有考虑楼板弹性变形的功能，可用弹性楼板单元较真实地模拟楼板的刚度和变形。对于板-柱结构，在PMCAD交互式输入中，需布置截面尺寸为100mm×100mm的矩形截面虚梁，这里布置虚梁的目的有两点，一是为了SATWE软件在接PMCAD前处理过程中能够自动读到楼板的外边界信息；二是为了辅助弹性楼板单元的划分。

（4）厚板转换层结构的输入　SATWE对转换层厚板采用"平面内无限刚，平面外有限刚"的假定，用中厚板弯曲单元模拟其平面外刚度和变形。在 PMCAD 的交互式输入中，和板-柱结构的输入要求一样，也要布置 100mm×100mm 的虚梁。虚梁布置要充分利用本层柱网和上层柱、墙节点（网格）。此外，层高的输入有所改变，将厚板的板厚均分给与其相邻两层的层高，即取与厚板相邻两层的层高分别为其净空加上厚板的一半厚度。

（5）错层结构的输入 对于框架错层结构，在 PMCAD 数据输入中，可通过给定梁两端节点高，来实现错层梁或斜梁的布置，SATWE 前处理菜单会自动处理梁柱在不同高度的相交问题。

对于剪力墙错层结构，在 PMCAD 数据输入中，结构层的划分原则是"以楼板为界"，如图 3-36 所示，底盘错层部分（图中画虚线的部分）被人为地分开，这样，底盘虽然只有两层，但要按三层输入。涉及错层因素的构件只有柱和墙，判断柱和墙是否错层的原则是"既不和梁相连，又不和楼板相连"。因此，在错层结构的数据输入中，要注意错层部分不可布楼板。

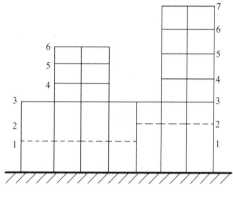

图 3-36 错层结构示意

由于在 SATWE 模块的数据结构中，多塔结构允许同一层的各塔有其自己独立的层高，因此可按非错层结构输入，只是在"多塔、错层定义"时要给各塔赋予不同的层高，从而提高数据输入效率和计算效率。

3.6 分析结果查看与输出

SATWE 后处理的"结果"菜单如图 3-37 所示。

图 3-37 "结果"菜单

3.6.1 图形结果查看

1. 分析结果

"分析结果"子菜单可用于查看振型、位移、内力、弹性挠度及楼层指标。

（1）振型 查看结构的三维振型图及其动画。通过该菜单，设计人员可以观察各振型下结构的变形形态，可以判断结构的薄弱方向，可以确认结构计算模型是否存在明显的错误。

（2）位移 查看不同荷载工况作用下结构的空间变形情况。

（3）内力 查看不同荷载工况下各类构件的内力图。该菜单包括四部分内容：设计模型内力、分析模型内力、设计模型内力云图和分析模型内力云图。

图形设计结果查看

（4）弹性挠度　查看梁在各个工况下的垂直位移，分"绝对挠度""相对挠度""跨度与挠度之比"三种形式显示梁的变形情况。所谓"绝对挠度"即梁的真实竖向变形，"相对挠度"即梁相对于其支座节点的挠度。

（5）楼层指标　查看地震作用和风荷载作用下的楼层位移、层间位移角、侧向荷载、楼层剪力和楼层弯矩的简图，以及地震、风荷载和规定水平力作用下的位移比简图，从宏观上了解结构的抗扭特性。

2．设计结果

"设计结果"子菜单可用于查看结构的配筋、内力等计算与设计结果。

（1）轴压比　查看轴压比及梁柱节点核心区两个方向的配箍值。

（2）配筋　查看构件的配筋验算结果，主要包括混凝土构件配筋及钢构件验算、剪力墙边缘构件及转换墙配筋等选项。

（3）边缘构件　查看剪力墙边缘构件的简图及配筋信息。

（4）内力及配筋包络图　查看梁各截面设计内力及配筋包络图。

（5）柱墙截面设计控制内力　查看柱、墙的截面设计控制内力简图。

（6）构件信息　可以在2D或3D模式下查看任一或若干楼层各构件的某项列表信息。

（7）竖向指标　可提供指定楼层范围内竖向构件在立面的指标统计，比较竖向构件指标在立面的变化规律。

3．SATWE配筋结果表达方法

（1）混凝土梁和型钢混凝土梁　混凝土梁与型钢混凝土梁计算结果的标注格式如图3-38所示。图中参数含义如下：

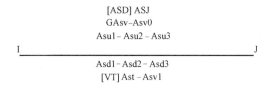

图3-38　混凝土梁与型钢混凝土梁计算结果标注

Asu1、Asu2、Asu3——梁上部左端、跨中、右端配筋面积（cm^2）；

Asd1、Asd2、Asd3——梁下部左端、跨中、右端配筋面积（cm^2）；

Asv——梁加密区抗剪箍筋面积和剪扭箍筋面积的较大值（cm^2），若存在交叉斜筋（对角暗撑），Asv为同一截面内箍筋各肢的全部截面面积（cm^2）；

Asv0——梁非加密区抗剪箍筋面积和剪扭箍筋面积的较大值（cm^2）；

Ast、Asv1——梁受扭纵筋面积和抗扭箍筋沿周边布置的单肢箍筋面积（cm^2），若Ast和Asv1都为零，则不输出［VT］Ast-Asv1这一项；

G、VT——箍筋和剪扭配筋标志；

ASJ——单向交叉斜筋或者对角暗撑的截面面积（cm^2）。

（2）钢梁　钢梁计算结果的标注格式如图3-39所示。图中参数含义如下：

R1 - R2 - R3

I————————————————————————————J

图3-39　钢梁计算结果标注

R1——钢梁正应力强度与抗拉、抗压强度设计值的比值；

R2——钢梁整体稳定应力与抗拉、抗压强度设计值的比值；

R3——钢梁剪应力强度与抗拉、抗压强度设计值的比值。

（3）组合梁 组合梁计算结果的标注格式与钢梁相同，但各项参数的含义分别如下：

R1——组合梁最大正弯矩与受弯承载力的比值；

R2——组合梁最大负弯矩与受弯承载力的比值；

R3——组合梁剪应力强度与抗拉、抗压强度设计值的比值。

（4）矩形混凝土柱和型钢混凝土柱 矩形混凝土柱和型钢混凝土柱计算结果的标注格式如图3-40所示。图中参数含义如下：

Asc——柱一根角筋的面积；

Asx、Asy——该柱 B 边和 H 边的单边配筋面积，包括两根角筋（cm²）；

Asvj、Asv、Asv0——柱节点域抗剪箍筋面积、加密区斜截面抗剪箍筋面积、非加密区斜截面抗剪箍筋面积，箍筋间距均在 Sc 范围内。其中 Asvj 取计算的 Asvjx 和 Asvjy 的大值，Asv 取计算的 Asvx 和 Asvy 的大值，Asv0 取计算的 Asvx0 和 Asvy0 的大值（cm²）；

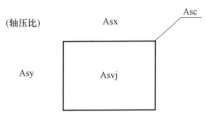

图3-40 矩形混凝土柱和型钢混凝土柱计算结果标注

若该柱与剪力墙相连（边框柱），而且是构造配筋控制，则程序取 Asc、Asx、Asy、Asvx、Asvy 均为零。此时该柱的配筋应该在剪力墙边缘构件配筋图中查看；

G——箍筋标志。

（5）钢柱和方钢管混凝土柱 钢柱和方钢管混凝土柱计算结果的标注格式如图3-41所示。图中参数含义如下：

R1——钢柱正应力强度与抗拉、抗压强度设计值的比值；

R2——钢柱 X 向稳定应力与抗拉、抗压强度设计值的比值；

R3——钢柱 Y 向稳定应力与抗拉、抗压强度设计值的比值。

（6）圆形混凝土柱 圆形混凝土柱计算结果的标注格式如图3-42所示。

As——圆柱全截面配筋面积（cm²）；

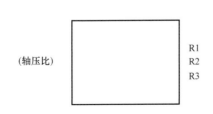

图3-41 钢柱和方钢管混凝土柱计算结果标注

图3-42 圆形混凝土柱计算结果标注

Asvj、Asv、Asv0——按等面积的矩形截面计算箍筋，分别为柱节点域抗剪箍筋面积、加密区斜截面抗剪箍筋面积、非加密区斜截面抗剪箍筋面积，箍筋间距均在 Sc 范围内。其中 Asvj 取计算的 Asvjx 和 Asvjy 的大值，Asv 取计算的 Asvx 和 Asvy 的大值，Asv0 取计算的

Asvx0 和 Asvy0 的大值（cm^2）；

若该柱与剪力墙相连（边框柱），而且是构造配筋控制，则程序取 As、Asv 均为零。

G——箍筋标志。

（7）圆钢管混凝土柱　圆钢管混凝土柱计算结果的标注格式如图3-43所示。图中参数含义如下：

R1——圆钢管混凝土柱的轴力设计值与其承载力的比值，具体条文参照《高规》附录F，R1 小于 1.0 代表满足规范要求；

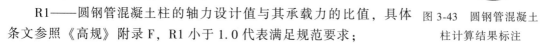

图 3-43　圆钢管混凝土柱计算结果标注

N——圆钢管混凝土柱的轴力设计值；

Nu——圆钢管混凝土柱的轴向受压承载力设计值。

（8）异形混凝土柱　异形混凝土柱计算结果的标注格式如图3-44所示。图中参数含义如下：

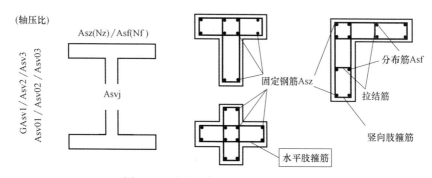

图 3-44　异形混凝土柱计算结果标注

Asz——异形柱固定钢筋位置的配筋面积，即位于直线柱肢端部和相交处的配筋面积之和（cm^2）；

Nz——异形柱固定钢筋位置的钢筋根数；

Asf——分布钢筋的配筋面积，即除 Asz 之外的钢筋面积（cm^2），当柱肢外伸长度大于200mm 时按间距 200mm 布置；

Nf——分布钢筋的根数；

Asvj、Asv1、Asv2、Asv3——柱节点域抗剪箍筋面积、第一肢抗剪箍筋面积（加密区）、第二肢抗剪箍筋面积（加密区）、第三肢抗剪箍筋面积（加密区），箍筋间距均在 Sc 范围内（cm^2），若第三肢不存在，则只显示 GAsv1/ Asv2（多段柱分段显示只显示 GAsv1- Asv2）；

Asv01、Asv02、Asv03——第一肢抗剪箍筋面积（非加密区）、第二肢抗剪箍筋面积（非加密区）、第三肢抗剪箍筋面积（非加密区），箍筋间距均在 Sc 范围内（cm^2）。若第三肢不存在，则只显示 Asv01/ Asv02（多段柱分段显示只显示 GAsv01-Asv02）；

在局部坐标系下以"工"字的笔画确定第一、二、三肢；

G——箍筋标志。

（9）混凝土支撑　同混凝土柱，配筋结果不画在支撑的端部（否则将与柱重叠），而是画在距离支撑上端点 1/4 杆长的位置。

（10）钢支撑　支撑验算图的位置并不画在支撑的端部（否则将与柱重叠），而是画在距离支撑上端点 1/4 杆长的位置。钢支撑计算结果的标注格式如图3-45所示。图中参数含义如下：

R1——钢支撑正应力与抗拉、抗压强度设计值
的比值；

R2——钢支撑 X 向稳定应力与抗拉、抗压强度
设计值的比值；

（轴压比）

R1
R2
R3

R3——钢支撑 Y 向稳定应力与抗拉、抗压强度
设计值的比值。

图 3-45 钢支撑计算结果标注

（11）墙柱 墙柱计算结果的标注格式如图 3-46 所示。

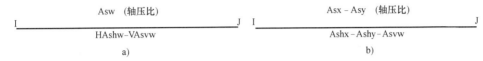

图 3-46 墙柱计算结果标注

a）按墙设计 b）按柱设计

1）一般情况下，按墙进行配筋，各项参数含义如下：

Asw——墙柱一端的暗柱计算配筋总面积（cm²），如计算不需要配筋时取 0 且不考虑构造钢筋；

Ashw——在水平分布筋间距 Swh 范围内的水平分布筋面积（cm²）；

Asvw——对地下室外墙或人防临空墙，每延米的双排竖向分布筋面积（cm²）；

H、V ——水平分布筋、竖向分布筋标志。

2）对于墙柱长度小于 4 倍墙厚的一字形墙，程序将按柱配筋，各项参数含义如下：

Asx ——按柱设计时，墙面内单侧计算配筋面积（cm²）；

Asy ——按柱设计时，墙面外单侧计算配筋面积（cm²）；

Ashx ——按柱设计时，墙面内设计箍筋间距 Swh 范围内的箍筋面积（cm²）；

Ashy ——按柱设计时，墙面外设计箍筋间距 Swh 范围内的箍筋面积（cm²）。

（12）墙梁 墙梁的配筋及输出格式与普通框架梁一致。

（13）外包钢板组合剪力墙 外包钢板组合剪力墙计算结果的标注格式如图 3-47 所示。
图中参数含义如下：

R1——受弯承载力比；

R2——受剪承载力比。

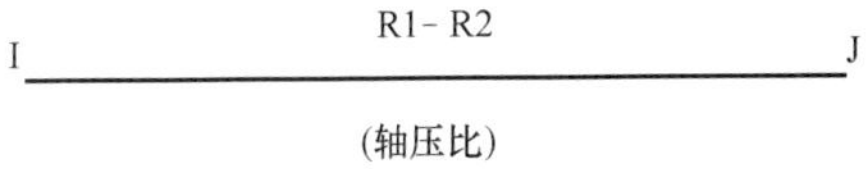

I ————————— R1- R2 ————————— J

（轴压比）

图 3-47 外包钢板组合剪力墙计算结果标注

4. 底层墙柱最大组合内力

该功能通过单击"组合内力"→"底层墙柱"实现。通过此项菜单可以把专用于基础设计的上部荷载以图形方式显示出来。该菜单显示的传基础设计内力仅供参考，更准确的基础荷载，应由基础设计软件 JCCAD 读取上部分析的标准内力，并通过内力组合得到。

3.6.2 文本结果查看

SATWE 软件提供了多种设计结果的文本查看功能，相应的列表如图 3-48 所示。

文本设计结
果查看

3.6.3 生成结构计算书

SATWE 模块在计算书中将计算结果分类组织，依次是设计依据、计算软件信息、主模型设计索引（需进行包络设计）、结构模型概况、工况和组合、质量信息、荷载信息、立面规则性、抗震分析及调整、变形验算、舒适度验算、抗倾覆和稳定验算、时程分析计算结果（需进行时程分析计算）、超筋超限信息、结构分析及设计结果简图 16 类数据。为了清晰地描述结果，计算书中使用表格、折线图、饼图、柱状图或者它们的组合进行表达，用户可以灵活勾选。

图 3-48 "文本查看"页面

单击"结果"→"计算书"→"生成计算书"，弹出图 3-49 所示页面，可对计算书的各项参数进行设置。

1. 封面

计算书封面设置（图 3-49）提供一种固定的样式，包含标题、项目编号、项目名称、计算人、专业负责人、审核人、日期、示意图和公司名称，用户可以通过勾选的方式选择采用。

在默认的样式中，标题会自动指定。对于主模型，将采用工程路径名。对于子模型，将采用子模型名称。其余内容需要用户手工填写。

示意图一般为建筑效果图，用户也可自行选择图片。

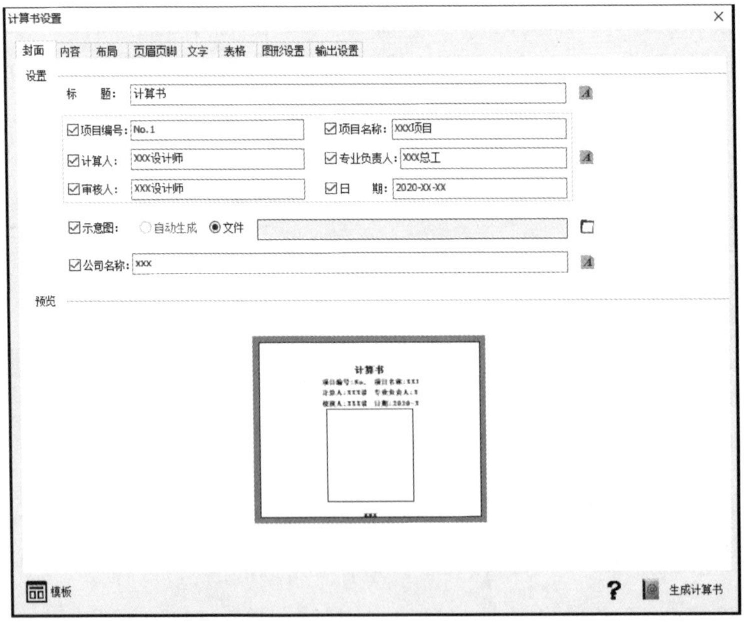

图 3-49 计算书设置-封面

2．内容

计算书内容设置如图 3-50 所示。程序按照标准模板设置了默认项。如果用户的工程有特殊性，或者有更多需要关注的内容，那么用户可以自己定制计算书的格式及内容。

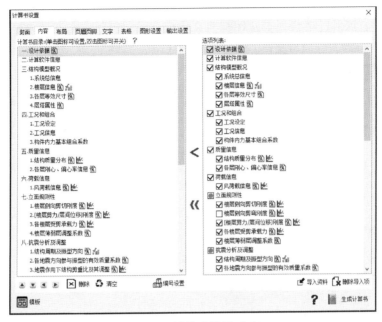

图 3-50　计算书设置-内容

3．布局

计算书布局设置如图 3-51 所示。用户可以分别指定文本与图形两部分的纸张大小。软件提供了 A3 和 A4 两种纸张。纸张方向可以指定纵向或横向，也可以指定分栏数及页边距。

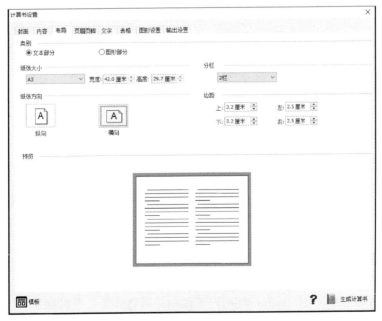

图 3-51　计算书设置-布局

详图只输出一栏,不会受分栏数目的影响。

4. 页眉页脚

计算书页眉页脚设置如图 3-52 所示。

(1) 页眉 一般情况下,页眉指定为文本。如果用户需要放置一个精美的公司 logo 图标或者其他图片,可通过"插入 logo 图标"来实现。

(2) 页脚 页脚一般输出页码,可以在"第 1 页""-1-""1""1/5"这几种方式中选择。当然也可以指定固定的一段文字。

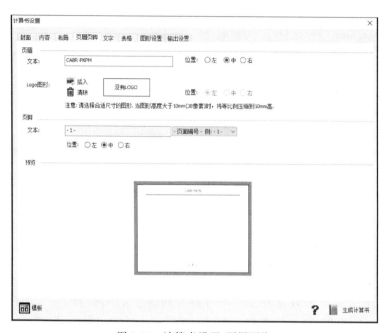

图 3-52   计算书设置-页眉页脚

5. 文字

计算书文字设置如图 3-53 所示。用户可以分别指定各级目录、正文、表格、图名、页眉页脚的字体,也可以设置字体的名称、字号、是否加粗、是否加下划线。如果勾选了"规范条文"选项,在计算书中会列出规范的条文并针对结构的计算结果给出判断。

6. 表格

计算书表格设置如图 3-54 所示。表格样式支持 5 种:

1) 三线式 (三条线都为细线)。

2) 三线式 (顶底两条线为粗线,中间线条为细线)。

3) 两侧无边框线,其他部位都为表格线,顶底两条线为粗线。

4) 所有表格线都绘制,顶底两条线为粗线。

5) 所有表格线都绘制,且都为细线。

7. 图形设置

计算书图形设置如图 3-55 所示。打印输出时,考虑到有些用户只有黑白打印机,或者更喜欢输出黑白两色的风格,而另一些用户更倾向于彩色效果,所以程序提供了彩色、黑白两种风格供用户选择。

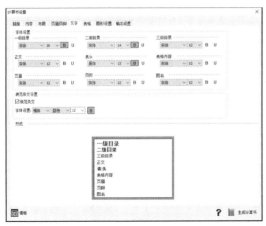

图 3-53　计算书设置-文字

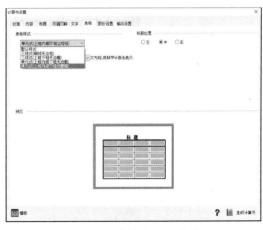

图 3-54　计算书设置-表格

如果勾选了"保存原始文件"选项，对于 WORD 格式的计算书，用户可以通过单击图名打开原始 T 图（或 DWG 图）以便手工修改。修改完图片之后，单击"保存"按钮，在下次生成计算书时，将会应用用户修改之后的图形。

如果一张图中的曲线过多影响美观，这里可以设置折线图上线条数量的上限。如果计算书中 T 图所占的篇幅过长，这里还可以设置 T 图自动分图的最多张数。

8. 输出设置

计算书输出设置如图 3-56 所示。计算书有 WORD 文档、PDF 文档和 TXT 文档三种输出格式。WORD 及 PDF 格式输出内容一致，格式丰富多彩，支持分栏，可以插入图片。TXT 格式只提供文本和表格，且不分栏，没有图形。

图 3-55　计算书设置-图形设置

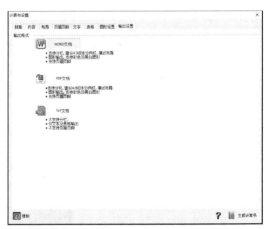

图 3-56　计算书设置-输出设置

3.7　结构内力分析与计算操作实例

实例操作演示

3.7.1　设计资料

本节在第 2 章第 2.8 节示例工程结构模型的基础上，进行 SATWE 内力分析与计算，进一步说明该模块的操作过程。内力分析与计算时，用到的主要设计参数如下：

1）基本风压为 0.4kN/m^2，风载体型系数取 1.3，地面粗糙度类别为 B 类。

2）结构安全等级为二级，抗震设防烈度为 7 度，根据《抗规》查表得到框架的抗震等级为三级，剪力墙的抗震等级为二级。

3）楼梯参与整体结构计算，考虑隔墙影响，结构自振周期的折减系数取 0.85。

3.7.2 参数定义

（1）参数补充定义 "前处理及计算"菜单中单击"参数定义"命令，按以下步骤进行参数设置，未修改参数取程序默认值：

1）"总信息"页面，"恒活载计算信息"选择"模拟施工加载 3"，"整体计算考虑楼梯刚度"勾选"考虑"。

2）"地震信息"页面，"特征分析参数"勾选"程序自动确定振型数"，并将质量参与系数之和（%）设置为"95"。

3）"设计信息"页面，"柱剪跨比计算原则"选择"通用方式"。

4）"工况信息"页面，勾选"屋面活荷载不与雪荷载同时组合"。

（2）模型补充定义 本例的框架剪力墙结构中，需对角柱进行定义，具体可采用以下两种方法：

1）如图 3-57 所示，"前处理及计算"菜单中单击"特殊柱"命令，在左侧的"特殊构件定义"面板中选择"角柱"，并勾选"层间编辑"，在弹出的对话框内选择"所有标准层"并单击"确定"按钮，然后在平面图中单击任一标准层的角柱，即可完成全楼的角柱定义。

2）"特殊构件定义"面板中单击"自动生成"→"全楼角柱"命令，即可快速完成角柱定义。

（3）生成数据与计算 单击"生成数据+全部计算"命令，完成结构内力分析与配筋计算工作。

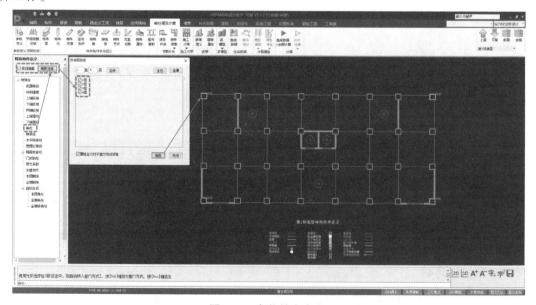

图 3-57 角柱补充定义

3.7.3　结果查看

1. 图形结果查看

（1）振型　在"结果"菜单单击"振型"命令，分别选择前三阶振型进行查看，结果如图 3-58～图 3-60 所示。由图可知，结构第一阶和第二阶振型均以平动为主。

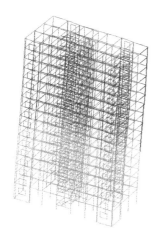 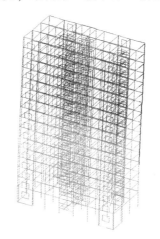 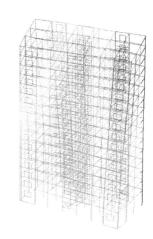

图 3-58　一阶振型（X 向平动）　　图 3-59　二阶振型（Y 向平动）　　图 3-60　一阶振型（扭转）

（2）楼层指标　单击"楼层指标"命令，可对地震及风荷载作用下的楼层位移、层间位移角、楼层剪力和刚度比等参数进行查看。如图 3-61 和图 3-62 所示为 X 向地震作用下的楼层位移比与层间位移角简图。由图可知，该结构的层间位移角<1/800，层间位移比<1.2，满足《高规》的相关要求。

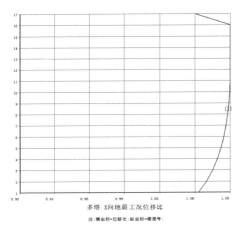

图 3-61　楼层位移比

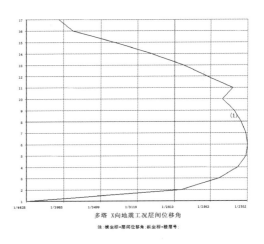

图 3-62　层间位移角

（3）轴压比　单击"轴压比"命令，由于结构布置规则，查看底层及第 11 自然层的框架柱与剪力墙轴压比即可，相应结果分别如图 3 63 和图 3-64 所示。由图可知，各层框架柱轴压比均小于 0.9（与剪力墙相连的柱轴压比小于 0.85），剪力墙轴压比均小于 0.6，满足《高规》要求。

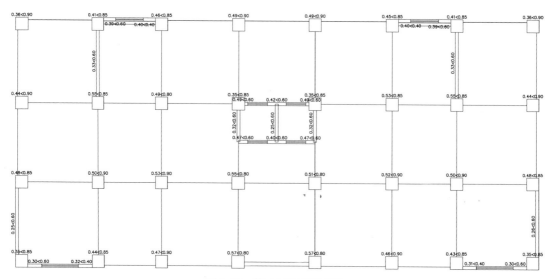

图 3-63　第 1 层墙柱轴压比

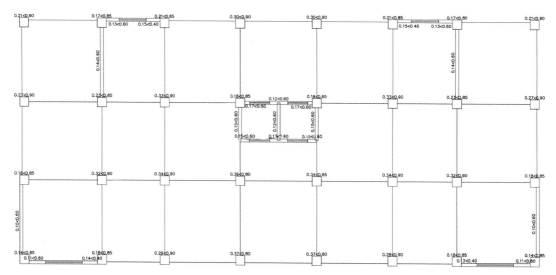

图 3-64　第 11 层墙柱轴压比

（4）配筋　单击"配筋"命令，可查看各层墙梁柱配筋图。图 3-65 所示为底层配筋图。配筋图各项参数的含义参见第 3.6.1 节。若存在超筋构件，其参数将以红色字体显示。由图可知，底层墙梁柱配筋均未超限。此外，可利用图中左侧面板，设置配筋简图的显示内容或导出 dwg 图纸，以方便查看。

（5）组合内力　单击"组合内力"→"底层墙柱"，可对底层墙柱构件的组合内力进行查看，为基础设计提供参考。图 3-66 所示为标准组合下的内力结果。

2. 文本结果查看

单击"文本查看"命令，屏幕左侧弹出"文本目录"停靠对话框，可对各项文本设计结果进行查看。本节以"指标汇总""结构周期及振型方向""舒适度验算""超筋超限信息"及"楼层受剪承载力"为例进行说明。

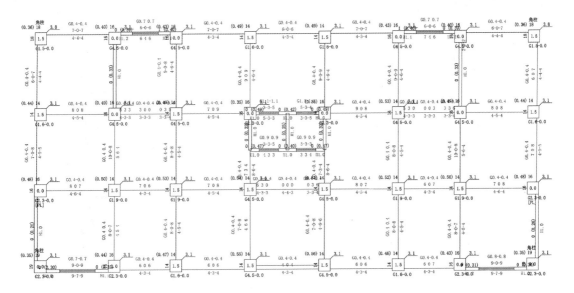

图 3-65 第 1 层墙梁柱配筋

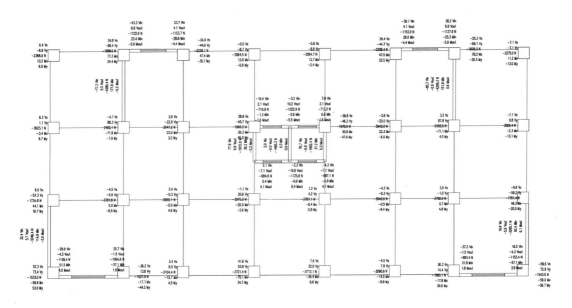

图 3-66 底层墙柱标准组合内力

（1）指标汇总　如图 3-67 所示，该页面汇总显示了示例结构的主要设计指标，包括刚度比、剪重比、位移比及抗倾覆验算结果等。由表中数据可知，各项结构整体分析指标汇总结果均满足相应规范要求。

（2）结构周期及振型方向　结构周期及振型方向见表 3-1。由表中数据可知，结构第一和第二阶振型均以平动为主，扭转为主的第一自振周期为 0.9418s，平动为主的第一自振周期为 1.3421s，二者比值为 0.70，满足《高规》第 3.4.5 条中 0.9 的限值要求。

图 3-67 指标汇总

表 3-1 结构周期及振型方向

振型号	周期/s	方向角/(°)	类型	扭振成分	X 侧振成分	Y 侧振成分	总侧振成分
1	1.3421	179.92	X	2%	98%	0%	1
2	1.2506	89.91	Y	0%	0%	100%	2
3	0.9418	0.13	T	98%	2%	0%	3
4	0.4192	0.01	X	1%	99%	0%	4
5	0.3292	90.00	Y	0%	0%	100%	5
6	0.2504	0.29	T	98%	2%	0%	6
7	0.2225	180.00	X	2%	98%	0%	7
8	0.1537	89.99	Y	0%	0%	100%	8
9	0.1502	0.03	X	1%	99%	0%	9
10	0.1242	179.99	X	21%	79%	0%	10
11	0.1173	1.62	T	78%	21%	0%	11
12	0.1162	91.03	Y	1%	0%	99%	12
13	0.1080	0.21	T	99%	1%	0%	13
14	0.1044	0.09	X	4%	96%	0%	14
15	0.0890	90.04	Y	1%	0%	99%	15

（3）舒适度验算 结构风振加速度计算结果见表 3-2。根据《高规》3.7.6 条：房屋高度不小于 150m 的高层混凝土建筑结构应满足风振舒适度要求。在 10 年一遇的风荷载标准值作用下，结构顶点的顺风向和横风向振动最大加速度计算值对于住宅、公寓不应超过 0.15m/s^2，对于办公、旅馆不应超过 0.25m/s^2。显然，计算结果满足要求。

表 3-2　风振加速度（m/s²）

工　况	顺　风　向	横　风　向
WX	0.052	0.056
WY	0.111	0.082

（4）超筋超限信息　结构超配筋信息如下：

第2层

墙柱超筋超限信息：

（1）构件号：9 超限类型：6 X向地震工况下该墙剪力占X向结构底部剪力的百分比超限，VWCX_X = 41.99% VWCY_X = 0.00% VWC_X = 41.99%（>30%）

第3层

墙柱超筋超限信息：

（1）构件号：9 超限类型：6 X向地震工况下该墙剪力占X向结构底部剪力的百分比超限，VWCX_X = 38.29% VWCY_X = 0.00% VWC_X = 38.29%（>30%）

第4层

墙柱超筋超限信息：

（1）构件号：9 超限类型：6 X向地震工况下该墙剪力占X向结构底部剪力的百分比超限，VWCX_X = 33.01% VWCY_X = 0.00% VWC_X = 33.01%（>30%）

《高规》8.1.7条规定，框架剪力墙结构中，单片剪力墙底部承担的水平剪力不应超过结构底部总水平剪力的30%。计算表明结构2～4层ⓒ轴电梯井位置的剪力墙承担的水平剪力过高，需进行调整。

（5）楼层受剪承载力　《高规》第3.5.3条规定，A级高度高层建筑的楼层抗侧力结构的层间受剪承载力不宜小于其相邻上一层受剪承载力的80%，不应小于其相邻上一层受剪承载力的65%。本例中由于底层结构层高较大，相应 X 向及 Y 向楼层受剪承载力与上一层比值分别为0.67和0.69。若在前处理的"参数定义"过程中，"内力调整"页面勾选了"调整受剪承载力突变形成的薄弱层"选项，则程序可对自动判断的薄弱层内力进行调整。若在参数定义时未勾选该选项，则需返回"前处理及计算"菜单，人工指定薄弱层位置，并重新进行计算。

3. 结构模型优化建议

1）从上述图形与文本分析结果可以看出，结构布置较为合理，但电梯井部位的剪力墙分担的水平剪力偏大，可采取对此部分剪力墙开洞等方式进行调整。

2）结构底层层高较大，楼层受剪承载力较弱，可适当增加底层墙柱截面尺寸，以增加其受剪承载力与楼层刚度。

3.8　本章练习

1. 简述 SATWE 结构内力分析与计算的一般步骤。

2. SATWE 前处理包括哪几项主要内容？

3. 如何定义特殊构件中的角柱？

4. 独立完成3.7节工程实例的内力分析与计算。

5. 根据工程实例计算结果，查看并分析梁、柱、墙配筋结果。

第4章 地基基础分析与设计

本章介绍：

JCCAD 是 PKPM 结构设计软件专用于基础分析与设计的模块，可完成独立基础、筏板基础、桩基，以及复合地基等多种常用地基基础形式的计算分析。本章主要介绍利用 JCCAD 进行地基资料输入，以及基础模型输入与计算的主要方法和步骤。

学习要点：

- 了解 JCCAD 模块的基本功能与操作流程
- 掌握地质资料输入的基本方法
- 掌握常用基础的平面布置与设计方法

4.1 界面环境与基本功能

4.1.1 界面环境

进入 PKPM 系列软件主菜单后，在屏幕上方的专业分类上单击"基础"模块，进入如图 4-1 所示的 JCCAD 界面。JCCAD 分为"地质模型""基础模型""分析与设计""结果查看"和"施工图"五个子菜单。

图 4-1　JCCAD 界面

4.1.2 基本功能

（1）适应多种类型基础的设计　可设计多种基础形式。独立基础包括倒锥形、阶梯形、现浇或预制杯口基础，单柱、双柱、多柱的联合基础，墙下基础；砖混条基包括砖条基、毛石条基、钢筋混凝土条基（可带下卧梁）、灰土条基、混凝土条基及钢筋混凝土毛石条基；筏形基础的梁肋可朝上或朝下；桩基包括预制混凝土方桩、圆桩、钢管桩、水下冲（钻）孔桩、沉管灌注桩、干作业法桩和各种形状的单桩或多桩承台。

（2）接力上部结构模型 基础建模是接力上部结构与基础连接的楼层进行的，因此基础布置使用的轴线、网格线、轴号，基础定位参照的柱、墙等都是从上部楼层中自动传来的。JCCAD首先自动读取上部结构中与基础相连的轴线和各层柱、墙、支撑布置信息（包括异形柱、劲性混凝土截面柱和钢管混凝土柱），并可在基础交互输入和基础平面施工图中绘制出来。

（3）接力上部结构计算生成的荷载 自动读取多种PKPM上部结构分析程序传下来的各种工况荷载标准值。有平面荷载（PMCAD建模中导算的荷载或砌体结构建模中导算的荷载）、SATWE荷载、PMSAP荷载、PK荷载等。程序按要求自动进行荷载组合。自动读取的基础荷载可以与交互输入的基础荷载同工况叠加。此外，程序还能够提取利用PKPM施工图软件生成的柱钢筋数据，用来绘制基础柱的插筋。

（4）将读入的各荷载工况标准值按照不同的设计需要生成各种类型荷载组合 在计算地基承载力或桩基承载力时采用荷载的标准组合；在进行基础抗冲切、抗剪、抗弯、局部承压计算时采用荷载的基本组合；在进行沉降计算时采用准永久组合。在进行正常使用阶段的挠度、裂缝计算时取标准组合和准永久组合。程序在计算过程中会识别各组合的类型，自动判断是否适合当前的计算内容。

（5）考虑上部结构刚度的计算 《建筑地基基础设计规范》规定在多种情况下基础的设计应考虑上部结构和地基的共同作用。JCCAD能够较好地实现上部结构、基础与地基的共同作用。JCCAD对地基梁、筏板、桩筏等整体基础，可采用上部结构刚度凝聚法、上部结构刚度无穷大的倒楼盖法、上部结构等代刚度法等多种方法考虑上部结构对基础的影响，其主要目的就是控制整体性基础的非倾斜性沉降差，即控制基础的整体弯曲。

（6）提供多样化、全面的计算功能满足不同需要 对于整体基础的计算，提供多种计算模型，如交叉地基梁既可采用文克尔模型（普通弹性地基梁模型进行分析），也可采用考虑土壤之间相互作用的广义文克尔模型进行分析。筏形基础既可按弹性地基梁有限元法计算，也可按Mindlin理论的中厚板有限元法计算，还可按一般薄板理论的三角板有限元法分析。筏板的沉降计算提供了"假设附加压应力已知"和"假定刚性底板、附加应力未知"两种计算方法。

（7）设计功能自动化、灵活化 对于独立基础、条形基础、桩承台等基础，可按照规范要求及用户交互填写的相关参数自动完成全面设计，包括不利荷载组合选取、基础底面积计算、按冲切计算结果生成基础高度、碰撞检查、基础配筋计算和选择配筋等功能。对于整体基础，可自动调整交叉地基梁的翼缘宽度、自动确定筏板基础中梁翼缘宽度。同时，还允许用户修改程序已生成的相关结果，并提供按用户干预重新计算的功能。

（8）完整的计算体系 对各种基础形式可能需要依据不同的规范、采用不同的计算方法，但是无论是哪一种基础形式，程序都提供承载力计算、配筋计算、沉降计算、冲切抗剪计算、局部承压计算等全面的计算功能。

（9）辅助计算设计 提供各种即时计算工具，辅助用户建模、校核。

（10）提供大量简单实用的计算模式 针对基础设计中不同方面的内容，结合工程应用情况，给出若干简单实用合理的设计方案。

（11）导入 AutoCAD 各种基础平面图辅助建模 对于地质资料输入和基础平面建模等工作，提供以 AutoCAD 的各种基础平面图为底图的参照建模方式。程序自动读取转换 Auto-CAD 的图形格式文件，操作简便，充分利用周围数据接口资源，提高工作效率。

（12）施工图辅助设计 可以完成程序中设计的各种类型基础的施工图，包括平面图、详图及剖面图。施工图管理风格、绘制操作与上部结构施工图相同。依据制图标准、《建筑工程设计文件编制深度规定》、设计深度图样等相关标准，为地基梁提供了立剖面表示法、平面表示法等多种方法，还提供了参数化绘制各类常用标准大样图的功能。

（13）地质资料的输入 提供直观快捷的人机交互方式输入地质资料，充分利用勘察设计单位提供的地质资料，完成基础沉降计算和桩的各类计算。

JCCAD 以基于二维、三维图形平台的人机交互技术建立模型，接力上部结构模型建立基础模型、接力上部结构计算生成基础设计的上部荷载，充分发挥了系统协同工作、集成化的优势。它系统地建立了一套设计计算体系，科学严谨地遵照各种相关的设计规范，适应复杂多样的多种基础形式，提供全面的解决方案。它不仅为最终的基础模型提供完整的计算结果，还注重在交互设计过程中提供辅助计算工具，以保证设计方案的经济合理，并使计算结果与施工图设计密切集成。

4.2 地基基础分析与设计的主要流程

JCCAD 的主要操作流程如图 4-2 所示，具体步骤如下：

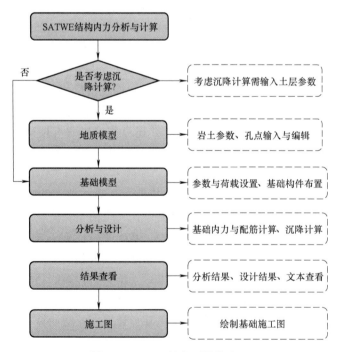

图 4-2 JCCAD 的主要操作流程

1）开始基础计算与设计前，必须完成 PMCAD 结构建模。如果要接力上部结构分析程序（如 SATWE、PMSAP 等）的计算结果，还应该运行完成相应程序的内力计算。

2）若要进行地基沉降计算，需先执行"地质模型"菜单，否则可直接执行下一操作步骤。

3）在"基础模型"菜单中，可以根据荷载和相应参数自动生成柱下独立基础、墙下条形基础及桩承台基础，也可以交互输入筏板、基础梁、桩基础的信息。柱下独基、桩承台、砖混墙下条基等基础在本菜单中可完成全部的建模、计算、设计工作；弹性地基梁、桩基础、筏形基础在此菜单中完成模型布置，再用后续计算模块进行基础设计。

4）在"分析与设计"菜单中，可以完成弹性地基梁基础、肋梁平板基础等基础的设计及独基、弹性地基梁板等基础的内力配筋计算，可以完成桩承台的设计及桩承台和独基的沉降计算，可以完成各类有桩基础、平板基础、梁板基础、地基梁基础的有限元分析及设计。

5）在"结果查看"菜单中查看各类分析结果、设计结果、文本结果，并且可以输出详细的计算书及工程量统计结果。

6）在"施工图"菜单中完成以上各类基础的施工图绘制操作。此部分内容将在第 5 章介绍。

4.3 地质模型输入

地质模型输入

4.3.1 基本要求

地质资料是建筑物场地地基状况的描述，是基础设计的重要信息。利用 JCCAD 进行基础设计时，用户必须提供建筑物场地各个勘测孔的平面坐标、竖向土层标高和各个土层的物理力学指标等信息，这些信息应在地质资料文件 ∗.dz 中描述清楚。地质资料可通过人机交互方式生成，也可用文本编辑工具直接填写。

JCCAD 以用户提供的勘测孔平面位置自动生成平面控制网格，并以形函数插值方法自动求得基础设计所需的任一处的竖向各土层的标高和物理力学指标，并可形象地观察平面上任意一点和任意竖向剖面的土层分布和土层的物理力学参数。

由于不同基础类型对土的物理力学指标有不同要求，JCCAD 将地质资料分为两类：有桩地质资料和无桩地质资料。有桩地质资料需要每层土的压缩模量、重度、土层厚度、状态参数、内摩擦角和黏聚力六个参数；而无桩地质资料只需每层土的压缩模量、重度、土层厚度三个参数。

"地质模型"菜单如图 4-3 所示。地质资料输入的步骤一般应为：

1）归纳出能够包容大多数孔点土层分布情况的"标准孔点"土层，并单击"标准孔点"菜单，再根据实际的勘测报告修改各土层物理力学指标、承载力等参数。

2）单击"孔点输入"菜单，将"标准孔点土层"布置到各个孔点。

3）进入"动态编辑"菜单对各个孔点已经布置土层的物理力学指标、承载力、土层厚度、顶层土标高、孔点坐标、水头标高等参数进行细部调节。也可以通过添加、删除土层补充修改各个孔点的土层布置信息。

4）对地质资料输入结果的正确性，可以通过"点柱状图""土剖面图""画等高线"

菜单进行校核。

5）重复步骤3）、步骤4），完成地质资料输入的全部工作。

图4-3 "地质模型"菜单

4.3.2 岩土参数定义

菜单"岩土参数"用于设定各类土的物理力学指标。单击"岩土参数"菜单后，弹出图4-4所示的"默认土参数表"对话框。

土层类型	压缩模量 / MPa	重度 /(kN/m³)	内摩擦角 /(°)	黏聚力 / kPa	状态参数	状态参数含义
1填土	10.00	20.00	15.00	0.00	1.00	定性/-IL
2淤泥	2.00	16.00	0.00	5.00	1.00	定性/-IL
3淤泥质土	3.00	16.00	2.00	5.00	1.00	定性/-IL
4黏性土	10.00	18.00	5.00	10.00	0.50	液性指数
5红黏土	10.00	18.00	5.00	0.00	0.20	含水比
6粉土	10.00	20.00	15.00	2.00	0.20	孔隙比e
71粉砂	12.00	20.00	15.00	0.00	25.00	标贯击数
72细砂	31.50	20.00	15.00	0.00	25.00	标贯击数
73中砂	35.00	20.00	15.00	0.00	25.00	标贯击数
74粗砂	39.50	20.00	15.00	0.00	25.00	标贯击数
75砾砂	40.00	20.00	15.00	0.00	25.00	重型动力触探击数
76角砾	45.00	20.00	15.00	0.00	25.00	重型动力触探击数
77圆砾	45.00	20.00	15.00	0.00	25.00	重型动力触探击数
78碎石	50.00	20.00	15.00	0.00	25.00	重型动力触探击数
79卵石	50.00	20.00	15.00	0.00	25.00	重型动力触探击数
81风化岩	10000.00	24.00	35.00	30.00	100.00	单轴抗压/MPa
82中风化岩	20000.00	24.00	35.00	30.00	160.00	单轴抗压/MPa
83微风化岩	30000.00	24.00	35.00	30.00	250.00	单轴抗压/MPa
84新鲜岩	40000.00	24.00	35.00	30.00	300.00	单轴抗压/MPa

图4-4 "默认土参数表"对话框

表中列出了19类常见的岩土的类号、名称、压缩模量、重度、内摩擦角、黏聚力、状态参数。用户可对上述参数的默认值进行修改，但需注意以下几点：

1）程序对各种类别的土进行了分类，并约定了类别号。

2）无桩基础只需压缩模量参数，不需要修改其他参数。

3）所有土层的压缩模量不得为零。

4.3.3 孔点输入与编辑

1. 标准孔点

标准孔点用于生成土层参数表，描述建筑物场地地基土的总体分层信息，作为生成各个勘察孔柱状图的地基土分层数据的基础。每层土的参数包括层号、土名称、土层厚度、极限侧摩擦力、极限桩端阻力、压缩模量、重度、内摩擦角、黏聚力和状态参数等信息。

1）根据所有勘探点的地质资料，将建筑物场地地基土统一分层。分层时，可暂不考虑土层厚度，把其他参数相同的土层视为同层。再按实际场地地基土情况，从地表面起向下逐一编土层号，形成地基土分层表。这个孔点可以作为输入其他孔点的"标准孔点土层"。

2）单击"标准孔点"菜单后，弹出图 4-5 所示"标准地层层序"对话框，列出了已有的或初始化的土层参数表，地层标高说明如图 4-6 所示。

3）某层土的参数输完后，可通过"添加"按钮输入其他层的参数，也可用"插入""删除"按钮进行土层的调整。按前述地基土分层表的次序层层输入，最终形成"土层参数表"。

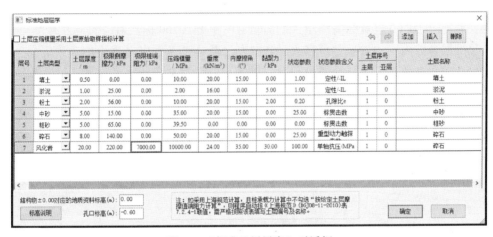

图 4-5 "标准地层层序"对话框

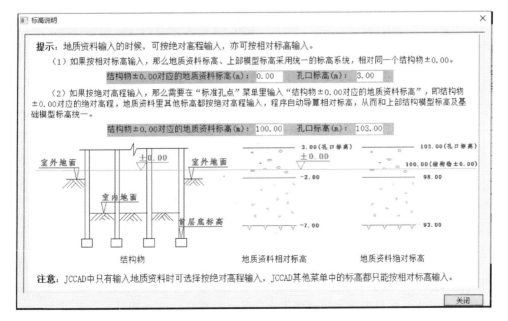

图 4-6 地层标高说明

4) 当某层土的厚度在不同勘探点下不相同而其他参数均相同时, 可设为同一层土。不同的土层厚度可用"单点编辑"菜单的修改土层底标高来实现, 也可以在后面介绍的"动态编辑"中修改。新版 PKPM 程序中, 增加了"压缩模量采用原始取样指标计算"的功能。如图 4-7 所示, 在"地质模型"菜单下单击"标准孔点"命令, 在弹出的对话框中勾选"土层压缩模量采用土层原始指标取样计算"选项, 在表格里单击"原始取样检测指标输入"栏相应单元格, 程序弹出原始取样检测指标输入对话框, 输入相应的试验数据, 程序自动根据 EP 曲线计算土的压缩模量。

此外, 标准孔点输入时应注意以下几点:

① 地质资料中的标高可以按与上部结构模型中一致的标高输入, 也可按地质报告的绝对高程输入。当选择前一种输入方法时, 应将地质报告中的绝对高程数值换算成与上部结构模型一致的建筑标高; 当选择后一种输入方法时, 地质资料输入中的所有标高必须按绝对高程输入, 并在"±0.00 绝对标高"填入上部结构模型中±0.00 标高对应的绝对高程。

② "土层参数表"中参数都可修改, 其中由"默认土参数表"确定的参数值也可修改, 且其值修改后不会改变"默认土参数表"中的相应值, 只对当前土层参数表起作用。

③ 标高及图幅框内的"孔口标高"项的值, 用于计算各层土的层底标高。第一层土的底标高为孔口标高减去第一层土的厚度; 其他层土的底标高为相邻上层土的底标高减去该层土的厚度。

④ 允许同一土层类型多次在土层参数表中出现, 用户可根据需要自行修改土层名称。

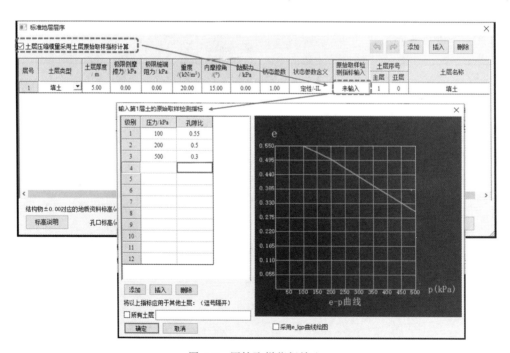

图 4-7 原始取样指标输入

2. 孔点输入

(1) 单点输入 用户可用光标依次输入各孔点的相对位置 (相对于屏幕左下角点)。孔点的精确定位方法同 PMCAD。一旦孔点生成, 其土层分层数据自动取"土层布置"菜单中

“土层参数表”的内容。此外，一般地质勘测报告中都包含 AutoCAD 格式的钻孔平面图（DWG 图）。JCCAD 中可通过“导入 DWG 图纸”这一功能导入该图，直接将孔点位置导入。

（2）复制孔点　用于土层参数相同勘察点的土层设置。也可以将土层厚度相近的孔点用该菜单进行输入，然后编辑孔点参数。

（3）删除孔点　用于删除多余的勘测点。

3. 孔点编辑

（1）单点编辑　单击要编辑的孔点，将会弹出图 4-8 所示“孔点土层参数表”对话框。对话框包括“标高及图幅”和“土层参数表”两部分内容。“标高及图幅”中的孔口标高、探孔水头标高、孔口坐标，以及“土层参数表”中的每一土层的底标高、各土层物理参数都可修改。同时可用“删除”按钮删除某层土。用 Undo 按钮恢复删除的土层。单击“单点编辑”菜单后，只能选取一个孔位进行土层参数修改。若要修改另一个孔位，必须再次单击“单点编辑”菜单。如果某土层物理参数修改后的结果适用于其他孔点，那么可勾选“用于所有点”选项。

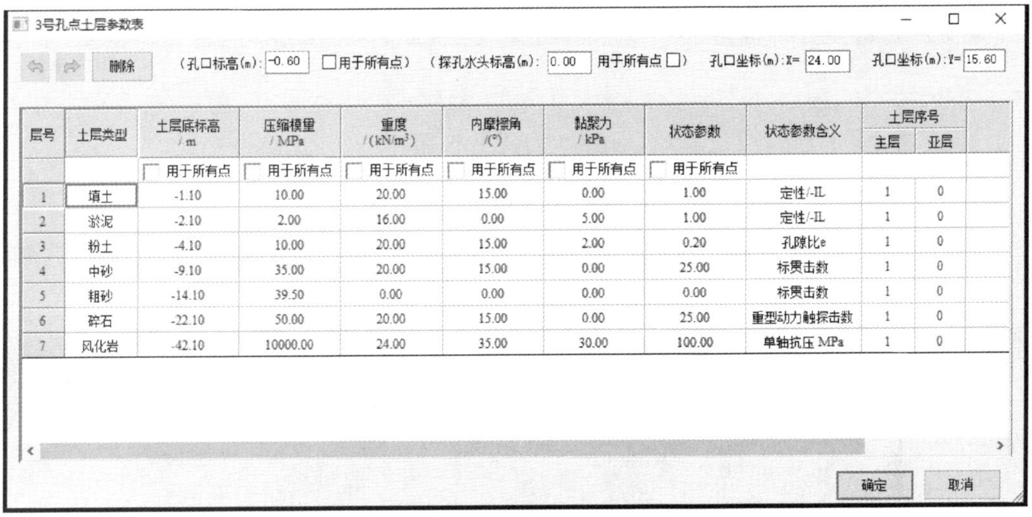

层号	土层类型	土层底标高 /m	压缩模量 / MPa	重度 /(kN/m³)	内摩擦角 /(°)	黏聚力 / kPa	状态参数	状态参数含义	土层序号 主层	土层序号 亚层
		用于所有点	用于所有点	用于所有点	用于所有点	用于所有点	用于所有点			
1	填土	-1.10	10.00	20.00	15.00	0.00	1.00	定性/-IL	1	0
2	淤泥	-2.10	2.00	16.00	0.00	5.00	1.00	定性/-IL	1	0
3	粉土	-4.10	10.00	20.00	15.00	2.00	0.20	孔隙比e	1	0
4	中砂	-9.10	35.00	20.00	15.00	0.00	25.00	标贯击数	1	0
5	粗砂	-14.10	39.50	0.00	0.00	0.00	0.00	标贯击数	1	0
6	碎石	-22.10	50.00	20.00	15.00	0.00	25.00	重型动力触探击数	1	0
7	风化岩	-42.10	10000.00	24.00	35.00	30.00	100.00	单轴抗压 MPa	1	0

图 4-8 “孔点土层参数表”对话框

（2）动态编辑　程序允许用户选择要编辑的孔点，可以按照孔点柱状图和孔点剖面图两种方式显示选中孔点的土层信息，用户可以在图面上修改孔点土层的所有信息，修改结果将直观地反映在图面上。动态编辑的主要步骤如下：

1）单击“动态编辑”命令，在屏幕上单击要编辑的孔点。

2）完成孔点拾取后，弹出图 4-9 所示程序页面。程序提供三种显示土层分布图的方式：孔点柱状图、孔点剖面图、多点剖面图。可以通过单击菜单项“剖面类型”进行切换。如图 4 9 和图 4-10 所示分别为土层柱状图和剖面图。

3）单击“孔点编辑”命令进入孔点编辑状态，将光标移动到要编辑的土层上，土层会动态加亮显示。右击弹出右键菜单，如图 4-11 所示，可对所选择的土层进行操作，如土层添加、土层参数编辑、土层删除。

单击“结束编辑”命令，退出当前的孔点编辑状态，返回上级菜单；单击“添加土层”

命令，在当前土层之上添加新的土层；单击"修改土层"命令，修改当前选中的土层中的参数；单击"删除土层"命令，删除土层操作；单击"孔点信息"命令，可以修改当前孔点的坐标、标高等信息。

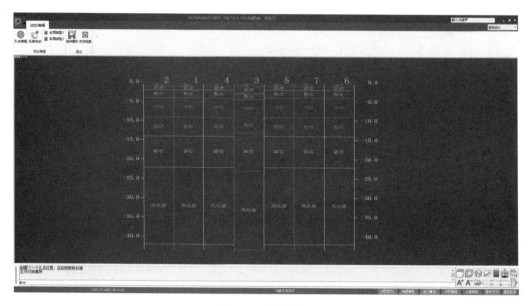

图 4-9　土层柱状图

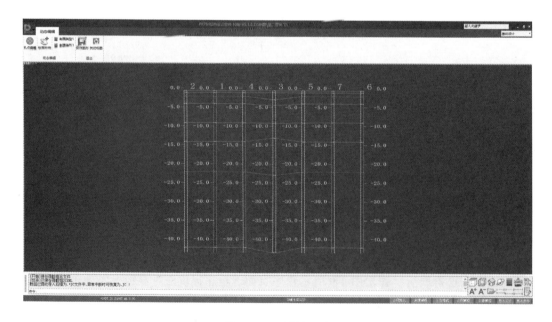

图 4-10　土层剖面图

如果土层间有 0 厚度的土层存在，当选中土层后，右击，在右键菜单中会有"0厚度编辑"命令，用于编辑"0厚度土层"的信息。

4）单击"标高拖动"命令，程序进入孔点土层标高拖动修改状态，这时用户可以拾取土层的顶标高进行拖动来修改土层的厚度。当光标移动到土层顶标高时，程序会动态加亮显示土层顶标高，并显示出其标高值，左击确认拖动当前的选中状态，移动鼠标，程序自动显示当前光标位置对应的标高，当再次左击时，即完成了土层标高的拖动操作。

完成土层的编辑、添加、删除操作后，程序会根据修改结果重绘当前视图。

5）单击"结束编辑"命令，退出当前的孔点编辑状态，返回上级菜单。

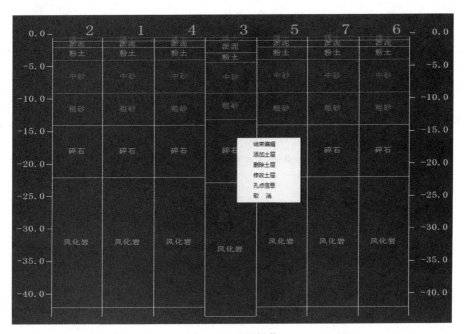

图 4-11　土层操作

4.3.4　土层查看

1. 点柱状图

"点柱状图"用于观看场地上任一点的土层柱状图。如图 4-12 所示，进入此菜单后，连续单击平面位置的点，按【Esc】键退出后，将显示这些点的土层柱状图。需要注意：

1）单击土层柱状图时，若取点为非孔点，则提示区中虽然会显示"特征点未选中"，但单击选择的点仍有效。该点的参数取周围节点的插值结果。

2）土柱状图界面"桩承载力"和"沉降计算"命令是为特殊需要设计的。一般在选择桩形式时可以用其做单桩承载力的估算。

2. 土剖面图

用于观看场地上任意剖面的地基土剖面图。如图 4-13 所示，进入菜单后选择一个剖面后，则屏幕显示此剖面的地基土剖面图。

3. 画等高线

用于查看场地的任一土层、地表或水头标高的等高线图。单击"画等高线"菜单后，屏幕的主区显示已有的孔点及网格，右边的条目区有地表、土层 1 底、土层 2 底、…，水头等项。单击某条目，则显示等高线图。图 4-14 所示为土层 2 的等高线图。

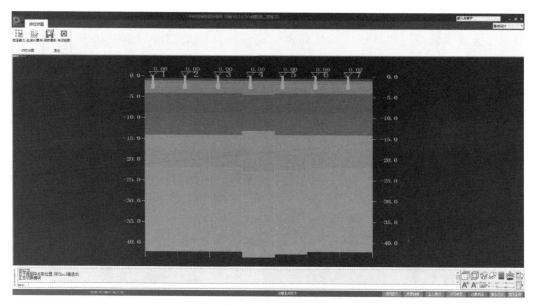

图 4-12　点柱状图

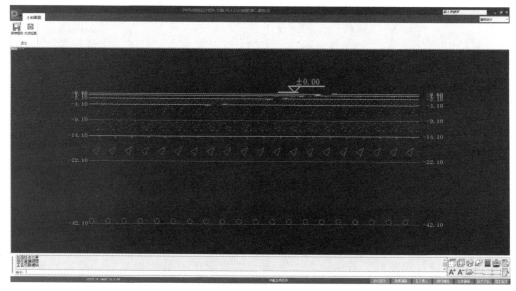

图 4-13　土剖面图

桩基的详细勘察除满足现行勘察规范有关要求外还应满足以下要求：

（1）勘探点间距　端承桩和嵌岩桩主要根据桩端持力层顶面坡度确定间距，一般为 12～24m。当相邻两个勘探点任意土层的层面坡度大于 10% 时，应根据具体工程条件适当加密勘探。摩擦桩一般间隔 20～35m 布置勘探点，但遇到土层的性质或状态在水平方向变化较大，或存在可能影响成桩的土层存在时，应适当加密勘探点。复杂地质条件下的柱下单桩基础应按柱列线布置勘探点，并宜每桩设一勘探点。

（2）勘探深度　布置 1/3～1/2 的勘探孔为控制性孔，且一级建筑物场地至少布置 3 个控制性孔，二级建筑物场地至少布置 2 个控制性孔。控制性孔深度应穿透桩端平面以下压缩

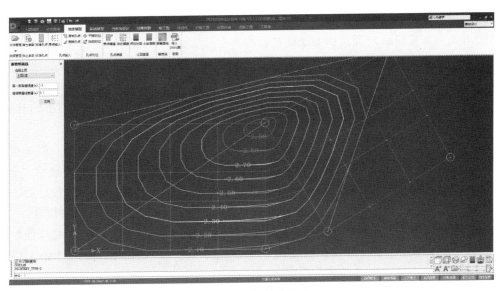

图 4-14　土层等高线图

层厚度，一般性勘探应深入桩端平面以下 3~5m；嵌岩桩钻孔应深入持力层不小于 3~5 倍桩径；当持力岩层较薄时，应有部分孔钻穿持力岩层。岩溶地区，应查明溶洞、溶沟、溶槽、岩笋的分布情况。

（3）校验　在勘探深度范围内的每一地层，均应进行室内试验或原位测试，提供设计所需参数。

4.4　基础模型输入

"基础模型"菜单如图 4-15 所示，其主要功能是接力上部结构与基础相连接的柱墙布置信息及荷载信息，补充输入基础面荷载或附加柱墙荷载，交互输入基础模型数据等信息，具体如下：

基础模型输入

图 4-15　"基础模型"菜单

1）人机交互布置各类基础，主要有柱下独立基础、墙下条形基础、桩承台基础、钢筋混凝土弹性地基梁基础、筏形基础、梁板基础、桩筏基础等。

2）柱下独立基础、墙下条形基础和桩承台的设计是根据用户给定的设计参数和上部结构计算传下的荷载，自动计算，给出截面尺寸、配筋等。在人工干预修改后程序可进行基础验算、碰撞检查。

3）桩长计算。

4）钢筋混凝土地基梁、筏形基础、桩筏基础是由用户指定截面尺寸并布置在基础平面上。这类基础的配筋计算和其他验算须由 JCCAD 的其他菜单完成。

5）可对柱下独基、墙下条基、桩承台进行碰撞检查，并根据需要自动生成双柱或多柱基础及剪力墙下基础。

6）可人工布置柱墩或者自动生成柱墩。

7）可以在筏形基础下布置复合地基，复合地基可以不布置复合地基桩。如果有需要，也可以输入复合地基桩进行相关计算。

8）可由人工定义和布置拉梁、圈梁，基础的柱插筋、填充墙、平板基础上的柱墩等，以便最后汇总生成绘制基础施工图所需的全部数据。

执行"基础模型"菜单前，需已完成上部结构的模型、荷载数据的输入。第一次进入JCCAD，程序会自动读取上部结构模型信息及荷载信息。当已经存在基础模型数据，上部模型构件或荷载信息发生变更，需要重新读取时，可执行"更新上部"命令。程序会在更新上部模型信息（包括构件、网格节点、荷载等）的同时，保留已有的基础模型信息。

此外，如果用户是在"SATWE核心的集成设计"或"PMSAP核心的集成设计"下进入JCCAD，程序读取上部PMCAD的模型信息，程序默认按SATWE荷载、PMSAP荷载、PM荷载排序优先读取排序靠前的荷载来源。

4.4.1 基础参数定义

JCCAD所有参数设置在统一的"参数"菜单下，具有参数查询、参数说明的功能。为方便设计，程序提供了参数导入导出功能，对于同一工程多次计算或者不同工程采用相同参数时，无须重复设置。

1. 总信息

"总信息"页面如图4-16所示，用于输入基础设计时一些全局性参数。主要参数含义及其用途叙述如下：

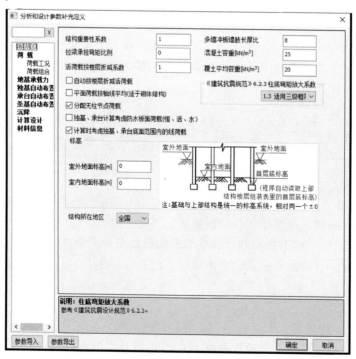

图4-16 "总信息"页面

（1）结构重要性系数　对所有混凝土基础构件有效，应按《混规》第 3.3.2 条采用。

（2）多墙冲板墙肢长厚比　该参数决定"多墙冲板"时，每个墙肢的长厚比例，默认值为 8，即短肢剪力墙的尺寸要求。

（3）拉梁承担弯矩比例　指由拉梁来承受独立基础或桩承台沿梁方向上的弯矩，以减小独基底面积。基础承担的弯矩按照拉梁承担比例进行折减，即填 0 时拉梁不承担弯矩，填 0.2 时拉梁承担 20%，填 1.0 时拉梁承担 100% 弯矩。该参数只对与拉梁相连的独基、承台有效。

（4）活荷载按楼层折减系数　该参数主要是针对《荷规》第 5.1.2 条，对传给基础的活荷载按楼层折减。注意该参数是对全楼传基础的活荷载按相同系数统一折减。

（5）覆土平均容重　该参数与"室内地面标高"参数相关联，用于计算独基、条基、弹性地基梁、桩承台基础顶面以上的覆土重，如果基础顶面上有多层土，则输入平均容重。

（6）自动按楼层折减活荷载　该参数与"活荷载按楼层折减系数"作用一致，不同的是，勾选该参数，程序会自动判断每个柱、墙上面的上部楼层数，按《荷规》表格 5.1.2 的内容折减活荷载。

（7）柱底弯矩放大系数　主要参考《抗规》第 6.2.3 条相关内容，对地震组合下结构柱底的弯矩进行放大。注意在 JCCAD 中不区分结构是否为框架结构，用户只要设置了该参数放大系数项，那么程序会对所有柱子地震组合下的弯矩进行放大。

（8）平面荷载按轴线平均　程序会将 PMCAD 导荷结果中同一轴线上的线荷载做平均处理。砌体结构同一轴线上多段线荷载大小不一致，导致生成的条基宽度大小不一致。勾选该项后，同一轴线荷载平均，则生成的条基宽度一致。

（9）分配无柱节点荷载　将墙间节点荷载或被设置成"无基础柱"的柱荷载分配到节点周围的墙上，从而使墙下基础不会产生丢荷载情况。分配荷载的原则为按周围墙的长度加权分配，长墙分配的荷载多，短墙分配的荷载少。

（10）独基、承台计算考虑防水板面荷载（恒、活、水）　对于独基加防水板或者承台加防水板工程，在进行独基或者桩承台计算时需要考虑防水板的影响。用户需要先布置防水板，然后运行后续"分析设计"菜单，得到每个竖向构件下的荷载反力，再勾选该选项，最后生成独基或者桩承台就能考虑防水板上的荷载。

（11）室外地面标高　用于计算筏板基础承载力特征值深度修正用的基础埋置深度。

（12）室内地面标高　用于计算独基、条基、弹性地基梁、桩承台基础覆土荷载。该参数对筏形基础的板上覆土荷载不起作用，筏板覆土在"筏板荷载"里定义。

2. 荷载参数

分为"荷载工况"和"荷载组合"两个页面，分别如图 4-17 和图 4-18 所示。主要参数的含义与设置方式：

（1）选择荷载来源　用于选择上部结构传递给基础的荷载来源，程序可读取平面荷载、PK、SATWE、PMSAP、STWJ 荷载。JCCAD 读取上部结构分析程序传来的与基础相连的柱、墙、支撑内力，作为基础设计的外荷载。

若要选用某上部结构设计程序生成的荷载工况，则单击左侧相应项。选取之后，在右侧的列表框中相应荷载项前显示 ✓，表示荷载选中。程序读取相应程序生成的荷载工况的标准内力作为基础设计的荷载标准值，并自动按照相关规范的要求进行荷载组合。对于每种荷

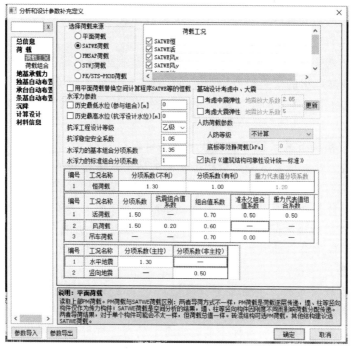

图 4-17 "荷载工况"页面

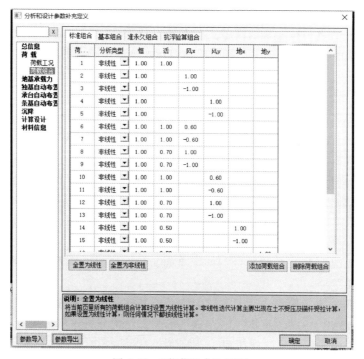

图 4-18 "荷载组合"页面

载来源，程序可选择它包含的多种工况的荷载标准值。

（2）水浮力参数 包括历史最低水位、历史最高水位、抗浮工程设计等级、抗浮稳定安全系数、水浮力的基本组合分项系数和水浮力的标准组合分项系数。

1）历史最低水位。勾选该项，输入相应的低水位（常规水位）标高，除准永久组合外的其他所有荷载组合都将增加常规水荷载工况。

2）历史最高水位。勾选该项，输入相应的高水位（抗浮水位）标高，程序会增加两组抗浮组合（基本抗浮"1.0恒+1.4抗浮水"与标准抗浮"1.0恒+1.0抗浮水"）。

3）水浮力的基本组合分项系数。勾选"历史最高水位"，可以在此处修改基本抗浮"1.0恒+1.4抗浮水"组合里水的分项系数。

4）水浮力的标准组合分项系数。勾选"历史最高水位"，可以在此处修改标准抗浮"1.0恒+1.0抗浮水"组合里水的分项系数。

（3）人防荷载参数 "人防等级"下拉框用于指定整个基础的人防等级，程序会增加两组人防基本组合。人防顶板等效荷载通过接力上部结构柱墙人防荷载方式读取，读取后如果填写了"底板等效静荷载"参数，在荷载显示校核中可查看。

（4）荷载组合 程序按《荷规》相关规定默认生成各个荷载工况的分项系数及组合值系数，用户可以通过程序里的菜单分别修改恒荷载、活荷载、风荷载、吊车荷载、竖向地震、水平地震的分项系数及组合值系数。

荷载组合列表里的所有组合公式可以手工编辑，还可以通过"添加荷载组合"添加新的荷载，或者通过"删除荷载组合"对于程序默认的荷载组合进行删除。

3. 地基承载力

"地基承载力"页面如图4-19所示。JCCAD提供了"中华人民共和国国家标准 GB 50007—2011 综合法""中华人民共和国国家标准 GB 50007—2011 抗剪强度指标法""上海市工程建设规范 DGJ 08-11—2010 静桩试验法""上海市工程建设规范 DGJ 08-11—2010 抗剪强度指标法"和"北京地区建筑地基基础勘察设计规范综合法"五种计算方式，并给出了相应的参数取值。基础设计时，应根据实际情况调整参数值。

4. 独基自动布置

"独基自动布置"页面如图4-20所示，用于输入独基自动布置的相关参数，各项含义如下：

（1）独基类型 设置要生成的独基类型，目前程序能够生成的独基类型包括锥形现浇、锥形预制、阶形现浇、阶形预制、锥形短柱、锥形高杯、阶形短柱、阶形高杯。

（2）独基最小高度 指程序确定独立基础尺寸的起算高度。若冲切计算不能满足要求时，程序自动增加基础各阶的高度，其初始值为600mm。

（3）允许零应力区比值（0~0.3） 程序在计算基础底面积时，允许基础底面局部不受压。程序默认该值为0，表示不允许出现基底压力为0的区域。

（4）受剪承载力 受剪承载力系数默认为0.7，双击可以修改。

（5）刚性独基进行抗剪计算 按《地基规范》第8.2.9条规定，独基短边尺寸小于柱宽加两倍基础有效高度的时候，应该验算柱边或者基础变阶处的受剪承载力。程序执行此规定时，还会同时检查独基长边尺寸是否也满足该条件。如果长边也满足该条件，则独基是一个刚性基础，程序默认不验算剪切承载力。只有勾选该选项，程序才执行抗剪切承载力验算。

（6）独基自动生成时做碰撞检查 可以预先发现独基布置存在的问题，提高工作效率。

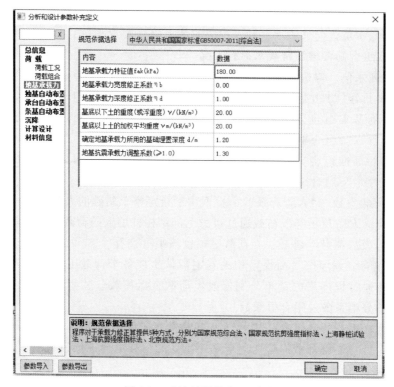

图 4-19 "地基承载力"页面

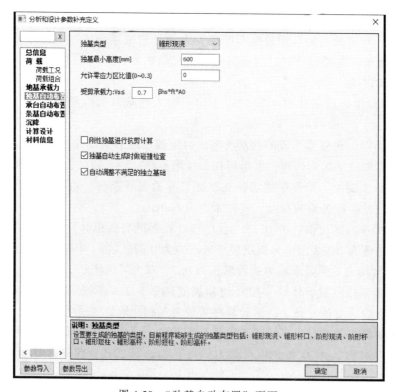

图 4-20 "独基自动布置"页面

（7）自动调整不满足的独立基础　对验算不满足要求的独立基础进行尺寸调整。

5. 承台自动布置

"承台自动布置"页面如图4-21所示，用于输入承台自动布置的相关参数，各项含义如下：

（1）承台类型　设置要生成的承台类型。目前程序自动布置的承台类型包括锥形现浇、锥形预制、阶形现浇、阶形预制四类。

（2）承台尺寸模数　承台尺寸模数在计算承台底面积时起作用，默认值为100mm，程序自动生成桩承台时，计算得到的承台尺寸为模数的倍数。

（3）承台阶数　此参数设置自动生成承台的阶数。只对四桩以上矩形承台起作用。

图4-21　"承台自动布置"页面

（4）承台阶高　该参数对所有承台均起作用，其值为承台每阶高的初值，承台最终的高度由冲切及剪切结果控制。

（5）桩长　该值用于给每根桩赋初始桩长值，初始值为10m，单桩桩长参数仅用来给桩长赋予初值，最终选用的桩长还需要在桩长计算、修改中进行计算及修改。

（6）桩间距　指承台内两根桩形心间的最小距离（mm）或桩径倍数，其初始值分别为1500mm或3倍桩径。单位的转换可单击右侧三角标志实现。此参数用来控制桩布置情况，程序在计算承台受弯时要根据此参数调整布桩情况，程序以用户填写的"桩间距"为最小距离计算抵抗弯矩所需的桩间距和桩布置。填写这个参数需满足《桩基规范》表3.3.3及第4.2.1条的相关要求。

（7）桩边距　指承台内桩形心到承台边的最小距离（mm）或桩径倍数，其初始值分别为750mm或1倍桩径。

（8）三桩承台围区生成切角参数

1）不切角。该参数只对通过"围桩承台"命令生成的承台有效。

2）垂直于角平分线切角。桩中心到切角边的垂直距离，切角线垂直于角平分线。该参数只对通过"围桩承台"命令生成的承台有效。

3）垂直于边线切角。桩中心到切角边的垂直距离，切角线垂直于等腰三角形或者等边三角形底边。该参数只对通过"围桩承台"命令生成的承台有效。

（9）桩承载力按共同作用调整 勾选该项时，程序按《桩基规范》第5.2.5条规定，考虑承台效应后对单桩承载力特征值进行调整。

（10）矩形两桩承台按梁构件计算 勾选该项时，程序按受弯构件计算两桩承台配筋，参考《混规》附录G相关规定。

6. 条基自动布置

"条基自动布置"页面如图4-22所示，用于输入条基自动布置的相关参数，各项含义如下：

（1）条基类型 包括灰土基础、素混凝土基础、钢筋混凝土基础、带卧梁钢筋混凝土基础、毛石片石基础、砖基础、钢混毛石基础。

（2）砖放脚尺寸

1）无砂浆缝。设置无砂浆缝的砖基础放脚尺寸，其初始值为60mm。

2）有砂浆缝。设置有砂浆缝的砖基础放脚尺寸，其初始值为60mm。

图4-22 "条基自动布置"页面

（3）毛石条基

1）台阶宽。设置毛石条基台阶宽度。

2）台阶高。设置毛石条基台阶高度。

3）毛石条基顶部宽。设置毛石条基顶部宽度。

（4）无筋基础台阶宽高比 用来设置无筋基础台阶宽高比，初始值为1∶1.5。

7. 沉降

"沉降"页面如图4-23所示。本菜单用于输入沉降计算相关的参数，具体如下：

图4-23 "沉降"页面

（1）构件沉降计算方法 以单个构件为单位（独基、承台、地基梁、筏板），选择按规范计算构件中心点沉降的方法。通常对于柱下独基、桩承台等基础，可以参考所计算沉降值。对于筏板、地基梁的构件沉降计算结果，视工程具体情况适当参考。

1）独基。程序提供两种计算方法：《建筑地基基础设计规范》GB 50007—2011分层总和法及《地基基础设计规范》DGJ 08-11—2010分层总和法。

2）桩基。目前程序提供六种沉降计算方法：《建筑地基基础设计规范》GB 50007—2011等代墩基法、《建筑地基基础设计规范》GB 50007—2011明德林应力公式法、《建筑桩基计算规范》JGJ 94—2008等效作用分层总和法、《建筑桩基技术规范》JGJ 94—2008明德林应力公式法、《地基基础设计规范》DGJ 08-11—2010等代实体法及《地基基础设计规范》DGJ 08-11—2010明德林应力公式法。

3）地基梁。程序提供柔性沉降和刚性沉降两种算法。

4）筏板。程序提供三种计算方法：地基规范分层总和法、箱基规范《高层建筑筏形与箱形基础技术规范》JGJ 6—2011弹性理论法，以及箱基规范分层总和法。

（2）单元沉降计算方法 单元沉降是以有限元划分的网格单元为单位，计算单元中心点沉降。单元沉降柔性算法假设整个基础为柔性基础计算沉降，而单元沉降刚性算法假设整个基础为刚性基础计算沉降。

8. 计算设计

"计算设计"页面如图4-24所示，用于输入分析设计的主要参数，具体如下：

图4-24 "计算设计"页面

（1）计算模型

1）弹性地基模型。适用于上部结构刚度较低的结构。

① Winkler模型。假设土或者桩为独立弹簧，上部结构及基础作用在地基上，压缩"弹簧"产生变形及内力，当考虑上部结构刚度时将比较符合实际情况。

② 完全弹性模型。Mindlin模型是假设土与桩为弹性介质，采用Mindlin应力公式求取压缩层内的应力，利用分层总和法进行单元节点处沉降计算并求取柔度矩阵，根据柔度矩阵可求桩土刚度矩阵。修正Mindlin模型是考虑地基土非弹性特点的改进模型。

2）倒楼盖模型。为早期手工计算常采用的模型，计算时不考虑基础的整体弯曲，只考虑局部弯曲作用。

（2）上部刚度

1）上部结构刚度影响。考虑上下部结构共同作用比较准确地反应实际受力情况，可以减少内力节省钢筋。要想考虑上部结构影响应在上部结构计算时，在"SATWE分析设计模块"→"分析和设计参数"→"高级参数"中，选择"生成传给基础的刚度"。

2）剪力墙考虑高度。基础计算的时候，考虑上部剪力墙对基础的约束影响，将剪力墙视为深梁，剪力墙高度即深梁高度。

3）自动将防水板外边缘按固端处理。对于带防水板的工程，防水板边的嵌固方式因工程不同而有差异，可以通过本参数设置防水板边的嵌固条件，勾选为固接，否则为铰接。

（3）网格划分 用于设定有限元网格控制边长和网格划分方法。目前程序提供铺砌法与 Delaunay 拟合法两种网格划分方式。

（4）计算参数

1）线性方程组解法。提供了"PARDISO""MUMPS"两种线性方程组求解器，均为大型稀疏对称矩阵快速求解方法，并支持并行计算。"PARDISO"内存需求较"MUMPS"稍大，在 32 位下，由于内存容量存在限制，"PARDISO"虽相较于"MUMPS"求解更快，但求解规模略小。一般情况下，"PARDISO"求解器均能正确计算，若提示错误，可更换为"MUMPS"求解器。若由于结构规模太大仍然无法求解，则建议使用 64 位程序并增加机器内存以获取更高计算效率。

2）非线性迭代最大次数。可控制沉降及各组合计算的非线性迭代次数。

3）迭代误差最大参数。为了在允许误差范围内提高计算效率，结合基础设计自身的特点，程序按照位移差进行迭代控制，如需提高精度，用户可以进行修改。

（5）桩刚度 软件给出三种桩刚度估算方式，分别是手工指定、桩基规范附录 C、沉降反推。

1）手工指定。一般用于用户根据经验或现场试验确定桩刚度。

2）桩基规范附录 C。需要注意的是，桩基规范附录 C 给出的是单桩的桩刚度，程序自动按照《建筑桩基技术规范应用手册》考虑群桩效应，进行桩刚度的调整。

3）沉降反推。采用桩基规范的 Mindlin 沉降计算方法，根据桩顶荷载与沉降之比估算桩刚度。由于桩顶荷载未知，因此首先给定桩顶压力分布情况。有两种预估方式："整体平均"，指每根桩的桩顶压力相同，均匀分配上部荷载；"按桩承载力相对比例"，指根据桩的承载力比例分配桩顶压力。

（6）后浇带 "后浇带施工前加荷比例"与后浇带的布置配合使用，解决由于后浇带设置后的内力、沉降计算和配筋计算、取值。后浇带将筏板分割成几块独立的块体，程序将计算有、无后浇带两种情况，并根据两种情况的结果求算内力、沉降及配筋。填 0 取整体计算结果，填 1 取分别计算结果，取中间值 a 计算结果按下式求得：实际结果＝整体计算结果×$(1-a)$＋分别计算结果×a。

（7）锚杆杆体弹性模量 对于带锚杆的工程，程序会自动计算锚杆受拉刚度，程序按照《高压喷射扩大头锚杆技术规程》（JGJ/T 282—2012）计算锚杆刚度。

（8）桩的嵌固系数 该参数在 0~1 变化反映嵌固状况，0 为铰接，1 为刚接。无桩时此项系数不出现在对话框上，其隐含值为 0。

（9）设计参数

1）板单元内弯矩剪力统计依据。提供取单元高斯点的最大值或平均值两种方式。

2）基础设计采用沉降模型桩土刚度。当不勾选此项时，程序按照前处理中的基床系数与桩刚度直接计算内力并进行设计；勾选此项后，将会根据沉降结果反推基床系数，再进行内力计算与设计。

9. 材料信息

"材料信息"页面如图 4-25 所示，用于设置所有基础构件的混凝土强度等级、钢筋强度等级、保护层厚度及最小配筋率。

图 4-25 "材料信息"页面

对于梁以外的混凝土构件承载力验算，计算构件有效高度（厚度）的时候，程序会用构件实际高度（厚度）-（材料信息表里的保护层厚度+12.5mm）作为有效高度（厚度），其中 12.5mm 为程序默认主筋的半径。计算梁配筋的时候考虑到箍筋的影响，保护层厚度算法为梁的实际高度-（材料信息表里的保护层厚度+22.5mm），其中 22.5mm 为默认纵筋半径（12.5mm）与箍筋直径（10mm）之和。

最小配筋率如果在材料信息表里输入 0，则程序按《混规》要求取 0.2% 和 $0.45f_t/f_y$ 中的较大者。

4.4.2 荷载定义

1. 上部荷载显示校核

本菜单用于显示与校核 JCCAD 读取的上部结构柱墙荷载及 JCCAD 输入的附加柱墙荷载。当用户选择某种荷载组合或者荷载工况后，程序在图形区显示出该组合的荷载图，如图 4-26 所示，同时在左下角命令行显示该组合或者工况下的荷载总值、弯矩总值、荷载作用点坐标，便于用户查询或打印。

2. 上部结构荷载编辑

（1）编辑点荷载　单击后，再选择要修改的节点，屏幕弹出图 4-27 所示的对话框，显示此节点各工况下的轴力、弯矩和剪力。修改相应的荷载值后，切换到布置荷载选项，在平面布置图上按节点布置即可。需要说明的是，这里的荷载是作用在节点上的，而屏幕显示的

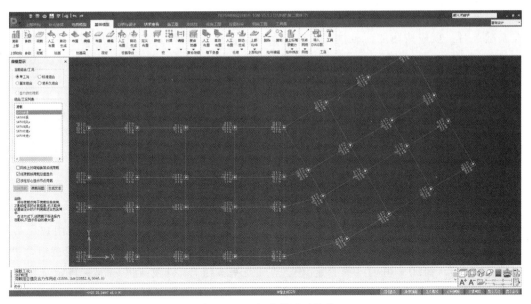

图 4-26 上部荷载显示校核

荷载可能是作用在柱形心上。在此情况下，当柱有偏心或转角时，二者值不同，应按矢量平移原则互相换算。

（2）编辑线荷载 单击后，再选择要修改网格线，屏幕弹出对话框，显示此网格线现有各工况下的线荷载和弯矩，可修改相关线荷载值。

（3）荷载导入、导出 通过导出功能将已经读取或者手工输入的荷载导出为固定格式的 Excel 文本，也可以通过导入功能将已经保存过的 Excel 荷载文件导入到基础模型中。

荷载对象	请选择节点或网格 12		单元格支持复制(Ctrl+C)、粘贴(Ctrl+V)操作		
⊙编辑点荷载	单工况标...	Vx/kN	Vy/kN	N/kN	Mx/(kN*m)	My/(kN*m)
○编辑线荷载	SATWE恒	0.0	22.1	856.3	-25.1	0.2
当前显示工况	SATWE活	0.0	3.3	144.1	-3.7	0.1
SATWE恒	SATWE风x	8.7	0.5	1.2	-1.3	19.2
荷载导入导出	SATWE风y	-0.4	12.8	24.8	-31.0	-0.9
⊙EXCEL	SATWE地x	66.2	2.2	5.2	-5.6	146.9
导出 导入	SATWE地y	1.6	54.2	121.2	-133.4	3.4
导入Etabs Load	鼠标状态 ⊙选取荷载 ○删除荷载 ○布置荷载				应用

图 4-27 上部结构荷载编辑

3. 附加墙柱荷载编辑

图 4-28 所示为附加墙柱荷载编辑窗口，用于输入柱、墙下附加荷载，允许输入点荷载和线荷载。附加荷载包括恒载标准值和活载标准值。若读取了上部结构荷载，如 SATWE 荷载、平面荷载等，则附加荷载会与上部结构传下来的荷载工况进行同工况叠加，然后再进行荷载组合。

通过"附加墙柱荷载编辑"命令，可实现附加荷载的编辑。点荷载按全局坐标系输入，弯矩的方向遵循右手螺旋法则，即轴力方向取向下为正，剪力取沿坐标轴方向为正，线荷载按网格的局部坐标系输入。

一般来说，框架结构首层的填充墙荷载，在上部结构建模时没有输入。当这些荷载是作用在基础上时，就应按附加荷载输入。筏板上的设备重力荷载可以在筏板荷载菜单输入。

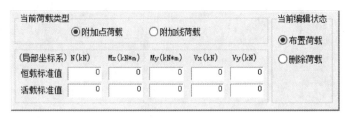

图4-28　附加墙柱荷载编辑

4. 自定义荷载编辑

图4-29所示为自定义荷载编辑窗口，用于在JCCAD输入新的荷载工况，用户可以定义、布置、编辑新的荷载工况。定义并且布置新的荷载工况后，程序会默认在荷载组合里增加一组标准组合"1.0*恒+1.0*自定义工况"及基本组合"1.2*恒+1.4*自定义工况"，如果用户需要增加或者修改荷载组合，可以在"参数"→"荷载组合"里进行相应操作。

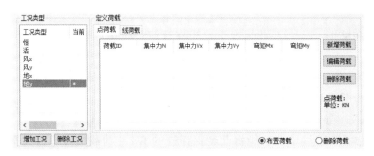

图4-29　自定义荷载编辑

4.4.3　基础构件布置

JCCAD提供了独基、地基梁、筏板、桩基承台、桩、复合地基、墙下条基、柱墩等地基基础构件，以及拉梁、填充等上部结构构件的布置与编辑功能，为后续分析与设计做准备。下面以独基布置和桩基（含桩基承台）布置为例进行说明。

1. 独基布置

（1）菜单的主要功能

1）可自动读入上部荷载效应，按《地基规范》要求选择基础设计时需要的各种荷载组合值，并根据输入的参数和荷载信息自动生成独基数据。程序自动生成的基础设计内容包括地基承载力计算、冲剪计算、底板配筋计算等。

2）当程序生成的基础角度和偏心与设计人员的期望不一致时，程序可按照用户修改的基础角度、偏心或者基础底面尺寸重新验算。

3）剪力墙下自动生成独基时，程序会将剪力墙简化为柱子，再按柱下自动生成独基的方式生成独基，柱子的截面形状取剪力墙的外接矩形。

4）程序对布置的独基提供图形和文本两种方式的验算结果。

5）对于多柱独基，程序提供上部钢筋计算功能。

（2）人工布置　用于人工布置独基。人工布置独基之前，要布置的独基类型应已经在类型列表中，独基类型可以手工定义，也可以是通过"自动生成"方式生成的基础类型。单击"人工布置"命令，程序会同时弹出"基础构件定义管理"对话框及"布置参数"窗口，如图4-30所示。

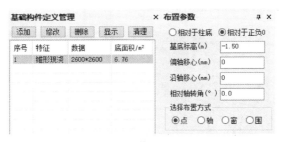

图4-30　基础构件定义管理

可以通过两种方式修改基础定义，一种方式是在"基础构件定义管理"列表中选择相应的基础类型，单击"修改"按钮，这种方式是按基础类型修改基础定义；另一种方式，双击需要修改的基础，程序弹出"构件信息"对话框，单击右上角的"修改定义"按钮，弹出"柱下独立基础信息"对话框，在对话框中可输入或修改基础类型、尺寸、标高、移心等信息，如图4-31所示。

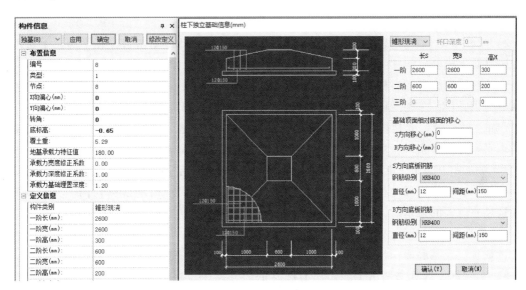

图4-31　"柱下独立基础信息"对话框

对于人工布置的独基，程序自动验算该独基是否满足设计要求，并自动调整不满足要求的独基尺寸。此外，独基布置时尚需注意以下几点：

1）柱下独基有8种类型，分别为锥形现浇、锥形杯口、阶形现浇、阶形杯口、锥形短柱、锥形高杯口、阶形短柱、阶形高杯口。

2）在独基类别列表中，某类独基以其长宽尺寸显示。

3）在已有的独基上也可进行独基布置，此时已有的独基被新的独基代替。

4）若"基础构件定义管理"中的某类独基被删除，则程序也删除基础平面图上相应的柱下独基。

5）短柱或高杯口基础的短柱内钢筋，程序没有计算，需用户另外补充。

（3）自动生成

1）自动优化布置。独基自动布置，支持自动确定单柱、双柱、多柱独基，图4-32所示为某框架结构工程自动生成柱下独立基础的结果。

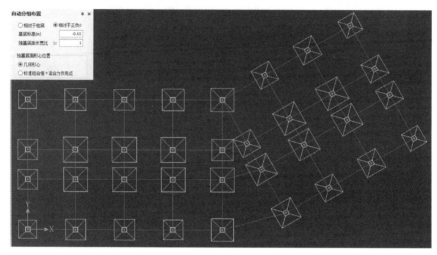

图4-32　柱下独基自动生成

2）单柱基础、双柱基础和多柱基础。用于独基自动设计。单击后，在平面图上选取需要程序自动生成基础的柱。基础底标高是相对标高，其相对标准有两个，一个是相对柱底，即输入的基础底标高相对柱底标高而言，假如在PMCAD里，柱底标高输入值为-6m，生成基础时选择相对柱底，且基础底标高设置为-1.5m，则此时真实的基础底标高应该是-7.5m；另一个标准是相对正负0，即如果在PMCAD里输入的柱底标高-6m，生成基础是基础底标高选择相对正负0，且输入-6.5m，那么此时生成的基础真实底标高就是-6.5m。

3）独基归并。输入相应的归并差值尺寸，程序根据长度单位或归并系数对独基进行归并。归并系数即长宽尺寸相差在相应的范围（0.2，即独基尺寸相差20%）内，独基按类型归并到尺寸较大的独基。

4）单独验算、计算书。用于输出单个独基的详细验算、计算过程，单独计算书内容包括设计资料、独基底面积计算过程、独基冲剪计算过程和独基配筋计算过程。

5）总验算、计算书。用于输出所有独基的验算结果，内容包括平均反力、最大反力、受拉区面积百分比、冲切系数、剪切系数。

6）删除独基。提供框选功能，删除用户所选择的独基，但不会删除"基础构件定义管理"的独基类型及参数。

2. 桩基承台布置

（1）人工布置　人工布置桩承台之前，要布置的桩承台类型应该已经在类型列表中，承台类型可以是用户手工定义，也可以是用户通过"自动布置"方式生成的基础类型。单击"人工布置"菜单命令，程序会同时弹出"基础构件定义管理"对话框及基础"布置参数"窗口，如图4-33所示。程序对人工布置的桩承台会自动进行桩反力、冲切、剪切验算，

图 4-33　桩基承台人工布置

并将验算结果显示在平面布置图上，供用户参考。

（2）自动布置

1）单柱承台、多柱墙承台。用于承台自动设计。单击相应菜单命令后，在平面图上用围区布置、窗口布置、轴线布置、直接布置等方式选取需要程序自动生成基础的柱、墙，选定后，在弹出的布置信息对话框里（图 4-34、图 4-35）输入相应的布置信息。标高输入的含义可以参考独基的相关内容。对于多柱基础，还应该选择基础底面形心是按柱的几何形心还是按恒+活荷载的合力作用点生成。如果自动生成的基础位置原来已经布置了基础，则原来的基础会自动被替换。

图 4-34　单柱承台自动布置

图 4-35　多柱墙承台自动布置

2）围桩承台。使用"围桩承台"菜单命令可以把非承台下的群桩或几个独立桩围栏而生成一个承台桩。单击"围桩承台"菜单命令后，按围区方式选取将要生成承台的单桩或群桩，形成桩承台。生成的桩承台形状，可以按桩的外轮廓线自动生成，即程序自动设定桩边距生成桩承台，也可以按用户手工围区的多边形生成桩承台。具体的操作步骤如下：

第一步：如果围桩承台区域内的桩信息还没有确定，可先用"区域桩数"选项确定该区域至少应布置的桩数。

第二步：用"单桩布置""群桩布置"等选项完成桩位的布置。

第三步：单击"围桩承台"菜单命令，确定承台的边界尺寸信息。

第四步：生成的围桩承台也作为一种承台类型，存入到承台类型定义数据中，因此，对于生成的围桩承台信息，用户还可以通过"承台桩"→"承台布置"→"修改"进行。

3）承台归并。输入相应的归并差值尺寸，程序根据输入的尺寸对承台进行归并。

4）单独验算、计算书。用于输出单个承台的详细验算、计算过程，单独计算书内容包括设计资料（承台类型、材料、尺寸、荷载、覆土、桩承载力、上部构件信息、参考规范）、承台桩反力计算过程及校核结果、承台冲剪计算过程、承台配筋计算过程。

5）总验算、计算书。用于输出所有承台的验算结果，内容包括桩竖向力、水平力、抗拔力、冲切系数、剪切系数，并输出所有校核是否满足要求。冲切安全系数及剪切安全系数大于或等于1表示满足要求，小于1则不满足要求。

3. 桩布置

（1）定义布置　无论做承台桩基础还是非承台桩基础，均可在生成相应基础形式前对选用的桩进行定义。单击生成相应基础的菜单命令后，程序首先自动弹出"基础构件定义管理"对话框。用户可用"新建""修改""删除"等命令来定义和修改桩类型。桩定义的对话框如图 4-36 所示。

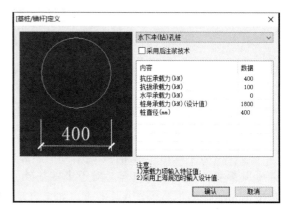

图 4-36　"基桩/锚杆定义"对话框

1）桩的分类。可选择项有预制方桩、水下冲（钻）孔桩、沉管灌注桩、干作业钻（挖）孔桩、预制混凝土管桩、钢管桩和双圆桩等。其参数随分类不同而不同，常见参数有单桩承载力和桩直径或边长，干作业钻（挖）孔桩包括扩大头数据等。桩分类及其输入参数参见表 4-1。

表 4-1　桩分类及其输入参数

桩基础分类	输入参数
预制方桩	单桩承载力、桩边长
水下冲(钻)孔桩	单桩承载力、桩直径
沉管灌注桩	单桩承载力、桩直径
干作业钻(挖)孔桩	单桩承载力、桩直径、扩大头直径、扩大头上段长、扩大头中段长、扩大头下段长
预制混凝土管桩	单桩承载力、桩直径、壁厚
钢管桩	单桩承载力、桩直径、壁厚
双圆桩	单桩承载力、右圆半径、左圆半径、圆心距

2）设计参数。单桩承载力与设计参数等信息需设计者根据工程实际情况进行指定。

（2）群桩

1）梁下布桩。用于自动布置基础梁下的桩。单击"梁下布桩"菜单命令后，首先选择要选用的桩，然后选择梁下桩的排数（单排、交错或双排），最后选择地基梁，程序根据地基梁的荷载及梁的布置情况自动选取桩数布置于梁下。但因尚未进行有限元的整体分析计算，所以此时布桩是否合理还必须经过桩筏有限元计算才能确定。布桩时，可通过调整"强化（弱化）指数"选项实现变刚度调平布桩。某些区域要加强基础刚度，则可以填一个大于1的强化指数，布置的桩数相应增加。相反，如果弱化基础刚度，则输入一个小于1的弱化指数，布置的桩数相应减少。布桩所用的荷载组合可以任意选取。

2）墙下布桩。设置同"梁下布桩"菜单命令。为满足变刚度调平的布桩要求，可以指定相应的强化指数或者弱化指数，程序用上部荷载值除以单桩承载力，得到桩数再乘以相应的"强化（弱化）指数"，得到要布置的桩的数量，然后根据用户指定的布桩形式，将桩布置到相应的墙下。

3）筏板布桩。需设置基础筏板后才能执行此菜单。筏板下布桩时，需设置最小桩间距、最大桩间距、桩角度和排布角度等参数。

4）两点布桩。用于在任意两点之间等间距布桩。布置时可以选择按"固定距离"布桩，也可以选择按"固定桩数"布桩。布桩形式可以为"单排桩""双排桩""交错"。

5）群桩布置。用户可以批量输入多排桩，进行群桩布置。可以分别设定 X、Y 方向桩间距，指定群桩布置角度及单根桩的角度。

（3）计算

1）桩长计算。可根据地质资料和每根桩的单桩承载力计算出桩长。单击"桩长计算"命令，弹出图 4-37 所示的对话框。程序提供三种桩长计算方式：

① 按桩基规范 JGJ 94—2008 查表确定并计算。这种方式程序根据地质资料输入的土层名称查《建筑桩基技术规范》（JGJ 94—2008）表 5.3.5-1 及表 5.3.5-2，得到桩所在土层的桩极限侧阻力标准值及极限端阻力标准值，根据《建筑桩基技术规范》的计算公式及输入的桩承载力标准值反算桩长。

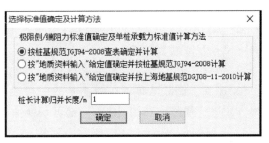

图 4-37 "选择标准值确定及计算方法"对话框

② 按"地质资料输入"给定值确定并按桩基规范 JGJ 94—2008 计算。这种方式程序根据地质资料输入土层的桩极限侧阻力标准值及极限端阻力标准值，《建筑桩基技术规范》（JGJ 94—2008）的计算公式及输入的桩承载力标准值反算桩长。

③ 按"地质资料输入"给定值确定并按上海地基规范 DGJ 08-11—2010 计算。这种方式程序根据地质资料输入土层的桩极限侧阻力标准值及极限端阻力标准值，《地基基础设计规范》（DGJ 08-11—2010）的计算公式及输入的桩承载力标准值反算桩长。

输入"桩长计算归并长度"，程序将桩长差在"桩长归并长度"参数中设定的数值之内的桩处理为同一长度，屏幕即显示计算后桩长值。桩长计算时需注意，计算前必须先执行过"地质模型"菜单命令，同一承台下桩的长度取相同的值。

2）桩长修改。既可修改已有桩长实现人工归并，也可对尚未计算桩长的桩直接输入桩长。可以"全部"修改，也可以选择"单一"修改，其中"单一"修改是指单独修改某一类桩的桩长而不是修改某一根桩的桩长。

3）桩数量图。用于查看任意标准组合下的桩数量需求分布图或者是某一区域需要的桩数量图。

4）桩重心校核。用于在选定的某组荷载组合下的桩群重心校核。单击"桩重心校核"

菜单命令后，用光标围取若干桩，确定后屏幕显示所围区内荷载合力作用点坐标与合力值、桩群形心坐标与总抗力、桩群形心相对于荷载合力作用点的偏心距。

5）查桩数据。检查所围区域内布置的桩数量及桩间距是否满足规范要求。

6）桩承载率。对于桩筏基础，程序将筏板视为刚性板，考虑上部标准荷载作用到筏板，计算筏板底部桩的反力值，每根桩的反力值与定义的单桩承载力比值就是桩承载率，用于初步判断桩的利用率。

（4）编辑

1）复制。复制图面上已有单桩（锚杆）或者群桩（锚杆），布置到需要布置的位置上。操作时，首先应选取要复制的桩目标，程序可自动捕捉某根桩（锚杆）的中心为定位点，然后被复制的桩体（锚杆）随光标移动并可适时捕捉图面上的某一点为目标点，也可在命令行中输入相对坐标值进行定位，还可利用屏幕已有点进行精确定位，方法同节点输入。

2）替换。用于将已经布置的桩替换为另外的桩类型。操作时，单击"替换"命令，程序自动弹出"基础构件定义管理"页面，在列表里选择需要替换成的目标类型，然后直接在基础平面图上选择需要被替换的桩即可。

3）移动。用于移动已经布置好的一根或多根桩位置，可通过光标、窗口、围栏等捕捉方式进行操作。选桩时，程序可自动捕捉某根桩的桩心为定位点，移动时可以适时捕捉图面上的某一点为目标点，也可在命令行中输入相对坐标值进行定位，还可利用屏幕已有点进行精确定位，方法同节点输入。

4）镜像。通过镜像方式布置桩。

5）删除。删除已布置在图面上的一根或多根桩（锚杆），可通过光标、窗口、围栏等捕捉方式进行操作，利用【Tab】键可切换捕捉方式。

4. 上部构件

"上部构件"菜单命令用于输入基础上的一些附加构件（拉梁、填充墙、导入柱筋、定义柱筋），以便程序自动生成相关基础或者绘制相应施工图。

（1）拉梁　用于定义各类拉梁尺寸和布置拉梁。单击"拉梁"命令后，弹出图4-38所示"基础构件定义管理"对话框及拉梁"布置参数"窗口。用户可新建、修改或删除拉梁类型。图4-39所示为"拉梁定义"对话框。

图4-38　基础构件定义管理

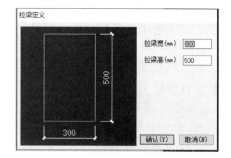

图4-39　"拉梁定义"对话框

在图4-39中输入宽高尺寸，单击"确认"按钮，即生成或修改一种拉梁类型。布置拉梁时，可选取一种拉梁类型，单击"布置"按钮，在弹出的"输入移心值"对话框中，视需要输入偏轴移心值，再在平面图上选取相关网格线，同时可以定义拉梁上的荷载，布置拉梁。

拉梁荷载程序自动导算到相连的柱或者墙上,布置基础的时候,程序自动考虑导算后的拉梁荷载。

(2)填充墙 用于输入基础上面的底层填充墙。在此布置填充墙,并在附加荷载中布置了相应的荷载,则在后续的菜单中,可自动生成墙下条基。

(3)导入柱筋、定义柱筋 用于导入上部施工形成的柱插筋、定义各类柱筋的数据或布置柱筋,以便绘制柱下独立基础的施工图。

4.4.4 构件编辑与修改

1. 构件编辑

(1)删除 用于删除基础构件,可通过弹出的对话框指定删除的构件类型。

(2)复制 用于对已经布置的基础进行复制布置。单击"复制"命令,然后在基础平面图上选择需要复制的基础,然后在相应的位置布置被选中的基础类型。如果布置的位置已经有基础,则程序先将已有基础删除再布置新的基础类型。

2. 构件修改

(1)改覆土重 修改已经布置基础的覆土重。执行该菜单后,程序会在基础平面图上显示单位面积覆土重,同时有文字提示该覆土重是否为手工输入。

(2)修改标高 修改基础底标高、顶标高。

(3)改承载力 修改地基承载力特征值及用于深度修正的基础埋深。

3. 节点网格

"节点网格"菜单如图4-40所示,用于增加、编辑PMCAD传下的平面网格、轴线和节点,以满足基础布置的需要。各项具体功能如下:

(1)加节点 用于在基础平面网格上增加节点,既可在屏幕下方命令行中输入节点坐标(即可精确增加所需节点),也可利用屏幕上已有的点进行定位。当需要将屏幕已有点作为精确定位的参照点时,只需将光标停留在屏幕已有点上,程序将自动捕捉该点为参照基点,并在屏幕上显示引出线,用户可以将此点作为原点输入相对坐标,即可实现精确定位。

图4-40 "节点网格"菜单

(2)查节点 用于查询节点编号。该命令应该配合"工具"的"绘图选项"使用,即在查询节点之前,在"绘图选项"里勾选"节点号"选项,然后单击"查节点"命令,在命令行输入需要查询的节点号,程序自动将需要查询的节点定位显示。

(3)删节点 用于删除一些不需要的节点,在删除节点时会同时删除或合并一些网格。程序按以下原则来判断节点是否可以删除:

1)有柱的节点(包括有墙的网格)不能删除,该条优先于其他判断条件。

2)当只有两根同轴线网格与要删除节点相连,则该节点删除,并且两个网格合并为一个网格。

3)当只有两根不同轴线网格与要删除节点相连,则该节点删除,并且同时删除相连的网格线。

4）当要删除节点是某轴线最外端节点时先删除该轴线外端网格，再用其他条件判断是否可以删除。

（4）加网格　用于在基础平面网格上增加网格，按照屏幕下方命令行提示操作即可增加所需网格。

（5）查网格　用于查询网格编号。该命令应该配合"工具"的"绘图选项"使用，即在查询节点之前，在"绘图选项"里勾选"网格号"选项，然后单击"查网格"，在命令行输入需要查询的网格号，程序自动将需要查询的网格定位显示。

（6）删网格　删除不需要的网格，程序按以下原则来判断网格是否可以删除：

1）有墙的不能删除，该条优先其于他判断条件。

2）只有轴线的端网格可以删除。

3）如果轴线上的网格不连续（个别段没有网格线），则以连续的网格为依据判断端网格。

（7）网格延伸　将网格线延伸到指定位置。操作步骤为单击"网格延伸"命令，在左下角命令行输入需要延伸的距离，按【Enter】键，平面图选择需要延伸的网格。

4.5　分析与设计

4.5.1　基本功能

数据生成与结果查看

"分析与设计"菜单如图4-41所示。分析设计菜单用于对建模中输入的基础模型进行处理并进行分析与设计，其主要功能如下：

图4-41　"分析与设计"菜单

1）生成设计模型，读取建模数据进行处理生成设计模型，并提供设计模型的查看与修改功能。

2）生成分析模型，对设计模型进行网格划分并生成进行有限元计算所需数据。

3）分析模型查看与处理，分析模型的单元、节点、荷载等的查看，桩土刚度的查看与修改。

4）有限元计算，进行有限元分析，计算位移、内力、桩土反力、沉降等。

5）基础设计，对独基、承台按照规范方法设计；对各类采用有限元方法计算的构件根据有限元结果进行设计。

上述菜单中的"参数"子菜单与"基础模型"里"参数"功能一样，只是保留了计算相关的参数，而去掉了与计算无关的。

4.5.2　设计模型

（1）模型信息　可以查看基础模型的类型信息、尺寸信息和材料信息，校核基础模型输入是否正确。

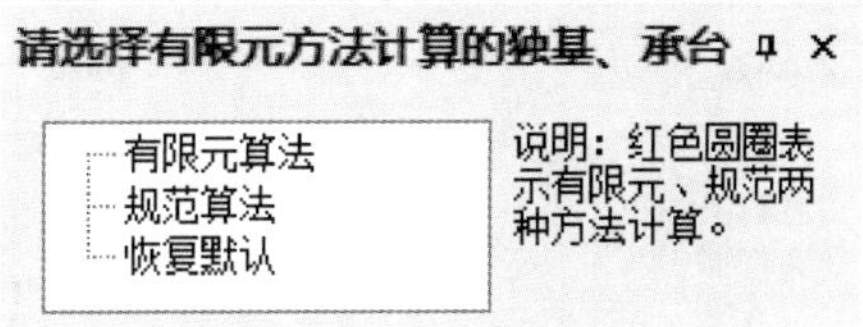

（2）计算内容　可用于指定独基或者桩承台是按规范算法计算还是按有限元算法计算。单击"计算内容"命令，弹出图 4-42 所示对话框。对于单柱下的独基或者桩承台，程序默认按规范算法计算和设计，即此时独基或者桩承台本身视为刚体，各种荷载及效应作用下本身不变形，做刚体运动。对于多柱墙下独基或者桩承台，很难保证基础本身不变形，即刚体假定可能不成立，此时按有限元计算更为合理。有限元算法将独基或者承台按照板单元进行计算与设计。

图 4-42　计算方法选择

（3）布筋方向　可用于修改基础配筋角度，程序提供了"拾取边""拾取两点"和"指定角度"三种修改方式。

4.5.3　分析模型

（1）生成数据　其核心功能为网格划分、生成桩土刚度和生成有限元分析模型。网格划分有铺砌法与 Delaunay 拟合法两种方式。其中 Delaunay 三角剖分算法具有严格的稳定性，因此理论上所有模型都可划分成功，但由于几何计算精度的问题，还是存在例外情况。当采用 Delaunay 拟合法进行网格划分失败时，采用"使用边交换算法"选项，可有效提高网格划分成功率。程序根据用户选项自动生成弹性地基模型、倒楼盖模型、防水板模型，以供后续计算与设计使用。

（2）分析模型　执行"生成数据"菜单命令后，程序会生成分析模型。单击"分析模型"菜单命令可以查看以下模型信息：

1）有限元网格信息，查看有限元网格划分结果，包括单元编号及节点编号。

2）板单元，查看每个单元格里的筏板厚度及筏板混凝土强度等级。

（3）基床系数　单击"基床系数"菜单命令，弹出图 4-43 所示对话框，用于查看、定义、修改基础基床系数。基床系数修改操作过程为：先在"基床系数"文本框里输入要修改的基床系数，然后单击"添加"按钮，这时在基床系数定义列表会显示刚刚添加的基床系数。修改时先在列表中选择相应的基床系数，然后"布置方式"可以选择"按有限元单元布置"，也可以选择"按构件布置"。

注意：用户手工修改过的基床系数，程序会默认优先级较高，重新生成数据时，程序会优先选用上次用户修改过的基床系数。

（4）桩刚度　单击"桩刚度"菜单命令，弹出图 4-44 所示对话框，用于查看修改桩、锚杆刚度、群桩放大系数。桩刚度修改操作过程为，先在"桩刚度编辑"选项组内输入要修改的桩刚度，然后单击"添加"按钮，这时在桩刚度定义列表会显示刚刚添加的桩刚度。修改时先在列表中选择相应的桩刚度，直接框选桩进行修改，为了提高效率，程序提供了按照桩类型筛选的功能。

（5）荷载查看　单击"荷载查看"菜单命令，弹出图 4-45 所示对话框，用于查看校核基础模型的荷载是否读取正确。单击"设计模型"按钮，会根据用户选择显示所有上部构件的荷载、自重等信息。单击"分析模型"按钮，会显示每个单元网格里的荷载信息及每个单元节点的荷载信息。

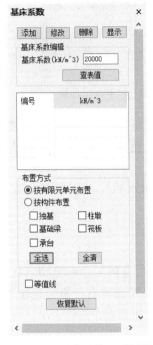

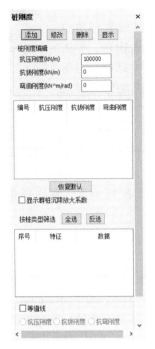

图 4-43 "基床系数"对话框　　图 4-44 "桩刚度"对话框　　图 4-45 "荷载简图"对话框

4.5.4　数据生成与计算

（1）生成数据+计算设计　整合生成数据与计算设计两个功能，提高效率。

（2）计算设计　主要实现包括柱下独立基础、墙下条形基础、弹性地基梁基础、带肋筏板基础、柱下平板基础（板厚可不同）、墙下筏板基础、柱下独立桩基承台基础、桩筏基础、桩格梁基础等的分析设计，还可进行由上述多类基础组合的大型混合基础分析设计，以及同时布置多块筏板的基础分析设计。

其主要流程为：整体刚度组装、有限元位移计算、有限元内力计算、沉降计算、承载力验算、有限元配筋设计，以及独基、承台规范方法设计。

当布置拉梁时，程序首先进行拉梁导荷，再进行防水板模型、弹性地基模型或倒楼盖模型计算，当存在防水板时，程序将自动生成弹性地基模型与防水板模型，并同时计算与设计，在后处理中可以通过切换模型分别查看防水板模型与弹性地基模型的分析与设计结果。

4.6　结果查看

"结果查看"菜单如图 4-46 所示。计算结果查看分为"分析结果""设计结果"及"文本结果"。用户可以查看各种有限元计算的分析结果，包括"位移""反力""弯矩"和"剪力"。根据规范的要求提供的各种设计结果，主要包括"承载力校核""设计内力"及"配筋""沉降""冲切剪切验算"和"实配配筋"。文本结果包括"构件信息""计算书"和"工程量统计"。

图 4-46 "结果查看"菜单

4.6.1 分析结果

1. 位移

查看所有单工况下及荷载组合工况下的基础位移图。通过查看位移图，检查基础变形是否合理。对于基础计算，内力大小通常与变形差有关，所以基础位移是评判基础分析结果合理性的重要指标。

2. 反力图

查看所有单工况及荷载组合工况下的基础底部反力。水平力比较大的荷载组合，可以通过反力图查看判断基础底部土是否有零应力区。对于水浮力组合，通过反力图查看判断基础底部水浮力是否大于上部荷载，从而判断是否存在抗浮问题。

对于独基或者桩承台，如果是按规范算法计算，应查看"构件计算结果"，此时每个独基或者桩承台本身被视为刚性体，只做刚体运动，每个基础程序会给出最大反力及平均反力。对于筏形基础，一般查看"有限元计算结果"即可。

3. 弯矩

查看所有单独工况及荷载组合工况下的基础弯矩。弯矩查看可以只看单方向查看，也可以同时显示 X、Y 方向的弯矩值，可以按单元查看单元平均弯矩，也可以查看单元节点弯矩。同时显示 X、Y 两个方向弯矩时，上部为 X 向弯矩，下部为 Y 向弯矩，对于筏板而言，弯矩方向规则等同于梁的弯矩方向规则，即板底受拉为正，板顶受拉为负，板弯矩是按单位米给出。

4. 剪力

查看所有单工况及荷载组合工况下的基础剪力。剪力查看可以单方向查看，也可以同时显示 X、Y 方向的剪力，可以按单元查看单元平均剪力，也可以查看单元节点剪力。同时显示 X、Y 两个方向剪力时，上部为 X 向剪力，下部为 Y 向剪力，对于筏板而言，剪力方向规则等同于梁的剪力方向规则，板剪力是按单位米给出。

4.6.2 设计结果

1. 承载力校核

单击"承载力校核"菜单命令，弹出图 4-47 所示对话框，程序根据规范要求给出了地基与桩的承载力验算结果，可分别进行查看。

2. 设计内力

单击"设计内力"菜单命令，弹出图 4-48 所示对话框，可用于查看起控制作用的基础内力。

3. 配筋

单击"配筋"菜单命令，弹出图 4-49 所示对话框，可用于查看基础配筋。

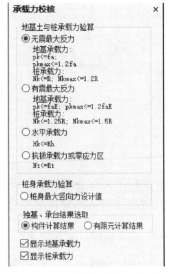
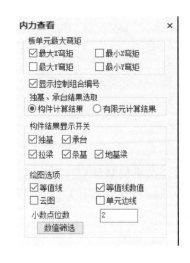
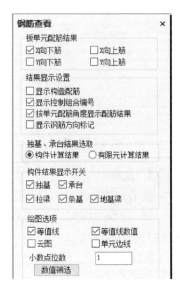

图 4-47 "承载力校核"对话框   图 4-48 "内力查看"对话框   图 4-49 "钢筋查看"对话框

4. 沉降

单击"沉降"菜单命令,弹出图 4-50 所示停靠对话框,可用于查看沉降。程序提供"构件中心点沉降""单元沉降"两种沉降结果及相应的基底压力。计算沉降必须要输入地质资料,否则结果查看没有沉降值。基础设计时,可通过"两点沉降差"命令查看任意两点的沉降差及倾斜值,通过"沉降计算书"命令查看详细的沉降计算过程。

(1)构件中心点沉降   根据在沉降参数中选择的计算方法,以构件为单位计算的沉降结果,其计算过程可以通过"沉降计算书"命令查看。

(2)构件底附加压力   构件底附加压力是通过有限元位移计算的地基反力之和。

(3)单元沉降   根据在沉降参数中选择的计算方法,以单元为单位计算的沉降结果。

(4)单元底附加压力   每个单元的底部附加压力为通过有限元位移计算的地基反力。

(5)两点沉降差   用于查看基础任意两点的沉降差及倾斜值。《地基规范》第 5.3.4 条对于各类工程的沉降量、倾斜值做了详细规定。

(6)沉降计算书   查看构件沉降的详细计算过程。目前该功能只针对构件沉降,对单元沉降不支持。

5. 冲切剪切验算

单击"冲切剪切验算"菜单命令,弹出图 4-51 所示对话框,用于已经布置基础的冲切剪切验算结果,以校核布置基础的厚度是否满足规范要求。如果布置有柱墩,还可查看柱墩加筏板的厚度是否满足要求及柱墩本身对筏板冲切剪切验算是否满足要求。同时,该对话框提供了局压验算查看功能。程序对于冲切计算的基底净反力可以通过三种方式确定:

1)冲切反力取平均值,平均反力计算时把整个基础看成是刚性的整体式基础,冲切验算的时候将上部总荷载除以整个基底面积的总和,得到基底净反力值。

2)冲切反力取有限元计算结果,执行该项功能之前先要进行桩筏有限元计算,计算完成后程序在进行冲切验算的时候按就近原则选择有限元的网格反力。

3)基底反力取手工输入值,以筏板为单位,手工输入每块筏板的基底反力,程序会在每块板的板边位置显示手工输入的板底净反力值。如果是验算桩对筏板冲切，则可手工输入桩的冲切力值。

6. 实配钢筋

程序采取分区均匀配筋方式对计算配筋进行处理，并给出实配钢筋。单击"实配配筋"菜单命令，弹出图 4-52 所示对话框。

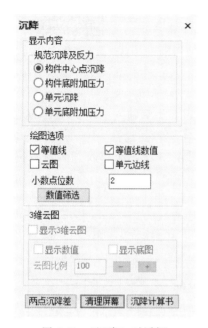

图 4-50 "沉降"对话框

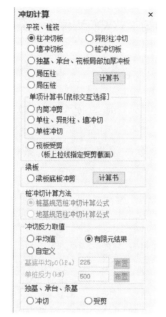

图 4-51 "冲切计算"对话框

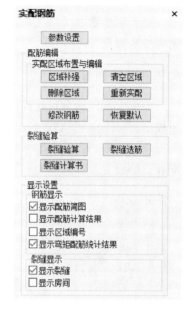

图 4-52 "实配钢筋"对话框

（1）参数设置 用于对钢筋级配、裂缝控制指标等参数进行设置。

（2）实配区域布置与编辑 添加、删除配筋区域。如果筏板的某一局部区域希望单独配筋（子筏板程序默认为单独区域），可以通过本对话框在筏板里绘制该区域，设置完成后，单击"区域配筋计算"命令，则程序按新的配筋区域进行钢筋实配，实配原则同上述子筏板区域实配原则。

（3）修改钢筋 对筏板区域配筋结果进行编辑修改。单击"钢筋修改"按钮后，程序弹出表格，用户可以修改表格里各个区域的实配钢筋。

（4）裂缝验算 按《混规》相关要求验算基础钢筋是否满足。

7. 构件信息

此功能主要是根据用户选择的构件，输出构件的基本信息、配筋结果、冲切剪切结果、承载力验算结果等，方便用户查看与校核。

4.6.3 文本结果

文本结果是以文本方式输出所有计算过程，主要包括详细统一的计算书及工程量统计结果文本。

新版本软件在计算书中将计算结果分类组织，依次是设计依据、计算软件信息、计算参数、模型概况、工况和组合、材料信息、承载力验算、配筋计算、冲剪验算及设计结果简图

10 类数据。

基础分析与设计的计算书设置与调整方式与第 3.6.3 节的上部结构计算书类似，不再赘述。

4.7 地基基础分析与设计操作实例

实例操作演示

接力第 3 章 3.7 节工程实例的 SATWE 结构内力分析与计算结果，完成桩基础设计。

4.7.1 地质模型

完成上部结构分析计算后，进入"地质模型"菜单，按如下步骤输入本示例工程的地质模型：

1）单击"标准孔点"菜单命令，根据工程地质条件按图 4-53 所示土层及参数完成标准孔点的设置。

标准地层层序

□土层压缩模量采用土层原始取样指标计算　　添加　插入　删除

层号	土层类型	土层厚度/m	极限侧摩擦力/kPa	极限桩端阻力/kPa	压缩模量/MPa	重度(kN/m³)	内摩擦角(°)	黏聚力/kPa	状态参数	状态参数含义	土层序号 主层	土层序号 亚层	土层名称
1	填土	0.50	20.00	0.00	10.00	15.00	0.00	1.00		定性/-IL	1	0	填土
2	黏性土	1.50	60.00	700.00	10.00	18.00	5.00	10.00	0.50	液性指数	1	0	填土
3	中砂	3.00	65.00	1600.00	35.00	20.00	15.00	0.00	25.00	标贯击数	1	0	填土
4	砾砂	5.00	120.00	2000.00	40.00	20.00	15.00	0.00	25.00	重型动力轴探	1	0	填土
5	风化岩	40.00	140.00	2000.00	10000.00	24.00	35.00	30.00	100.00	单轴抗压/MPa	1	0	填土

结构物±0.00对应的地质资料标高(m)：0.00

标高说明　孔口标高(m)：0.00

注：如采用上海规范计算，且桩承载力计算中不勾选"按给定土层摩擦值端阻力计算"，则程序自动按《上海规范》(DGJ08-11-2010)表 7.2.4-1取值，需严格按照该表填写土层编号及名称。

确定　取消

图 4-53　标准孔点设置

2）采用"单点输入"和"复制孔点"命令，在①轴—Ⓐ轴交点、④轴—Ⓐ轴交点、⑧轴—Ⓐ轴交点、①轴—Ⓓ轴交点、④轴—Ⓓ轴交点、⑧轴—Ⓓ轴交点 6 个平面位置布置标准孔点。

3）单击"动态编辑"→"孔点编辑"，按图 4-54 修改 6 个孔点位置的土层布置情况。至此，地质模型输入完毕。

4.7.2 基础模型

基础模型设置按如下步骤完成：

1）单击"参数"命令对参数进行设置。在"总信息"页面，勾选"自动按楼层折减活荷载"，"室外地面标高"改为 -0.15m。在"地基承载力"页面，"地基承载力特征值"改为 240kPa；"地基承载力宽度修正系数"和"地基承载力深度修正系数"分别改为 3.0 和 4.4，基础埋置深度设置为 3.05m。

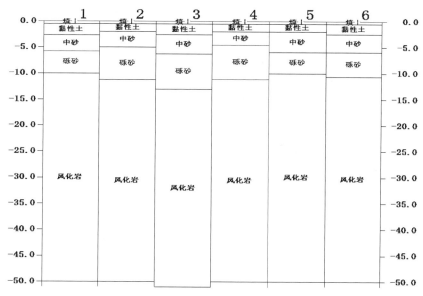

图 4-54　孔点动态编辑

2）单击"上部构件"→"拉梁"命令，按图 4-55 布置拉梁构件，用于承担底层隔墙荷载。

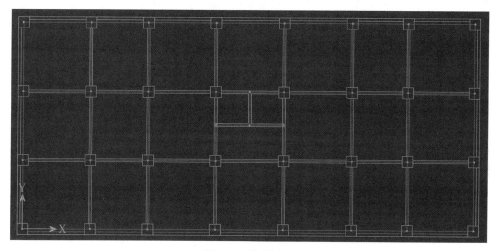

图 4-55　拉梁布置

3）单击"定义布置"→"添加"命令，按图 4-56 所示对话框输入基桩参数。

4）在"桩基承台"子菜单下，单击"自动生成"命令，分别采用"单柱承台"和"多柱墙承台"命令，按图 4-57 自动布置桩基承台。

5）在"桩"子菜单下，单击"计算"→"桩长计算"命令，计算方法选择"按桩基规范查表确定并计算"，然后单击"确定"按钮，程序自动完成桩长计算。单击"桩长修改"命令，按屏幕提示将所有桩长修改为 10m，即以风化岩作为桩端持力层。

6）在"分析与设计"菜单，单击"生成数据+计算设计"命令，完成地基基础的计算。

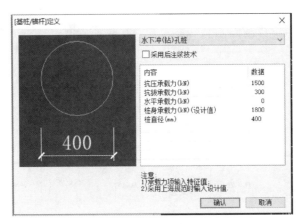

图 4-56 基桩定义

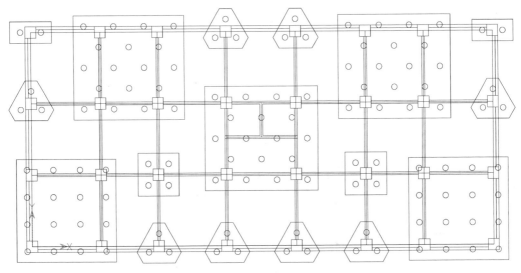

图 4-57 桩基承台布置

4.7.3 结果查看

（1）分析结果 单击"位移""反力""弯矩"和"剪力"命令，可分别查看相应的地基基础分析结果。图 4-58 所示为荷载效应标准组合"1.0 恒+1.0 活"作用下多柱墙基础的位移云图。

（2）设计结果查看

1）承载力校核。单击"承载力校核"命令，可分别查看不同工况下，地基承载力的验算结果。图 4-59 所示为"有震最大反力"的计算结果。

2）沉降。可查看沉降及附加应力的计算结果，图 4-60 所示为"单元沉降"计算结果云图。

3）冲切。在"冲切计算"对话框内，勾选"独基、承台、条基"的冲切选项，查看冲切验算结果，如图 4-61 所示，示例工程的承台冲切验算满足要求。

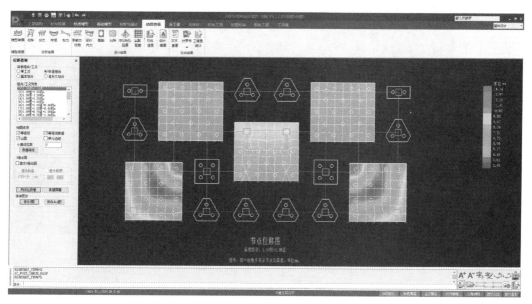

图 4-58　位移云图

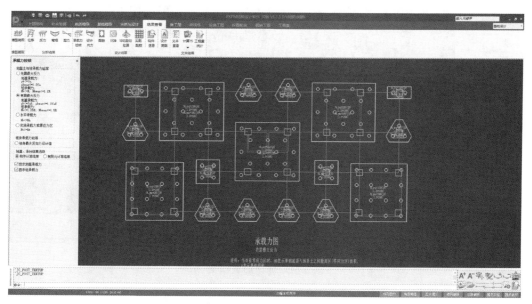

图 4-59　地基承载力校核结果

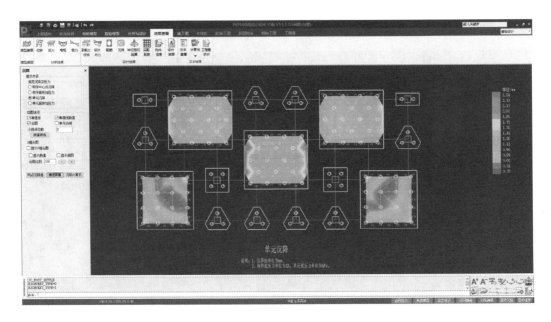

图 4-60　沉降计算结果

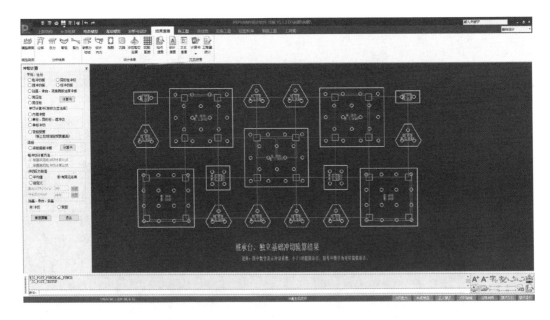

图 4-61　冲切验算结果

4）实配钢筋。单击"配筋"命令，可对单柱基础的配筋进行查看，如图 4-62 所示。单击"实配钢筋"，可对多柱墙桩基承台的配筋结果进行查看，如图 4-63 所示。

（3）生成计算书　单击"生成计算书"命令，将地基基础的设计结果输出为 Word、PDF 或 txt 文本文件。至此，示例工程的地基基础分析与计算工作完成。

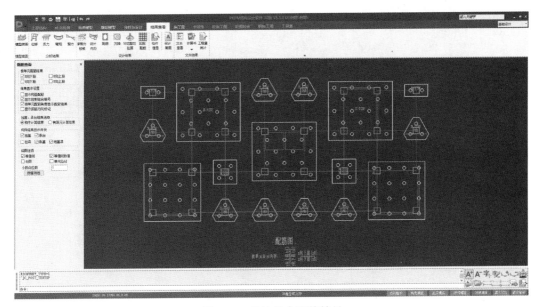

图 4-62　单柱承台配筋结果

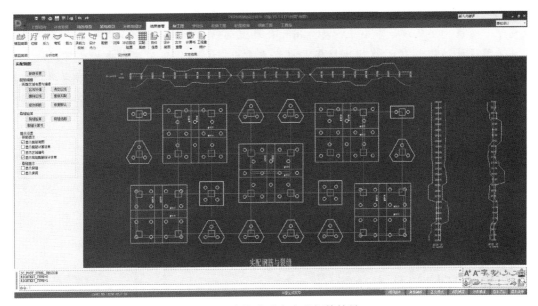

图 4-63　多柱墙承台实配钢筋结果

4.8　本章练习

1. JCCAD 模块的主要功能有哪些？
2. 简述 JCCAD 地基基础分析与计算的一般步骤。
3. 如何实现柱下独立基础的布置？
4. 独立完成第 4.7 节工程实例的内力分析与计算。
5. 根据工程实例分析与计算，查看地基基础设计的图形与文本结果。

第5章 结构施工图设计

本章介绍：

  混凝土结构施工图模块是 PKPM 设计系统的主要组成部分之一，其主要功能是辅助用户完成上部结构各种混凝土构件的配筋设计，并绘制施工图。该模块包括梁、柱、墙、板及组合楼板、层间板等多个子模块，用于处理上部结构中最常用到的各大类构件。而基础施工图设计功能由 JCCAD 模块提供，也在本章进行介绍。施工图审查模块可对施工图中实际配筋进行校审，对工程的计算结果进行审查，最后给出审查报告。本章主要介绍利用混凝土结构施工图模块和 JCCAD 模块绘制上部结构与基础施工图的基本方法与操作步骤。

学习要点：

- 了解混凝土结构施工图模块的一般操作流程
- 掌握板、梁、柱和墙构件的施工图绘制方法
- 掌握基础施工图的绘制方法

5.1　界面环境与基本功能

5.1.1　混凝土结构施工图设计

  进入 PKPM 系列软件主菜单后，在屏幕上方的专业分类上单击"砼施工图"模块，进入图 5-1 所示的混凝土结构施工图模块。该模块分为"模板""梁""柱""墙""板""组合楼板""层间板""楼梯"和"工程量"9 个子菜单，可用于完成上部结构各类构件的施工图设计、查改，以及钢筋、混凝土工程量的汇总分析，并导出 dwg 设计图。

  施工图模块是 PKPM 软件的后处理模块，需要接力其他 PKPM 软件的计算结果进行计算。其中板施工图模块需要接力 PMCAD 模块生成的模型和荷载导算结果来完成计算；梁、柱、墙施工图模块除了需要 PMCAD 模块生成的模型与荷载外，还需要接力结构整体分析软

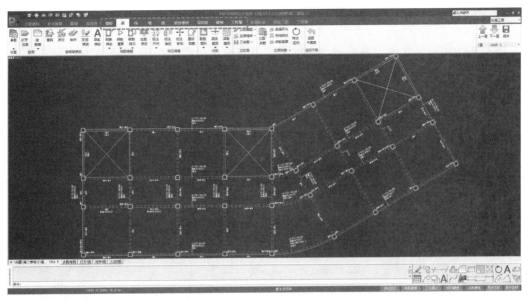

图 5-1 混凝土结构施工图设计界面

件生成的内力与配筋信息才能正确运行。施工图模块可以接力计算的结构整体分析软件包括空间有限元分析软件 SATWE 和特殊多高层计算软件 PMSAP。

5.1.2 混凝土结构施工图审查

进入 PKPM 系列软件主菜单后,在屏幕上方的专业分类上单击"砼图校审"模块,进入图 5-2 所示的混凝土结构施工图审查模块。该模块分为"梁图审查""柱图审查""墙图审查""计算结果审查"和"校审意见管理"五个子菜单,可用于完成梁、柱、墙构件与结果设计指标的校审,并生成审查报告。该模块可供设计者对施工图的自审。

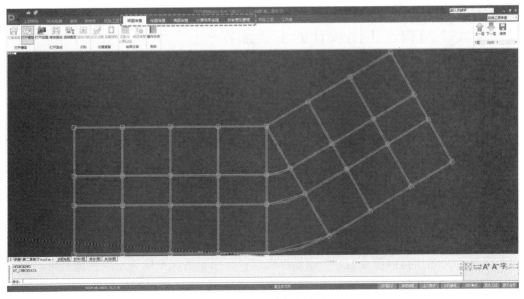

图 5-2 施工图审查界面

5.1.3　基础施工图设计

进入 PKPM 系列软件主菜单后，在屏幕上方的专业分类上单击"基础"→"施工图"命令，进入图 5-3 所示的基础施工图设计界面。基础施工图程序可承接基础建模中的构件数据绘制基础平面施工图，也可承接 JCCAD 基础计算结果绘制基础梁平法施工图、基础梁立剖面施工图、筏板施工图、基础大样图（桩承台独立基础墙下条基）、桩位平面图等。程序将基础施工图的各模块（基础平面施工图、基础梁平法、筏板、基础详图）整合在同一程序中，实现在一张施工图上绘制平面图、平法图、基础详图。

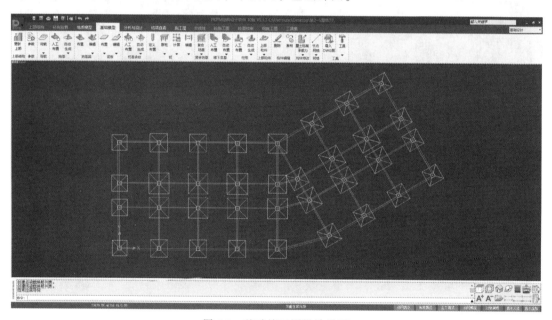

图 5-3　基础施工图设计界面

5.2　混凝土结构施工图设计的主要流程

板、梁、柱、墙模块的设计思路相似，基本都是按照划分钢筋标准层、构件分组归并、自动选筋、钢筋修改、施工图绘制、施工图修改的步骤进行操作。其中必须执行的步骤包括划分钢筋标准层、构件分组归并、自动选筋、施工图绘制，程序会自动执行这些步骤，用户可以通过修改参数控制执行过程。如果需要进行钢筋修改和施工图修改，用户可以在自动生成的数据基础上进行交互修改。

施工图设计的主要流程如图 5-4 所示，具体操作步骤如下：

（1）参数设置　绘制施工前，需首先对绘图参数和配筋参数等进行设置。参数设置结果将直接影响程序自动选筋和绘图方式。

（2）划分钢筋标准层　出施工图之前，需要划分钢筋标准层。构件布置相同、受力特点类似的数个自然层可以划分为一个钢筋标准层，每个钢筋标准层只出一张施工图。钢筋标准层是软件中引入的新概念，它与结构标准层有所区别。PM 建模时使用的标准层也称为结构标准层，它与钢筋标准层的区别主要有两点：一是在同一结构标准层内的构件布置与荷载

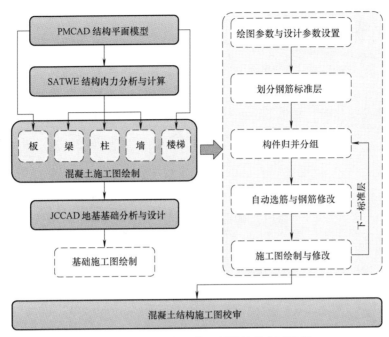

图 5-4 PKPM 混凝土施工图设计的主要流程

完全相同，而钢筋标准层不要求荷载相同，只要求构件布置完全相同；二是结构标准层只看本层构件，而钢筋标准层的划分与上层构件也有关系，如屋面层与中间层不能划分为同一钢筋标准层。板、梁、柱、墙各模块的钢筋标准层是各自独立设置的，用户可以分别修改。

（3）构件归并分组　对于几何形状相同、受力特点类似的构件，通常做法是归为一组，采用同样的配筋进行施工。这样做可以减少施工图数量，降低施工难度。各施工图模块在配筋之前都会自动执行分组归并过程，分在同一组的构件会使用相同的名称和配筋。程序已经将归并过程集成到施工图软件中。

（4）自动选筋与钢筋修改　归并完成后，程序进行自动配筋。板模块根据荷载自动计算配筋面积并给出配筋，其他模块则是根据整体分析软件提供的配筋面积进行配筋。程序选配钢筋依据国家相关标准、规范的要求，主要包括《抗规》《混规》和《高规》。

（5）施工图绘制与修改　施工图绘制是本模块的重要功能。软件提供了多种施工图表示方法，如平面整体表示法、柱/墙的列表画法、传统的立剖面图画法等。其中最主要的表示方法为平面整体表示法，软件默认输出平法图，钢筋修改等操作均在平法图上进行。软件绘制的平法图符合 11G101—1 平法图集的要求。

施工图采用 PKPM 开发的图形平台 TCAD 绘制。绘制成的施工图后缀为 .T，统一放置在工程路径的"\施工图"目录中。已经绘制好的施工图可以在各施工图模块中再次打开，重复编辑。施工图模块提供了编辑施工图时使用的各种通用命令（如图层设置、线型设置、图素编辑等）和专业命令（如构件尺寸标注、大样图绘制、层高表绘制等）。这些命令统一放置在屏幕上方的公用选项卡和工具栏中。

此外，TCAD 提供了 T 图转 AutoCAD 图的接口，可将设计图转换为后缀为 .dwg 的图形文件。

5.3 混凝土结构施工图设计

PKPM 程序统一了混凝土结构施工图的菜单布置、操作方式和界面风格。对于楼板、梁、柱、剪力墙施工图等绘制程序采用了相同的操作模式。完成结构模型的建立、结构分析后，可切换到"砼施工图"菜单下，进行混凝土结构的施工图设计。梁、柱、墙、板模块在一个集成环境下可随时切换，运行效率大大提高。

5.3.1 模板

模板菜单如图 5-5 所示，包括"设置""标注""文字""大样""绘图"和"修改"6个子菜单。其中"绘图"与"修改"功能与 PMCAD 平面建模类似，本节不再重复介绍。

图 5-5 模板菜单

1. 参数设置

参数设置主要包括线型设置、图层设置、文字设置、构件显示、菜单字体等内容。

（1）构件显示 如图 5-6 所示，该命令是控制当前施工图平面构件的显示开关，主要通过控制图层相关参数实现其功能。其中，"构件开关"选项组用来控制各构件的显示；"绘图开关"选项组用来控制构件轮廓线的画法；而"绘图开关（仅对新图有效）"选项组用来控制绘制新图时的某些选项。

（2）线型设置 如图 5-7 所示，线型设置是设置当前图面各种构件要显示的线型。线型描述中，正数表示实线段长度，负数表示空白段长度，0 表示一个点。

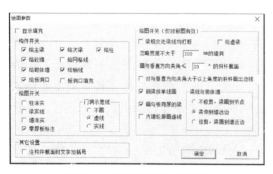

图 5-6 "绘图参数"对话框

图 5-7 "线型设置"对话框

（3）图层设置 如图 5-8 所示，该功能可用于设置各类图素的层名、层实体颜色、线型、线宽。可在对话框内直接修改，也可用 Microsoft Access 软件直接打开 *.MDB 文件进行修改。需要注意的是，不能在数据库中增加或删除表行，构件类型不能修改，否则程序可能会无法找到或识别部分参数。

图 5-8　"图层设置"对话框

（4）文字设置　如图 5-9 所示，"文字标注"选项卡页面用于设置施工图各种文字标注的高宽，是指按出图比例打印的实际尺寸；"尺寸标注"选项卡页面用于控制施工图各类尺寸标注的长度、距离大小等。

2. 施工图标注

如图 5-10 所示，施工图标注可分为轴线标注和构件标注两大类。

图 5-9　"标注设置"对话框

图 5-10　施工图标注功能菜单

（1）轴线标注

1）自动。仅对正交的且已命名的轴线才能执行自动标注，它根据用户所选择的信息自动画出轴线与总尺寸线，用户可以控制轴线标注的位置。

2）交互。交互标注轴线的主要步骤：选择需要标注的起止轴线（要求轴线必须平行，程序自动识别起止轴线间的轴线）→挑出不标注的轴线→指定标注位置→指定引出线长度。

3）逐根。可每次标注一批平行的轴线，但每根需要标注的轴线都必须单击，按屏幕提示单击轴线在平面图上的位置进行标注，标注的结果与单击轴线的顺序无关。

4）弧长。标注弧长的主要步骤：指定起止轴线（圆弧网格两端轴线）→挑出不标注的轴线→指定需要标注弧长的弧网格→指定标注位置→指定引出线长度。

5）半径。标注半径的主要步骤：指定起止轴线（圆弧网格两端轴线）→挑出不标注的轴线→指定标注位置→指定引出线长度。

（2）标注构件

1）梁尺寸。标注梁线与轴线的相对位置。移动光标至所要标注尺寸的梁（不与图上其他尺寸交叉的位置），左击，则图面上自动标注出该梁的尺寸及轴线的相对位置，继续移动光标可标注其他梁，按【ESC】键或右击退出。

2）柱尺寸。标注柱外轮廓与所在节点的相对位置，操作过程与梁尺寸标注相同。

3）墙尺寸。标注墙线与轴线的相对位置，操作过程与梁尺寸标注相同。

4）板厚。标注房间现浇板厚度，不能标注预制板。选择需要标注的房间，屏幕上将显示该房间的楼板厚度，再指定标注位置即可。

5）板洞口。标注楼板洞口与布置时所在节点的相对位置。主要步骤：选择需要标注的房间，程序自动搜索房间内的洞口，对每个洞口分别进行标注→指定标注位置→指定引出线长度。

6）墙洞口。标注墙洞口与洞口所在网格两端点的相对位置。主要步骤：选择需要标注的墙段（单个或多个相连的墙段）→指定标注位置→指定引出线长度。

7）梁截面。标注梁截面尺寸信息。移动光标至所要标注截面的梁（不与图上其他尺寸交叉的位置），左击（选择构件的同时也确定了标注位置），则图面上自动标注出该梁截面尺寸信息，继续移动光标可标注其他梁，按【ESC】键或右击退出。

8）柱截面。标注柱截面尺寸信息，标注位置在柱右下方，操作过程与梁截面标注相同。

3. 图表

图5-11所示为"图表"子菜单的主要功能。

（1）图框　用于插入标注图框，如果默认的图框图号不合适可以按【Tab】键设置图框的尺寸大小及形式。

（2）图名　标注平面图图名。图名内容由程序自动生成，主要包含楼层号及绘图比例信息，用户可指定标注位置。

（3）楼层表　在当前图面指定位置上插入工程的结构楼层层高表。由程序根据当前楼层的楼层表信息自动生成。

（4）标高　在施工图楼面位置上标注该标准层代表的若干层标高值，各标高值均由用户键盘输入（各数中间用空格或逗号分开），再移动光标单击确定这些标高在图面上的标注位置。

图5-11　"图表"子菜单

4. 大样

"大样"子菜单包括绘制梁剖面、阳台挑檐、窗台女儿墙、隔墙基础、拉梁剖面、电梯井、地沟详图和详图编辑功能。本菜单用于绘制结构图中常用的各种形式的大样图。对于不同大样，用户只需输入参数，定义大样尺寸、钢筋等，程序自动绘制大样详图，并标注截面尺寸、钢筋、剖面号和绘图比例等。下面以梁和柱大样图为例进行介绍。

（1）梁　单击"梁"命令，弹出图5-12所示对话框，可以绘制9种不同截面形式的大样图。主要表现梁翼缘、挑耳分布不同时的各种梁截面。通过设置不同的参数，还可以绘制其他6种截面类型：左花篮、右花篮、左挑耳、右挑耳、左花篮右板、左板右花篮。

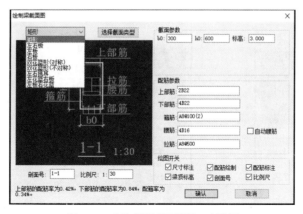

图5-12 "绘制梁截面图"对话框

1）选择截面。可通过单击下拉框和单击"选择截面类型"按钮两种方式选择。

2）截面参数。输入所选截面的截面尺寸和梁顶标高参数。

3）配筋参数。输入所选截面的配筋参数，包括上部钢筋、下部钢筋、箍筋、腰筋和拉筋。钢筋输入格式符合标准图集11G101-1标准。用户输入加号、减号等字符时应使用英文字符。上、下部钢筋支持双排筋。钢筋等级支持大小写的A、B、C、D，代表钢筋一、二、三、四级，输入时应使用半角字符。绘图时自动转为钢筋符号。选择"自动腰筋"复选按钮后，用户只需输入腰筋等级和直径，程序根据《混规》自动计算需要的腰筋个数，并实时在对话框左半部的图中示出。

4）绘图开关。可根据需要选择只画出大样图的某些部分。单击取消选中复选按钮，绘图时则不画相应的部分。

5）剖面号和比例尺。输入梁截面的剖面号和比例尺。

6）配筋率。在对话框的左下角，实时给出截面的上部筋、下部筋和整体配筋率供用户参考。

（2）柱

1）绘柱截面。单击"柱"→"绘柱截面"命令，弹出图5-13所示对话框。该命令按输入的参数绘制柱截面大样图，与工程模型无关。

2）连续柱。单击"柱"→"连续柱"命令，弹出图5-14所示对话框。该命令用于按输入的各层参数绘制柱立面及大样详图，与工程模型无关。

5.3.2 板施工图设计

板施工图绘制菜单如图5-15所示。本菜单可完成楼板平面图绘制及现浇楼板的配筋计算。以现浇板为例，其施工图设计的主要操作为：

板施工图绘制

1）选择需要绘制楼板施工图的自然层。

2）输入计算参数与绘图参数。

3）板数据前处理，编辑板厚、荷载及边界条件（若无需修改平面建模结果，此步可跳过）。

4）计算板的配筋，验算板的挠度与裂缝。

5）查看板的各项计算结果是否满足要求（若不满足回到步骤3），进行板厚等数据的修改。

6）根据计算结果绘制并查改板的配筋图。

图 5-13　"绘柱截面"对话框

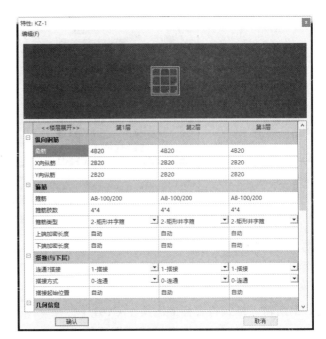

图 5-14　"连续柱"对话框

图 5-15　板施工图绘制菜单

1. 计算参数

单击"参数"→"计算参数"命令，在弹出的参数对话框内可进行计算选筋参数、板带参数和工况信息的修改。以下重点对"计算参数""配筋参数"和"钢筋级配表"页面的主要参数进行介绍。

（1）计算参数（图 5-16）

1）计算方法。可选用弹性算法或塑性算法。

2）边界条件。对于边缘梁、剪力墙、有错层楼板的支承条件可指定为按固端或简支计算。

3）根据允许裂缝自动选筋。勾选时，则程序选出的钢筋不仅满足强度计算要求，还满足允许裂缝宽度要求。

4）人防计算时板跨中弯矩折减系数。根据《人民防空地下室设计规范》第 4.10.4 条规定，当板的周边支座横向伸长受到约束时，其跨中截面的计算弯矩值可乘以折减系数 0.7。根据此条的规定，用户可设定跨中弯矩折减系数。

5）近似按矩形计算时面积相对误差。有时平面中存在非规则形状的房间，但与矩形房间很接近，如规则房间局部切去一个小角，某一条边是圆弧线（但此圆弧线接近于直线）等。对于此种情况，板的内力计算结果与规则板的计算结果很接近，可以按规则板直接计算。

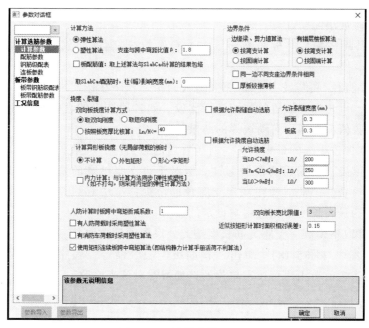

图 5-16 "计算参数"页面

（2）配筋参数（图 5-17）

1）钢筋级别。程序以字母 A~G 代表不同型号钢筋，依次对应 HPB300、HRB335、HRB400、HRB500、CRB550、HPB235、CRB600H，在图形区显示为相应的钢筋符号。

2）钢筋强度。当钢筋强度设计值为非规范指定值时，用户可指定钢筋强度设计值（N/mm²），程序计算时则取此值计算钢筋面积。

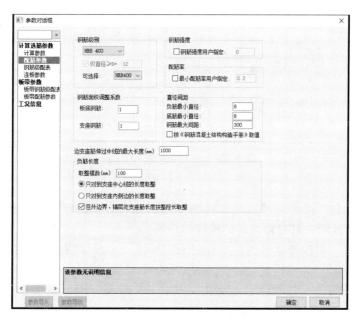

图 5-17 "配筋参数"页面

3）配筋率。当受力钢筋最小配筋率为非规范指定值时，用户可指定最小配筋率，程序计算时则取此值做最小配筋计算。

4）钢筋面积调整系数。板底钢筋放大调整系数/支座钢筋放大调整系数，程序隐含为1。

5）负筋最小直径/底筋最小直径/钢筋最大间距。程序在选实配钢筋时，首先要满足规范及构造的要求，再与用户设置的数值进行比较。如自动选出的直径小于用户设置的数值，则取用户设置的数值，否则取自动选择的结果。

6）边支座筋伸过中线的最大长度。对于普通的边支座，一般的做法是板负筋伸至支座外侧减去保护层厚度，根据需要再做弯锚。但对于边支座过宽的情况，如支座宽1000mm，可能造成钢筋的浪费，因此，程序规定支座负筋至少伸至中心线，在满足锚固长度的前提下，伸过中心线的最大长度不超过用户设定的数值。

7）负筋长度取整模数。支座负筋长度按此处设置的模数取整。

（3）钢筋级配表（图5-18）　单击"钢筋级配表"命令，程序弹出可供挑选的板钢筋级配表，程序有隐含值，用户可按本单位的选筋习惯对该表修改。

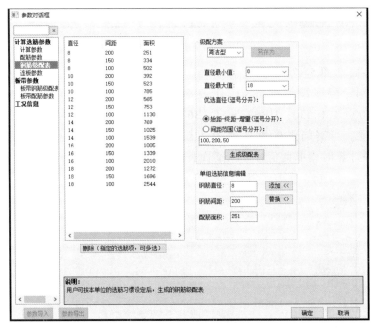

图5-18　"钢筋级配表"页面

2. 绘图参数

单击"绘图参数"命令，弹出图5-19所示对话框。需要注意，修改钢筋的设置不会对已绘制的图形进行改变，只对修改后的绘图起作用。

（1）负筋标注　可按尺寸标注，也可按文字标注，主要区别在于是否画尺寸线及尺寸界线。

（2）多跨负筋长度　选取"1/4跨长"或"1/3跨长"时，负筋长度仅与跨度有关，当选取"程序内定"时，与恒载和活载比值有关；当 $q \leqslant 3g$ 时，负筋长度取跨度的1/4；当 $q > 3g$ 时，负筋长度取跨度的1/3。其中，q 为可变荷载设计值，g 为永久荷载设计值。对于中间支座负筋，两侧长度是否统一取较大值，也可由用户指定。

（3）钢筋编号　板钢筋编号时，相同的钢筋均为同一个编号，只在其中的一根上标注钢筋信息及尺寸。不编号时，则图上的每根钢筋都没有编号，在每根钢筋上均要标注钢筋的级配及尺寸。画钢筋时，用户可指定哪类钢筋编号，哪类钢筋不编号。

（4）简化标注　钢筋采用简化标注时，对于支座负筋，当左右两侧的长度相等时，仅标注负筋的总长度。用户也可以自定义简化标注。在自定义简化标注时，当输入原始标注钢筋等级时应分别用字母 A～G 表示，如 A8@200 表示 ϕ8@200（牌号为 HPB300）。

3. 前处理

（1）数据编辑　单击"数据编辑"命令，弹出如图 5-20 所示的停靠对话框。

1）修改板厚及荷载。可在施工图阶段即时调整"结构建模"输入的楼板厚度及楼面恒活载，此调整会直接同步修改"结构建模"中的数据，修改后需回到"结构建模"重新过一遍，以正确完成荷载传导，接力计算程序。

2）修改计算模式。可将各块板的计算模式修改为"不计算""弹性计算""塑性计算"和"有限元法"四种类型。默认采用有限元法计算的板不能修改其计算模式。

3）修改保护层厚度。可分别对各块板的上部及下部保护层厚度进行修改。此处修改的保护层厚度不会保存到 PMCAD 结构平面模型中。

（2）边界条件　单击"数据编辑"命令，弹出图 5-21 所示的停靠对话框。板在计算之前，必须生成各块板的边界条件。首次生成板的边界条件按以下条件形成：

1）公共边界没有错层的支座两侧均按固定边界。

2）公共边界有错层（错层 10mm 以上）的支座两侧均按楼板配筋参数中的"错层楼板算法"设定。

3）非公共边界（边支座）且其外侧没有悬挑板布置的支座按配筋参数中"边缘梁、墙算法"设定。

4）非公共边界（边支座）且其外侧有悬挑板布置的支座按固定边界。

用户可对程序默认的边界条件（简支边界、固定边界）加以修改。表示不同的边界条件用不同的线型和颜色，红色代表固支，蓝色代表简支。板的边界条件在计算完成后可以保存，下次重新进入修改边界条件时，自动调用用户修改过的边界条件。

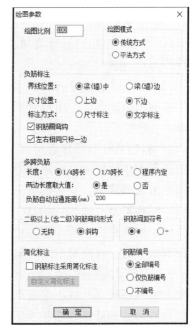

图 5-19　"绘图参数"对话框

图 5-20　"数据编辑"对话框

4. 板计算

（1）主要计算过程

1）首次对某层进行计算时，应先设置好计算参数，主要包括计算方法（弹性或塑性）、边缘梁墙、错层板的边界条件，钢筋级别等参数。设置好计算参数后，程序会自动根据相关参数生成初始边界条件，用户可根据需要再对初始边界条件进行修改。

2）自动计算时程序会对各块板逐块进行内力计算，对非矩形的凸形不规则板块，程序用边界元法计算该块板，对非矩形的凹形不规则板块，程序用有限元法计算该块板，程序自动识别板的形状类型并选相应的计算方法。对于矩形规则板块，计算方法采用用户指定的计算方法（如弹性或塑性）计算。当房间内有次梁时，程序对房间按被次梁分割的多个板块计算。

3）在计算板的内力（弯矩）以后，程序根据相应的计算参数，如钢筋级别、最小配筋率等计算出相应的钢筋计算面积。根据计算出的钢筋计算面积及钢筋级配库选取实配钢筋。对于实配钢筋，如果用户选择"按裂缝宽度调整"，则进行裂缝验算。如果验算后裂缝宽度满足要求，则实配钢筋不再重选；如果裂缝宽度不满足要求，则放大配筋面积（5%），重新选择实配钢筋再进行裂缝验算，直至满足裂缝宽度要求为止。

4）计算完成以后由程序所选出的实配钢筋，只能作为楼板设计的基本钢筋数据，与施工图中的最终钢筋数据有所不同。基本钢筋数据主要指通过内力计算确定的结果，而最终钢筋数据应以基本钢筋数据为依据，但可能由用户做过修改或者拉通（归并）等操作。如果最终的钢筋数据是经过基本钢筋数据修改调整而来，再次执行"自动计算"命令则钢筋数据又会恢复为基本钢筋数据。

（2）计算　单击"计算"命令，程序对每个房间自动完成板底和支座的配筋计算，房间就是由主梁和墙围成的闭合多边形。当房间内有次梁时，程序对房间按被次梁分割的多个板块计算。

（3）连板计算　单击"连板计算"命令，程序对用户确定的连续板进行计算。用左键选择两点，这两点所跨过的板为连续板，并沿这两点的方向进行计算，将计算结果写在板上，然后用连续板的计算结果取代单块板的计算结果。如想取消连板计算，只能重新单击"自动计算"命令。

5. 结果查改

单击"结果查改"命令，弹出图5-22所示停靠对话框，可对各项计算结果进行查询。

图5-21　"楼板边界、错层修改"对话框

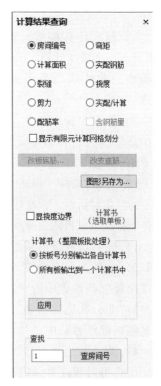

图5-22　"计算结果查询"对话框

（1）房间编号 显示各房间编号，以便查看自动计算结果。

（2）弯矩 显示板弯矩图，在平面简图上标出每根梁、次梁、墙的支座弯矩值（蓝色），以及每个房间板跨中 X 向和 Y 向弯矩值（黄色）。

（3）计算面积/实配钢筋 显示板的计算/实际配筋图，梁、墙、次梁上的值用蓝色显示，各房间板跨中的值用黄色显示。

（4）裂缝/挠度/剪力 显示现浇板的裂缝/挠度/剪力计算结果图。

（5）面积校核 可将实配钢筋面积与计算钢筋面积进行比较，以校核实配钢筋是否满足计算要求。实配钢筋与计算钢筋的比值小于 1 时，以红色显示。

（6）计算书 详细列出指定板的计算过程。计算书仅对弹性计算时的规则现浇板起作用。计算书内容包括内力、配筋、裂缝和挠度。计算以房间为单元进行并给出每个房间的计算结果。需要计算书时，首先由用户选择需给出计算书的房间，然后程序自动生成该房间的计算书。

6. 施工图

用"施工图"命令组画板钢筋之前，必须执行过"计算"命令，否则画出钢筋标注的直径和间距可能都是 0 或不能正常画出钢筋。

（1）钢筋布置 单击"钢筋布置"命令，弹出图 5-23 所示的停靠对话框。

1）自动布筋。程序根据板计算结果，自动布置钢筋，可选择自动布置全部钢筋、全部底筋或全部顶筋。

2）逐间布筋。由用户挑选有代表性的房间画出板钢筋，其余相同构造的房间可不再绘出。用户只需用光标点取房间或按【Tab】键转换为窗选方式，成批选取房间，则程序自动绘出所选间的板底钢筋和四周支座的钢筋。

3）板底 X 向/板底 Y 向。板底筋是以房间为基本单元进行布置的，用户可以选择布置板底筋的方向（X 方向或 Y 方向），然后选择需布置的房间即可。

4）支座筋。支座负筋是以梁、墙、次梁为布置的基本单元，用户选择需布置的杆件即可。

5）通长钢筋。将板底钢筋跨越房间布置，将支座钢筋在用户指定的某一范围内一次绘出或在指定的区间连通。执行"板底筋"命令，钢筋跨越房间布置，画 X 向板底钢筋时，先选择左边钢筋起始点所在的梁或墙，再选择该板底钢筋在右边终止点处的梁或墙，这

图 5-23 "钢筋布置"
对话框

时程序挑选出起点与终点跨越的各房间，并取所有房间 X 向板底钢筋的最大值统一布置，此后屏幕提示确定该钢筋画在图面上的位置，即它的 Y 坐标值，随后程序把钢筋画出。执行"支座筋"命令，选择起始和终止（起始一定在左或下方，终止在右或上方）的两个平行的墙梁支座，程序将这一范围内原有的支座筋删除，选择面积大的钢筋作为连通支座钢筋。

6）补强钢筋布置。布置方式与普通钢筋相同。需要注意，在已布置板底拉通钢筋的范围内才可以布置补强钢筋。

（2）钢筋编辑　单击"钢筋编辑"命令，弹出图 5-24 所示对话框。

1）普通钢筋编辑/平法标注编辑。对板配筋平面图上的钢筋及标注进行移动、删除或修改。

2）负筋归并。程序可对长短不等的支座负筋长度进行归并。归并长度由用户在对话框中给出。对支座左右两端挑出的长度分别归并，但程序只对挑出长度大于 300mm 的负筋才做归并处理。

3）重新编号。对各钢筋按照指定的规律重新编号。编号时可指定起始编号，选定范围和相应角度后，程序先对房间按此规律排序，对于排好序的房间按先板底再支座的顺序重新对钢筋编号。

图 5-24　"钢筋编辑"对话框

（3）房间归并　程序可对相同钢筋布置的房间进行归并。相同归并号的房间只在其中的样板间上画出详细配筋，其余只标上归并号。归并后需单击"重画钢筋"命令完成钢筋布置。

1）自动归并。程序对相同钢筋布置的房间进行归并。

2）人工归并。人为指定某些房间与另一房间归并相同。

3）定样板间。程序按归并结果选择某一房间为样板间来画钢筋详图。为了避开钢筋布置密集的情况，可人为指定样板间的位置。

（4）画钢筋表　程序自动生成钢筋表，上面会显示出所有已编号钢筋的直径、间距、级别、单根钢筋的最小长度和最大长度、根数、总长度、总重量等结果。

5.3.3　梁施工图设计

如图 5-25 所示，梁施工图菜单包括"连续梁修改""钢筋编辑""校核"等子菜单内容。梁施工图菜单的主要功能为读取计算软件 SATWE 或

梁施工图绘制

PMSAP 的计算结果，完成钢筋混凝土连续梁的配筋设计与施工图绘制。具体功能包括连续梁的生成、钢筋标准层归并、自动配筋、梁钢筋的修改与查询、梁正常使用极限状态的验算、施工图的绘制与修改等。

图 5-25　梁施工图菜单

1. 钢筋标准层

实际设计中存在若干楼层的构件布置和配筋完全相同的情况，可以用同一张施工图代表若干楼层。可以将这些楼层划分为同一钢筋标准层，程序会为各层同样位置的连续梁给出相同的名称，配置相同的钢筋。读取配筋面积时，程序会在各层同样位置的配筋面积数据中取最大值作为配筋依据。

第一次进入梁施工图时，会自动弹出对话框，要求用户调整和确认钢筋标准层的定义。程序会按结构标准层的划分状况生成默认的梁钢筋标准层。用户应根据工程实际状况，进一步将不同的结构标准层归并到同一个钢筋标准层中，只要这些结构标准层的梁截面布置相同。因为在新的钢筋标准层概念下，定义了多少个钢筋标准层，就应该画多少层的梁施工图。因此，用户应该重视钢筋标准层的定义，使它既有足够的代表性，省钢筋，又足够简洁，减少出图数量。

在施工图编辑过程中，也可以随时通过单击"参数"→"设钢筋层"命令来调整钢筋标准层的定义。调整钢筋标准层在"定义钢筋标准层"对话框中进行，如图5-26所示。左侧的定义树表示当前的钢筋层定义情况。单击任意钢筋层左侧的加号，可以查看该钢筋层包含的所有自然层。右侧的分配表表示各自然层所属的结构标准层和钢筋标准层。有两种方法可以调整自然层所属的钢筋标准层：

1）在左侧树表中将要修改的自然层拖放到需要的钢筋层中去。

2）在右侧表格中修改自然层所属的钢筋标准层。可以按住【Ctrl】或【Shift】键选中多个钢筋层进行相同修改。

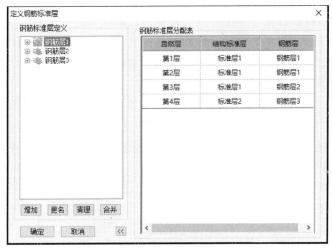

图5-26 "定义钢筋标准层"对话框

2. 连续梁修改

（1）连续梁查改 梁以连续梁为基本单位进行配筋，因此在配筋之前首先应将建模时逐网格布置的梁段串成连续梁。程序按下列标准将相邻的梁段串成连续梁：

1）两个梁段有共同的端节点。

2）两个梁段在共同端节点处的高差不大于梁高。

3）两个梁段在共同端节点处的偏心不大于梁宽。

4）两个梁段在同一直线上，即两个梁段在共同端节点处的方向角（弧梁取切线方向角）相差180°±10°。

5）直梁段与弧梁段不串成同一个连续梁。

用户可以使用"连续梁修改"子菜单中的"查找"命令查看连续梁的生成结果。如果不满意，还可以通过"拆分"或"合并"命令对连续梁的定义进行调整。

（2）支座修改　一根连续梁由几个梁跨组成。梁跨的划分对配筋会产生很大影响。在梁与梁相交的支座处，程序要做主梁或次梁的判断，在端跨时做端支撑梁或悬挑梁的判断，并根据判断情况确定是否在此处划分梁跨。程序自动划分的基本原则如下：

1）框架柱或剪力墙一定作为支座，在支座图上用三角形表示。

2）当连续梁在节点有相交梁，且在此处恒载弯矩 $M<0$（梁下部不受拉）且为峰值点时，程序认定该处为一梁支座，在支座图上用三角形表示。连续梁在此处分成两跨。否则认为连续梁在此处连通，相交梁成为该跨梁的次梁，在支座图上用圆圈表示。

3）对于端跨上挑梁的判断，当端跨内侧支承在柱或墙上，外端支承在梁支座上时，如该跨梁的恒载弯矩 $M<0$（梁下部不受拉），程序认定该跨梁为挑梁，支座图上该点用圆圈表示，否则为端支承梁，在支座图上用三角形表示。

4）PMCAD平面建模中输入的次梁与主梁相交时，主梁一定作为次梁的支座。

按此标准自动生成的梁支座可能不满足设计要求，可以使用"支座修改"命令进行调整，本程序用三角形表示梁支座，圆圈表示连梁的内部节点。对于端跨，把三角支座改为圆圈后，则端跨梁会变成挑梁；把圆圈改为三角支座后，则挑梁会变成端支撑梁。对于中间跨，如为三角支座，该处是两个连续梁跨的分界支座，梁下部钢筋将在支座处截断并锚固在支座内，并增配支座负筋；把三角支座改为圆圈后，则两个连续梁跨会合并成一跨梁，梁纵筋将在圆圈支座处连通。支座的调整只影响配筋构造，并不影响构件的内力计算和配筋面积计算。一般来说，把三角支座改为圆圈后的梁构造是偏于安全的。支座调整后，程序会重配该梁钢筋并自动更新梁的施工图。

（3）梁名修改　连续梁采用"类型前缀+序号"的规则进行命名。默认的类型前缀为：框架梁KL、非框架梁L、屋面框架梁WKL、底框梁KZL。类型前缀可以在"配筋参数"中修改。单击"修改梁名"命令，叮更改连续梁的名称。选择欲改名的连续梁，弹出的对话框内输入连续梁的新名称并单击"确定"按钮即可完成更改梁名的操作。

3. 选筋参数与自动配筋

梁施工图模块自动配筋的基本过程：选择箍筋→选择腰筋→选择上部通长钢筋和支座负筋→其他钢筋的选择和调整。通过"参数"→"设计参数"命令进行选筋参数设置，如图5-27所示，可影响程序自动选筋的结果。

（1）选择箍筋　计算软件输出的各种箍筋计算面积，包括各截面的配箍包络面积 A_{stv}、距支座 $1.5h_0$ 处的配箍面积 A_{stm}、抗扭单肢箍筋面积 A_{stl} 等，施工图软件根据这些数据和连续梁特性选配加密区箍筋和非加密区箍筋。选配箍筋的具体过程如下：

1）确定最小箍筋直径。箍筋的最小直径根据梁的抗震等级和性质（是否框架梁）确定。根据《混规》第11.3.6条的规定，一级抗震的框架梁

纵筋选筋参数	
主筋选筋库	14,16,18,20,22,25,28,32
优选直径影响系数	0.05
下筋优选直径	25
上筋优选直径	14
至少两根通长上筋	所有梁
选主筋允许两种直径	是
架立筋直径是否与通长筋相同	否
抗扭腰筋全部计算到上下筋(保证...	否
主筋直径不宜超过柱尺寸的1/20	不考虑
不入支座下筋	不允许截断
箍筋选筋参数	
箍筋选筋库	6,8,10,12,14,16
12mm以上箍筋等级	HPB300
箍筋形式	大小套
梁是否按配有受压钢筋控制复合箍	否
箍筋肢数是否可以为单数	否
其他参数	
架立筋直径	12
最小腰筋直径	12
拉筋直径	6

图5-27　选筋参数设置

箍筋最小直径为 10mm，二、三级抗震框架梁箍筋最小直径为 8mm。根据《混规》第 9.2.9 条的规定，对四级抗震、非抗震框架梁及非框架梁，如果梁高 $h>800mm$，箍筋最小直径为 8mm，如果梁高 $h \leq 800mm$，箍筋最小直径为 6mm。如有必要，还根据 A_{st1} 对最小直径进行放大。如果抗扭单肢箍筋面积 A_{st1} 大于单根最小直径钢筋的面积，则放大最小直径，直到单根最小直径钢筋的面积大于 A_{st1} 为止。

2）确定箍筋最小肢数。最小箍筋肢数根据梁宽和最大箍筋肢距确定。根据《混规》第 11.3.8 条，一级抗震的框架梁箍筋最大肢距为 max（200，20d），二、三级抗震的框架梁箍筋最大肢距为 max（250，20d），其他梁箍筋最大肢距为 300mm，d 为箍筋的直径。程序据此计算最小肢数 $N=(b-2c)/v$，其中 b 为梁宽，c 为保护层厚度，v 为箍筋最大肢距。选筋时用最小肢数作为初始肢数，如果最小肢数为单数，则初始肢数会自动加 1，以保证自动选择的箍筋不会出现单肢箍。

3）选择加密区箍筋。在配筋参数中有箍筋选筋库，用户可以限定配箍筋时使用的钢筋直径。加密区的箍筋间距程序固定取 min（100，$h/4$），其中 h 为梁高。根据已取得的直径、肢数、间距可以计算实配箍筋面积，如果小于计算配箍面积，则放大直径。如果直径放大到选筋库中的最大值仍不满足要求，则放大箍筋肢数。

4）选择非加密区箍筋。加密区长度通常按《混规》第 11.3.6 条选取。一级抗震框架梁加密区长度取 max(2h，500)，二至四级抗震框架梁加密区长度取 max(1.5h，500)。对框支、底框梁，如果上部支撑的墙上有开洞，则箍筋全长加密；否则，加密区长度取 max (0.2L_n，1.5h)，其中 L_n 为梁净跨长，h 为梁高。对非框架梁、非抗震框架梁，如果计算需要箍筋加密，则加密区长度按 max（1.5h，500）计算。非加密区箍筋计算面积取配箍包络面积在非加密区的最大值。非加密区的直径、肢距与加密区相同，间距取 2 倍加密区间距。如果实配面积小于计算面积，则减小非加密区间距，直到实配面积满足或非加密区箍筋间距等于加密区箍筋间距为止。

5）《混规》第 9.2.9 条规定，箍筋直径不得小于受压纵向钢筋直径的 0.25 倍；第 11.3.6 条规定，梁端纵向受拉钢筋配筋率大于 2% 时，箍筋最小直径应增大 2mm。程序会在选择主筋后验算这两条规定，如果不满足要求，则会放大箍筋直径，重新选择箍筋。

（2）选择腰筋

1）根据是否参与受力，腰筋分构造腰筋与抗扭腰筋两种。程序根据计算软件输出的抗扭纵筋面积是否大于 0 判断腰筋的性质并给出配筋。

2）构造腰筋的选择方法遵循《混规》第 9.2.13 条的规定，即当梁的腹板高度 $h_w \geq$ 450mm 时，在梁的两个侧面应沿高度配置纵向构造钢筋，每侧纵向构造钢筋（不包括梁上、下部受力钢筋及架立钢筋）的间距不宜大于 200mm，截面面积不应小于腹板截面面积 bh_w 的 0.1%。除此之外，程序还设置了腰筋最小直径的参数，即腰筋最小选择 12mm，用户可以自行修改。框支、底框梁的构造腰筋选择还应满足《抗规》第 7.5.8.3 条要求，即沿梁高应配置腰筋，数量不小于 2ϕ14，间距不大于 200mm。

3）抗扭腰筋的选择方法与构造腰筋基本相同，但需要注意：首先，如果需要纵筋抗扭，则一定选配至少 2 根腰筋，即不考虑 $h_w \geq$ 450mm 才配腰筋的规定；其次，如果根据构造选出的腰筋面积小于抗扭纵筋面积，程序不会增加腰筋根数或直径，而是直接将多出来的那部分抗扭纵筋面积分配到顶筋和底筋上。

4）用户可以通过"最小腰筋直径"参数控制腰筋的选择。

（3）选择纵筋

1）选择纵筋的基本原则是尽量使用优选直径，尽量不配多于两排的钢筋。如图 5-27 所示，用户可修改"下筋优选直径"和"上筋优选直径"参数。程序首先根据箍筋肢数确定最小的单排根数，根据《混规》第 9.2.1 条确定最大的单排根数（钢筋直径假定为主筋优选直径），然后用计算配筋面积除以优选直径的面积得到优选钢筋根数。

2）如果优选钢筋根数大于最小单排根数且小于等于 2 倍最大单排根数，则选筋完毕；如果优选钢筋根数过小（小于等于最小单排根数），说明计算配筋面积小，需要减小钢筋直径；如果优选钢筋根数过大（大于 2 倍最大单排根数），说明计算配筋面积大，需要增大钢筋直径；如果使用主筋选筋库中的最大直径仍然不能满足计算配筋面积，说明计算配筋面积过大，两排配筋已经不能满足要求，则将钢筋直径固定为最大直径，增大钢筋根数直到满足要求。

（4）选择通长筋与支座负筋　根据一般的施工习惯，梁的上部钢筋在支座是连通的，且有部分上筋是通长延伸多跨。因此梁上部钢筋并不是分跨选配，而需要考虑整根连续梁的情况。考虑到连续梁各跨可能出现偏心、高差、截面尺寸不同等情况，并不是每个支座处的左右负筋都能够连通。程序在自动配筋时，首先找到有上述情况的支座进行分段，将上筋分成一段一段进行配筋。如果连续梁中没有上述情况，则整根连续梁作为一段进行配筋。分好段后，对每段梁按下列四步进行配筋：

1）选择钢筋直径。由于每段梁的上筋都至少有一部分是连通各跨的，所以各跨支座配筋都应该使用统一的直径。程序的做法是将整段梁的各个支座都配一遍钢筋，然后在所有支座配筋中选择直径最大的作为此段梁上钢筋使用的统一直径。

2）根据统一的直径计算配筋面积反算各支座需要的钢筋根数。

3）根据配筋包络图及相关构造要求确定各跨需要连通的钢筋根数，配出跨中通长钢筋。

4）调整支座负筋直径。如果将支座负筋的某几根钢筋直径减小仍能满足配筋面积要求，则使用较小直径的钢筋以减少实配钢筋量。出于受力合理的考虑，减小的钢筋直径与初选钢筋直径的差异不会大于 5mm。如果参数"选主筋允许两种直径"选择了"否"，则此步跳过不做。

一、二抗震等级框架梁，《混规》第 11.3.7 条规定通长纵筋面积不应少于梁两端支座负筋较大截面面积的 1/4。程序执行此项规定。

（5）其他钢筋

1）纵筋、箍筋和腰筋构成了梁的主体骨架，除这些钢筋外，梁中还包含架立筋、腰筋拉结筋等其他构造钢筋。对于这些钢筋程序也会给出自动配筋结果。

2）架立筋根数应该等于箍筋肢数减去通长负筋的根数。因此通长筋和箍筋确定后，架立筋的根数就确定了，故只需选择架立筋直径。《混规》第 9.2.6 条规定，梁内架立筋的直径，当梁跨度小于 4m 时，不宜小于 8mm，当梁跨度 4~6m 时，不宜小于 10mm，当梁跨度大于 6m 时，不宜小于 12mm。为了方便绘图和施工，将"架立筋直径"作为参数提供给用户，如果用户选择"按混规 9.2.6 计算"，则不同梁跨会选出不同直径的架立筋。

4．钢筋编辑

"钢筋编辑"子菜单可对程序自动配筋结果进行查看与修改，主要功能如下：

（1）钢筋修改

1）单跨修改。主要用于单跨梁各种配筋标注信息的修改。单击"钢筋修改"→"单跨修改"命令，按屏幕提示选择要进行修改的梁跨，弹出图5-28所示对话框，可对该跨梁的各项参数进行调整。

2）成批修改。用于一次性修改多个梁跨的配筋，单击"钢筋修改"→"成批修改"命令，按屏幕提示依次选择要进行修改的梁跨，然后按【Esc】键结束选择后，弹出图5-29所示对话框，可对这几跨梁的各项参数进行统一调整。

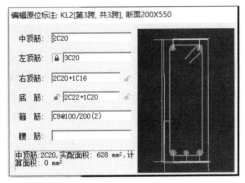

图5-28 "单跨修改"对话框

图5-29 "成批修改"对话框

（2）钢筋重算

1）全部重算。在保持连续梁归并结果不变的基础上，使用自动选筋程序重新选筋并标注。

2）重新归并。重新归并本层连续梁并重新计算所有钢筋。

（3）钢筋拷贝 将梁跨的配筋复制给其他梁跨。单击"钢筋拷贝"→"单跨拷贝"命令，根据屏幕提示，首先选择作为数据源的梁跨，然后选择作为复制目标的梁跨即可完成钢筋拷贝。

5．裂缝与挠度验算

梁裂缝与挠度验算功能位于校核子菜单内。其主要功能如下：自动按相关规范与标准完成挠度与裂缝验算；生成裂缝与挠度计算书；图形显示裂缝图与挠度图。

此外，通过设置"参数"→"设计参数"的"裂缝挠度计算参数"选项卡可设定是否根据裂缝选择纵筋，如图5-30所示。选择"根据裂缝选筋"，则程序在选完主筋后会计算相应位置的裂缝（下筋验算跨中下表面裂缝，支座筋验算支座处裂缝）。如果所得裂缝大于允许裂缝宽度，则将计算面积放大1.1倍重新选筋。重复放大面积、选筋、验算裂缝的过程，直到裂缝满足要求或选筋面积放大10倍为止。

需要注意的是，通过增大配筋面积减小裂缝宽度的效果较差，通常钢筋面积增大很多裂

图5-30 裂缝、挠度计算参数设置

缝才能下降一点。其他方法，如增大梁高或增大保护层厚度则可以比较快速地减小裂缝宽度。因此，对比较关心钢筋用量的工程，不应该完全依赖程序自动增加钢筋的方法减小裂缝，应该尽量通过合理的截面设计使裂缝满足限值要求。

6. 施工图绘制

（1）文件管理

1）所有模块的施工图均放在"工程目录/施工图"路径下，其中"工程目录"是当前工程所在的具体路径。梁平法施工图的默认名称为 PL * . T，其中的星号"*"代表具体的自然层号。每次进入软件或切换楼层时，系统会在施工图目录下搜寻相应的默认名称的 T 图文件。如果找到，则打开旧图继续编辑；如果没有找到，则生成已默认名称命名的 T 图文件。

2）如果模型已经更改或经过重新计算，原有的旧图可能与原图不符，这时就需要重新绘制一张新图。"绘新图"命令即实现此功能。如果选择"重新选筋并绘制新图"，则系统会删除本层所有已有数据，重新归并选筋后重新绘图，此选项比较适合模型更改或重新进行有限元分析后的施工图更新。如果选择"使用已有配筋结果绘制新图"，则系统只删除施工图目录中本层的施工图，然后重新绘图。绘图时使用数据库中保存的钢筋数据，不会重新选筋归并。此选项适合模型和分析数据没变，但是钢筋标注和尺寸标注的修改比较混乱，需要重新出图的情况。

（2）平法施工图　平面整体表示法施工图，简称平法图，是梁施工图中最常用的标准表示方法。如图 5-31 所示，程序绘制的平法施工图符合图集 11G101—1《混凝土结构施工图平面整体表示方法制图规则和构造详图》。主要方法为：采用平面注写方式，分别在不同编号的梁中各选一根梁，在其上使用集中标注和原位标注，注写其截面尺寸和配筋具体数值。

（3）立剖面图　立剖面图表示法是传统的施工图表示法。立剖面图中所有钢筋均使用多义线图素 PLINE 命令一笔绘制完成，钢筋弯折处也按照实际的弯折半径绘制圆弧，这样可使绘制的图面更加美观规范，也方便用户对施工图进行修改。

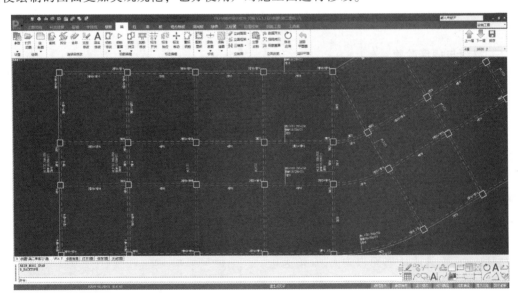

图 5-31　梁平法施工图

绘制立剖面图的具体方法是单击"立剖面图"命令,选择需要出图的连续梁,程序会标示将要出图的梁,同时用虚线标出所有归并结果相同并要出图的梁。一次可以选择多根连续梁出图,所选的连续梁均会在同一张图上输出。由于出图时图幅的限制,一次选梁不宜过多;否则,布置图面时程序将会把立面图或剖面图布置到图面外。选好梁后,右击或按【Esc】键结束选择。接下来程序会要求输入绘图参数。参数定义完毕后程序自动绘制立剖面图。立剖面图的默认保存路径是施工图目录,如果一次选择多根连续梁,则默认的文件名是 LLM.T,如果一次选择一根连续梁,将用连续梁的名字作为默认的图名。路径和图名都可以修改,用户按程序提示输入图名,然后程序会自动绘制出施工图。如图 5-32 所示为某三跨连续梁的剖面图。

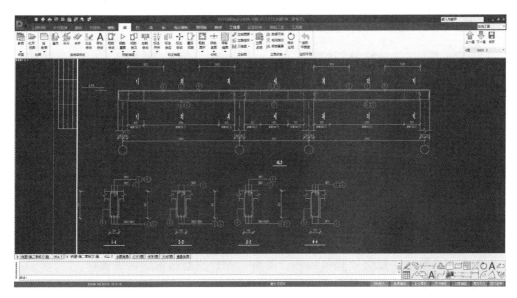

图 5-32 梁剖面图

(4)三维图绘制 与立剖面图相比,三维图更能直观地体现各构件的空间位置及钢筋的构造特点与摆放情况。程序新增了三维图绘制方法,便于用户直观地判断钢筋构造是否合理。

5.3.4 柱施工图设计

柱施工图菜单如图 5-33 所示。各子菜单按照工程人员绘制施工图的一般顺序排列。绘制柱施工图时,一般需要先进行参数设置和钢筋标准层设置,然后进行归并计算,再绘制新图并根据需要对钢筋进行修改,最后绘制柱表或按照平法出图。

柱施工图绘制

图 5-33 柱施工图菜单

1. 设计参数

单击"参数"→"设计参数"命令进入"参数修改"对话框。柱筋参数包括图面布置、绘图参数、选筋归并参数及选筋库。

（1）图面布置 图面布置参数设置如图5-34所示。

1）平面图比例。设置当前图出图打印时的比例，设定不同的平面图比例，当前图面的文字标注、尺寸标注等的大小会有所不同。

2）剖面图比例。用于控制柱剖面详图的绘制比例。

3）施工图表示方法。用于进行施工图表示方法的选择，有7种施工图绘制方法。

4）生成图形时考虑文字避让。施工图绘制方式采用"平法原位截面标注方式"时可以自动考虑图面上的其他图素，可减少文字标注与其他图素打架现象的出现。

（2）绘图参数 绘图参数设置如图5-35所示。

图面布置	
图纸号	1号
图纸放置方式	1-横放
图纸加长(mm)	0
图纸加宽(mm)	0
平面图比例	100
剖面图比例	50
施工图表示方法	7-广东柱表
生成图形时考虑文字避让	0-不考虑

图5-34 图面布置参数设置

绘图参数	
图名前缀	ZPF
钢[图名前缀]	@
箍筋拐角形状	1-直角
纵筋长度取整精度(mm)	5
箍筋长度取整精度(mm)	5
弯钩直段示意长度(mm)	0.0
图层设置...	设置...

图5-35 绘图参数设置

1）文字标注形式。提供"西文"和"中文"两种标注形式供选择。

2）钢筋间距符号。提供"@"和"-"两种间距符号供选择。

3）箍筋拐角形状。提供"直角"和"圆角"两种箍筋拐角形状供选择。

4）纵筋长度取整精度。纵筋长度取整精度默认值为5mm，可以修改。

5）箍筋长度取整精度。箍筋长度取整精度默认值为5mm，可以修改。

（3）选筋归并参数 选筋归并参数设置如图5-36所示。

1）配筋计算结果。下拉菜单会列出当前工程计算分析时采用过的所有计算程序（SATWE、PMSAP）选项，用户可以选择不同的配筋计算结果进行归并选筋，程序默认的计算结果采用当前子目录中最新的一次计算分析结果。

2）内力计算结果。单击右侧按钮弹出内力计算结果选择对话框，用户可以选择当前工程计算分析采用过的计算程序（SATWE、PMSAP）作为内力计算结果进行双偏压验算。

3）连续柱归并编号方式。程序提供按全楼归并编号和按钢筋标准层归并编号两种方式。

4）归并系数。归并系数是对不同连续柱做归并的一个系数，主要指两根连续柱之间所有层柱的实配钢筋（主要指纵筋，每层有上、下两个截面）

选筋归并参数	
配筋计算结果	1-SATWE
内力计算结果	SATWE
连续柱归并编号方式	1-全楼归并编号
归并系数	0.100
主筋放大系数	1.00
箍筋放大系数	1.00
柱名称前缀	KZ-
箍筋形式	2-矩形井字箍
矩形柱是否采用多螺箍筋形式...	☐ 采用多螺箍筋形式
连接形式	8-对焊
是否考虑节点箍筋	0-不考虑
是否考虑上层柱下端配筋面积	0-不考虑
是否包括边框柱配筋	1-包 括
归并是否考虑柱偏心	1-考 虑
每个截面是否只选一种直径的纵筋	0-否
设归并钢筋标准层...	1,2,3,4

图5-36 选筋归并参数设置

占全部纵筋的比例。该值的范围 0~1。如果该系数为 0，则要求编号相同的一组柱所有的实配钢筋数据完全相同。如果归并系数取 1，则只要几何条件相同的柱就会被归并为相同编号。

5）主筋放大系数。只能输入 ≥1.0 的数，如果输入的系数 <1.0，程序自动取为 1.0。程序在选择纵筋时，会把读到的计算配筋面积乘以放大系数后再进行实配钢筋的选取。

6）箍筋放大系数。只能输入 ≥1.0 的数，如果输入的系数 <1.0，程序自动取为 1.0。程序在选择箍筋时，会把读到的计算配筋面积乘以放大系数后再进行实配箍筋的选取。

7）柱名称前缀。程序默认的名称前缀为 KZ-，用户可以根据施工图的具体情况修改。

8）箍筋形式。矩形截面柱共有 4 种箍筋形式供用户选择，默认的是矩形井字箍。其他非矩形、圆形的异形截面柱这里的选择不起作用，程序将自动判断应该采取的箍筋形式，一般多为矩形箍和拉筋井字箍。

9）矩形柱是否采用多螺箍筋形式。当勾选时，表示矩形柱按照多螺箍筋的形式配置箍筋。

10）连接形式。提供 11 种连接形式，用于立面画法中表现相邻层纵向钢筋之间的连接关系。

11）是否考虑节点箍筋。因节点箍筋的作用与柱端箍筋不同，程序提供考虑和不考虑两种选项。

12）是否包括边框柱配筋。可以控制在柱施工图中是否包括剪力墙边框柱的配筋，如果不包括，则剪力墙边框柱就不参加归并及施工图的绘制，边框柱应该在剪力墙施工图程序中进行设计；如果包括边框柱配筋，则程序读取的计算配筋包括与柱相连的边缘构件配筋，应用时应注意。

13）归并是否考虑柱偏心。若选择"考虑"，则归并时偏心信息不同的柱会归并为不同的柱。

14）每个截面是否只选一种直径的纵筋。如果需要每个不同编号的柱子只有一种直径的纵筋，选择"是"选项。

15）设归并钢筋标准层。可以设定归并钢筋标准层。程序默认的钢筋标准层数与结构标准层数一致。设置的钢筋标准层越多，需要画的图就越多。但设置的钢筋标准层少时，由于程序将一个钢筋标准层内所有各层柱的实配钢筋归并取大，可能会造成钢筋量偏大。将多个结构标准层归为一个钢筋标准层时，应注意这多个结构标准层中的柱截面布置应该相同，否则程序将提示"不能够将这多个结构标准层归并为同一钢筋标准层"。

（4）选筋库 选筋库设置如图 5-37 所示。

1）是否考虑优选钢筋直径。如果选择"是"，程序可以根据用户在"纵筋库"和"箍筋库"中输入的数据顺序优先选用排在前面的钢筋直径进行配筋。

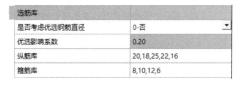

图 5-37 选筋库设置

2）优选影响系数。与归并系数类似，用户可以根据需要设定。

3）纵筋库。用户可以根据工程的实际情况，设定允许选用的钢筋直径，程序可以根据用户输入的数据顺序优先选用排在前面的钢筋直径，如 20，18，25，16，…，20mm 就是程序最优先考虑的钢筋直径。

4）箍筋库。用户可以设定允许选用的箍筋直径，程序可以根据用户输入的数据顺序优先选用排在前面的箍筋直径。如设置为 8，10，12，6，14 时，8mm 就是程序最优先考虑的箍筋直径。

此外，归并参数修改后，程序会自动提示用户是否重新执行"归并"命令。由于重新归并后配筋将有变化，程序将刷新当前层图形，钢筋标注内容将按照程序默认的位置重新标注。而参数修改如果只修改了"绘图参数"（如比例、画法等），用户应执行"绘新图"命令刷新当前层图形，以便修改生效。

2．设钢筋层

与梁中"设钢筋层"的含义和操作方式是相同的，用户根据需要将配筋相近的自然层指定为同一个钢筋层。

3．柱归并

根据参数修改中设定的归并系数自动实现全楼柱配筋的合并过程。程序归并选筋时，自动根据用户设定的各种归并参数，并参照相应的规范条文对整个工程的柱进行归并选筋。程序选筋时，满足以下规范条文的规定：

（1）柱纵筋最大允许间距 《混规》第 9.3.1.5 条，在偏心受压柱中，垂直于弯矩作用平面的侧面上的纵向受力钢筋及轴心受压柱中各边的纵向受力钢筋，其中距不宜大于300mm。《混规》第 11.4.13 条，截面尺寸大于 400mm 的柱，纵向钢筋的间距不宜大于200mm。《抗规》第 6.3.8.2 条，截面尺寸大于 400mm 的柱，纵向钢筋的间距不宜大于200mm。程序自动选筋时采取的纵向钢筋间距范围是 100～200mm。

（2）纵筋钢筋的面积

1）《混规》第 11.4.12.1 条规定，框架柱和框支柱中全部纵向受力钢筋的配筋百分率不应小于表 5-1 的数值，同时每一侧的配筋百分率不应小于 0.2；对Ⅳ类场地上较高的高层建筑，最小配筋百分率应按表中数值增加 0.1 采用。

表 5-1　柱全部纵向受力钢筋最小配筋百分率（%）

柱类型	抗震等级			
	一级	二级	三级	四级
框架中柱、边柱	0.9	0.7	0.6	0.5
框架角柱、框支柱	1.1	0.9	0.8	0.7

注：1. 采用 335MPa 级、400MPa 级纵向受力钢筋时，应分别按表中数值增加 0.1 和 0.05 采用。
　　2. 当混凝土强度等级为 C60 及以上时，应按表中数值加 0.1 采用。
　　3. 对框架结构，应按表中数值增加 0.1 采用。

2）《混凝土异形柱结构技术规程》（JGJ 149—2006）第 6.2.5 条规定，异形柱全部纵向受力钢筋的最小配筋百分率不应小于表 5-2 的数值。

表 5-2　异型柱全部纵向受力钢筋的最小配筋百分率（%）

柱类型	抗震等级			
	二级	三级	四级	非抗震
中柱、边柱	0.8	0.8	0.8	0.8
角柱	1.0	0.9	0.8	0.8

注：采用 HRB400 钢筋时，全部纵向受力钢筋的最小配筋百分率应允许按表中数值减小 0.1，但调整后的数值不应小于 0.8。

3）程序自动选筋时，全截面配筋率按照上述规定执行，矩形柱单边配筋不小于0.2，除了异形柱规程规定的异形柱外的其他截面类型的异形柱，全截面配筋率也按异形柱规程的有关规定执行。

（3）箍筋直径和箍筋间距

1）《混规》第11.4.12.2条规定，框架柱和框支柱上、下两端箍筋应加密，加密区的箍筋最大间距和箍筋最小直径应符合表5-3的要求。

表5-3　柱端箍筋加密区的构造要求

抗震等级	抗震等级箍筋最大间距/mm	箍筋最小直径/mm
一级	纵向钢筋直径的6倍和100中的较小值	10
二级	纵向钢筋直径的8倍和100中的较小值	8
三级	纵向钢筋直径的8倍和150(柱根100)中的较小值	8
四级	纵向钢筋直径的8倍和150(柱根100)中的较小值	6(柱根8)

2）《混规》第11.4.12.3条规定，框支柱和剪跨比不大于2的框架柱应在柱全高范围内加密箍筋，且箍筋间距应符合本条第2款一级抗震等级要求。

3）《混规》11.4.14条规定，框架柱的箍筋加密区长度，应取柱截面长边尺寸（或圆形截面直径）、柱净高的1/6和500mm中的最大值。一、二级抗震等级的角柱应沿柱全高加密箍筋。程序自动选筋时，柱长度自动取PMCAD建模中输入的长度。

（4）箍筋肢距和肢数

1）《混规》第11.4.15条规定，柱箍筋加密区内的箍筋肢距，一级抗震等级不宜大于200mm；二、三级抗震等级不宜大于250mm和20倍箍筋直径中的较大值；四级抗震等级不宜大于300mm。此外，每隔一根纵向钢筋宜在两个方向有箍筋或拉筋约束；采用拉筋时，拉筋宜紧靠纵向钢筋并勾住封闭箍筋。

2）《混凝土异形柱结构技术规程》（JGJ 149—2006）第6.2.11条规定，异形柱箍筋加密区箍筋的肢距，二、三级抗震等级不宜大于200mm，四级抗震等级不宜大于250mm。此外，每隔一根纵向钢筋宜在两个方向均有箍筋或拉筋约束。

程序自动选筋时，矩形柱除按上述规定执行外，并保证每间隔一根纵向钢筋有一道箍筋。圆柱按三肢箍计算箍筋的直径及间距。T形、L形截面柱，按异形柱规程有关规定执行，并保证柱肢上每根纵筋在两个方向上均有箍筋或拉筋约束。其他截面类型的柱，按双肢箍计算箍筋的直径及间距。

（5）圆柱纵向钢筋根数　《混规》第9.3.1条规定，纵向受力钢筋的直径不宜小于12mm，全部纵向钢筋的配筋率不宜大于5%；圆柱中纵向钢筋宜沿周边均匀布置，根数不宜少于8根，且不应少于6根。程序自动选筋时对圆柱纵筋选择的最少根数为8根。

（6）钢筋的锚固

1）受拉钢筋的锚固长度按照《混规》第8.3.1条规定采用。

2）纵向受拉普通钢筋的锚固长度修正系数按照《混规》第8.3.2条规定：当带肋钢筋的直径大于25mm时，其锚固长度应乘以修正系数1.1；当钢筋在锚固区的混凝土保护层厚度大于钢筋直径的3倍且配有箍筋时，其锚固长度可乘以修正系数0.8。

3）考虑抗震要求的纵向受拉钢筋抗震锚固长度按《混规》第11.1.7条取用。

（7）框架顶层边柱节点构造　依据《混规》第11.6.7条相关规定配筋，用户可以选用柱筋伸入梁方式或梁筋伸入柱方式。

（8）上下柱钢筋面积的考虑　当"设计参数"中的选项"是否考虑上层柱下端配筋面积"选择"考虑"，每根柱确定配筋面积时，选用本柱下截面配筋面积、上截面配筋面积和上柱下截面配筋面积中的最大值。

4. 柱施工图

（1）平法原位截面注写　如图5-38所示，平法原位截面注写参照图集11G101—1《混凝土结构施工图平面整体表示方法制图规则和构造详图》，分别在同一个编号的柱中选择其中一个截面，用比平面图放大的比例在该截面上直接注写截面尺寸、具体配筋数值的方式来表达柱配筋。

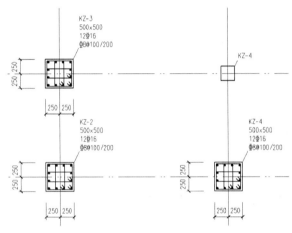

图 5-38　平法原位截面注写

（2）平法集中截面注写　如图5-39所示，平法集中截面注写参照图集11G101—1《混凝土结构施工图平面整体表示方法制图规则和构造详图》，在平面图上原位标注归并的柱号和定位尺寸，截面详图在图面上集中绘制。

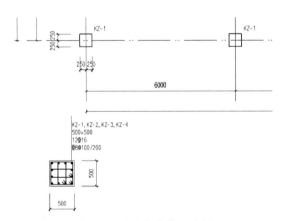

图 5-39　平法集中截面注写

（3）平法列表注写　如图5-40所示，平法列表注写参照图集11G101—1《混凝土结构施工图平面整体表示方法制图规则和构造详图》。此标注方式由平面图和表格组成，表格中注写每一种归并截面柱的配筋结果，包括该柱各钢筋标准层的结果，注写了它的标高范围、尺寸、偏心、角筋、纵筋、箍筋等。程序还增加了 L 形、T 形和十字形截面的表示方法。

箍筋类型1.(m×n)　箍筋类型2.　箍筋类型3.　箍筋类型4.　箍筋类型5.　箍筋类型6.　箍筋类型7.　箍筋类型8.　箍筋类型9.　箍筋类型10.

柱号	标高	b×h(bi xhi)(圆柱直径D)	b1	b2	h1	h2	全部纵筋	角筋	b边一侧中部筋	h边一侧中部筋	箍筋类型号	箍筋	备注
KZ-1	0.000~3.600	500×500	250	250	250	250		4Φ16	3Φ16	2Φ18	1.(4x4)	Φ8@100/200	
	3.600~14.400	500×500	250	250	250	250	12Φ16				1.(4x4)	Φ8@100/200	
KZ-2	0.000~3.600	500×500	250	250	250	250		4Φ18	3Φ18	2Φ16	1.(3x4)	Φ8@100/200	
	3.600~7.200	500×500	250	250	250	250		4Φ18	3Φ16	2Φ16	1.(3x4)	Φ8@100/200	
	7.200~14.400	500×500	250	250	250	250	12Φ16				1.(4x4)	Φ8@100/200	
KZ-3	0.000~3.600	500×500	250	250	250	250		4Φ18	3Φ18	2Φ18	1.(3x4)	Φ8@100/200	
	3.600~7.200	500×500	250	250	250	250		4Φ18	2Φ16	2Φ16	1.(4x4)	Φ8@100/200	
	7.200~14.400	500×500	250	250	250	250	12Φ16				1.(4x4)	Φ8@100/200	
KZ-4	0.000~3.600	500×500	250	250	250	250	12Φ16				1.(4x4)	Φ8@100/200	
	3.600~7.200	500×500	250	250	250	250		4Φ18	2Φ16	2Φ16	1.(4x4)	Φ8@100/200	
	7.200~14.400	500×500	250	250	250	250	12Φ16				1.(4x4)	Φ8@100/200	

图 5-40　平法列表注写

（4）PKPM 原位截面注写　如图 5-41 所示，将传统的柱剖面详图和平法截面注写方式结合起来，在同一个编号的柱中选择其中一个截面，用比平面图放大的比例直接在平面图上柱原位放大绘制详图。

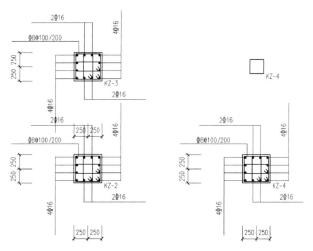

图 5-41　PKPM 原位截面注写

（5）PKPM 集中截面注写　如图 5-42 所示，在平面图上柱原位只标注柱编号和柱与轴线的定位尺寸，并将当前层的各柱剖面人样集中起来绘制在平面图侧方，图样看起来简洁，并便于柱详图与平面图的相互对照。

（6）PKPM 剖面列表　如图 5-43 所示，将柱剖面大样画在表格中排列出图。表格中每个竖向列是一根纵向连续柱各钢筋标准层的剖面大样图，横向各行为自下到上的各钢筋标准层内容，包括标高范围和大样。平面图上只标注柱名称。这种方法可以分别管理平面标注图和大样图，图样标注清晰。

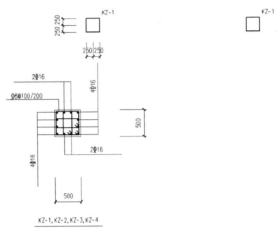

图 5-42　PKPM 集中截面注写

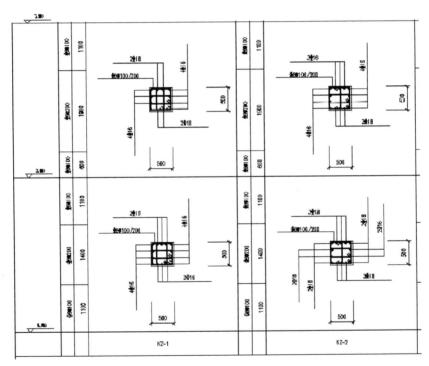

图 5-43　PKPM 剖面列表（局部）

（7）广东柱表画图方式　如图 5-44 所示是广东地区广泛采用的一种柱施工图表示方法。表中每一行数据包括了柱所在的自然层号、集和信息、纵筋信息、箍筋信息等内容，并且配以柱施工图说明，表达方式简洁明了，便于施工人员看图。

（8）传统的柱立剖面图　如图 5-45 所示，尽管平法表示法在设计院应用广泛，但仍有不少设计人员使用传统的柱立剖面图画法，因为这种表示方法直观，便于施工人员看图。这种方式需要人机交互地画出每一根柱的立面和大样。立剖面画法包含三维线框图和渲染图，能够很真实地表示出钢筋的绑扎和搭接等情况。

柱编号	层	高度或 Hj/Ho	混凝土强度等级	截面型式	BDH或直径 b,x,h,t,tz 截面尺寸	①	②	③	④	5a+5b	⑥	⑦ 竖筋	⑧⑨⑩⑪⑫ 搭筋	中部	箍筋 La 墙部	节点内	91 b边短肢 92 h边长肢 号箍筋 复合箍内箍肢数
KZ-2	3-4	3600	C30	F	500×500	2Φ16	2Φ16	2Φ16						Φ8@200	Φ8@100	600/1100	Φ8@100
	2	3600	C30	E	500×500	2Φ16	2Φ16	3Φ16						Φ8@200	Φ8@100	600/1100	Φ8@100
	1	3600	C30	E	500×500	2Φ18	2Φ16	3Φ18						Φ8@200	Φ8@100	1100	Φ8@100
	Ho		C30	E	500×500	2Φ16	2Φ16	3Φ18						Φ8@200	Φ8@100	1100	Φ8@100
	Hj						2Φ16	3Φ18									
KZ-1	2-4	3600	C30	F	500×500	2Φ16	2Φ16	2Φ16						Φ8@200	Φ8@100	600/1100	Φ8@100
	1	3600	C30	F	500×500	2Φ16	2Φ16	3Φ16						Φ8@200	Φ8@100	1100	Φ8@100
	Ho		C30	F	500×500									Φ8@200	Φ8@100	1100	Φ8@100
	Hj					2Φ16	2Φ16	3Φ16									

图 5-44 广东柱表画图方式

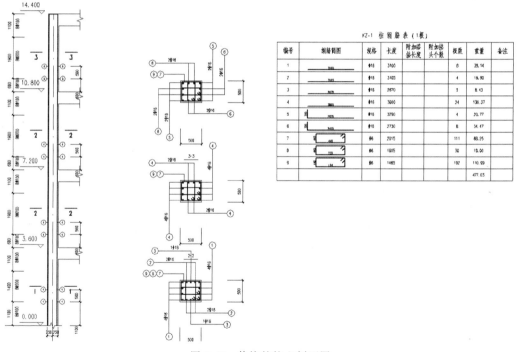

KZ-1 柱钢筋表（1根）

编号	钢筋简图	规格	长度	附加搭接长度	附加接头个数	根数	重量	备注
1		Φ18	3400			8	39.14	
2		Φ18	3425			4	19.60	
3		Φ18	3870			2	8.43	
4		Φ16	3600			24	136.37	
5		Φ18	3290			4	20.77	
6		Φ16	2730			8	34.47	
7		Φ6	2015			111	493.25	
8		Φ6	1605			30	19.00	
9		Φ6	1465			192	110.99	
							477.03	

图 5-45 传统的柱立剖面图

5. 钢筋编辑

（1）查询　快速定位柱在平面中的位置，单击"柱查询"命令，在出现的对话框中单击需要定位的柱名称，程序会用高亮闪动的方式显示查询到的柱子。

（2）柱名修改　一般情况下柱的名称是由程序自动生成的，由柱名称前缀+归并号组成，用户也可以对柱名进行修改，不同归并号的柱不能修改为相同的柱名。用户可以根据需要指定框架柱的名称，对于配筋相同的同组柱子可以同时修改柱子的名称。

（3）平法录入　可利用对话框的方式修改柱钢筋，在对话框中不仅可以修改当前层柱的钢筋，也可以修改其他层的钢筋。另外该对话框包含了该柱的其他信息，如几何信息、计算数据等。

（4）钢筋拷贝　可对不同标准层的柱配筋（纵筋、箍筋、加密区长度和搭接方式等）进行层间复制。

6. 校核

（1）计算面积　单击"配筋面积"→"计算面积"命令，平面图显示的柱配筋结果如图5-46所示。各项参数含义如下："T：669.8"表示 X（或 Y）方向柱上端纵筋面积（mm^2）；"B：669.8"表示 X（或 Y）方向柱下端纵筋面积（mm^2）；"GX（100mm）：88.0-0.0（90.0）"表示 X 方向按间距100mm计算的加密区和非加密区箍筋面积（mm^2）；"GY（100mm）：88.0-0.0（90.0）"表示 Y 方向按间距100mm计算的加密区和非加密区箍筋面积（mm^2）。

图5-46　柱计算配筋面积示例　　　　图5-47　柱实际配筋面积示例

（2）实配面积　单击"配筋面积"→"实配面积"，在平面图中显示柱的实际配筋结果，如图5-47所示。各项参数含义如下："Asx：804.2"表示 X 方向纵筋面积（mm^2）；"Asy：804.2"表示 Y 方向纵筋面积（mm^2）；"GX（100mm）：201.1-100.5"表示 X 方向加密区和非加密区的箍筋面积（mm^2）；"GY（100mm）：201.1-100.5"表示 Y 方向加密区和非加密区的箍筋面积（mm^2）。

（3）双偏压验算　用户选完柱钢筋后，可以直接执行"双偏压验算"命令，检查实配结果是否满足承载力的要求。程序验算后，对于不满足承载力要求的柱，柱截面以红色填充显示。对于不满足双偏压验算承载力要求的柱，用户可以直接修改实配钢筋，再次验算直到满足为止。

5.3.5　墙施工图设计

墙施工图设计菜单如图5-48所示，可完成剪力墙边缘构件、墙身及连梁配筋的施工图设计。

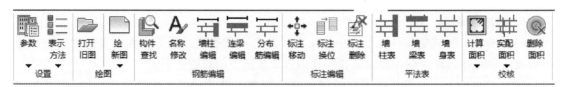

图5-48　墙施工图设计菜单

1. 设计参数

单击"参数"→"设计参数"命令，弹出的对话框内包含"显示内容""绘图设置""选

图 5-49 "显示内容"页面

筋设置""构件归并范围"和"构件名称"5 个页面。

（1）显示内容 "显示内容"页面如图 5-49 所示，可按需要选择施工图中显示的内容。

1）配筋量。平面图中是否显示指定类别的构件名称、尺寸及配筋的详细数据。

2）柱与墙的分界线。以虚线表示柱和墙之间的界线，可按绘图习惯确定是否要画此类线条。

3）涂实边缘构件。在截面注写图中，将涂实未做详细注写的各边缘构件；在平面图中则是将所有边缘构件涂实。此种涂实的结果在按"灰度矢量"打印后会比菜单中"通用→参数→构件显示→墙、柱涂黑"命令的颜色更深。

4）轴线浮动提示。对已命名的轴线在可见区域内示意轴号。

（2）绘图设置 "绘图设置"页面如图 5-50 所示，本页设置对以后画的图均有效，已画的图不受影响。

1）钢筋等级符号。程序中以矢量字体表示钢筋等级符号。

2）标注各类墙柱的统一数字编号。程序用连续编排的数字编号替代各墙柱的名称。

3）生成图形时考虑文字避让。尽量使由构件引出的文字互不重叠。

图 5-50 "绘图设置"页面

（3）选筋设置 "选筋设置"页面如图5-51所示，选筋的常用规格和间距按墙柱纵筋、墙柱箍筋、水平分布筋、竖向分布筋、墙梁纵筋、墙梁箍筋6类分别设置。程序根据计算结果选配钢筋时将按这里的设置确定所选钢筋规格。

1）"规格"和"间距"。表中列出的是选配时优先选用的数值。"纵筋"的间距由"最大值"和"最小值"限定，不用"间距"表中的数值。"箍筋"或"分布筋"间距则只用表中数值，不考虑"最大值"和"最小值"。

2）同厚墙分布筋相同。在本层的同厚墙中找计算结果最大的一段，据此配置分布筋。

3）墙柱用封闭复合内箍。墙柱内的小箍筋优先考虑使用封闭形状。现行规范对计算复合箍的体积配箍率时是否扣除重叠部分暂未做明确规定。程序中提供相应选项，由用户掌握。

4）每根墙柱纵筋均由两方向箍筋或拉筋定位。通常用于抗震等级较高的情况。如选中此选项则不再按默认的"隔一拉一"处理，而是对每根纵筋均在两方向定位。

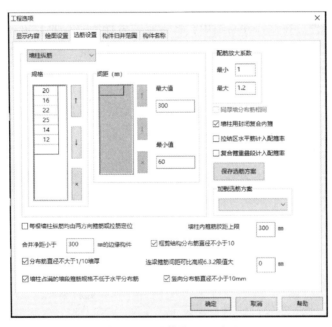

图5-51 "选筋设置"页面

（4）构件归并范围 "构件归并范围"页面如图5-52所示，同类构件的外形尺寸相同，需配钢筋面积（计算配筋和构造配筋中的较大值）差别在本页参数指定的归并范围内时，按同一编号设相同配筋。构件归并仅限于同一钢筋标准层平面范围内。一般地，不同墙钢筋标准层之间相同编号的构件配筋很可能不同。

1）洞边暗柱、拉结区的"取整长度"。常用数值为50mm，程序中考虑此项时通常将相应长度加大以达到指定取整值的整倍数。如使用默认的数值0则不考虑取整。

2）同一墙段水平、竖直分布筋规格、间距相同。程序取两个方向配筋较大值设为分布筋规格。

（5）构件名称 "构件名称"页面如图5-53所示，主要参数与选项含义如下：

1）表示构件类别的代号。默认值参照"平面整体表示法"图集设定。

2) 在名称中加注 G 或 Y 以区分构造边缘构件和约束边缘构件。选中时，标志字母将写在类别代号前面。

3) 构件名模式。选择将楼层号嵌入构件名称，即以类似于 BZ1-2 或 1BZ-2 的形式为构件命名。用户可根据自己的绘图习惯选择并设置间隔符。默认在楼层号与表示类别的代号间不加间隔符，而在编号前加"-"隔开。

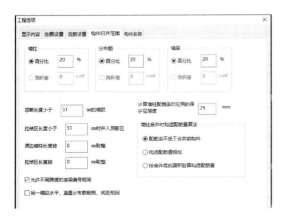

图 5-52 "构件归并范围"页面

图 5-53 "构件名称"页面

2. 设钢筋层

墙施工图程序中使用"墙钢筋标准层"的概念，以适应较复杂的工程中若干结构标准层差异不大而采用相同墙配筋的需要。

同一个钢筋标准层选钢筋时，程序将对每个构件取该钢筋标准层包含的所有楼层的同一位置构件的最大配筋计算结果。首次执行剪力墙施工图程序时，程序会按结构标准层的划分状况生成默认的墙钢筋标准层。用户可根据工程实际情况，进一步将不同的结构标准层也归并到同一个钢筋标准层中，只要这些结构标准层的墙截面布置相同。按钢筋标准层概念，定义了多少个钢筋标准层，就应该画多少层的剪力墙施工图。因此，用户应该重视钢筋标准层的定义，使它既有足够的代表性、省钢筋，又足够简洁，减少出图数量。

墙钢筋标准层的设置方法与梁柱类似，此处不再赘述。

3. 钢筋编辑

（1）墙柱编辑　暗柱、端柱、翼墙柱、转角墙等边缘构件统一称为"墙柱"，程序根据用户所确定的位置调用相应的对话框。剪力墙边缘构件的相关规定见《混规》第 11.7.17～11.7.19 条、《高规》第 7.2.15～7.2.17 条及《抗规》第 6.4.5 条。

单击"墙柱编辑"命令，按程序提示拾取所关注的构件编辑其尺寸及配筋，调出相应的对话框，如图 5-54 所示。

1）纵筋。纵筋编辑框可接受至多 6 种规格的主筋，按形如 6C25+10C20 的格式输入。为便于输入，以字母 A～G 代表不同型号钢筋，依次对应 HPB300、HRB335、HRB400、 HRB500、 CRB550、 HPB235、

图 5-54 墙柱编辑

CRB650H，在图形区显示为相应的钢筋符号。

2）附加箍筋。除墙肢外圈箍筋之外的小箍筋或拉筋。如果增加了墙肢附加箍筋，而定位这些箍筋所需的纵筋数目超过了已有根数，程序将按需要增加纵筋。

3）用封闭附加箍。当一个墙肢中的附加箍肢数不小于2时，程序将优先选用封闭箍筋，仅在附加箍筋为奇数肢时用一道拉筋。

4）显隐拉结区数据。用于在墙肢表中切换拉结区的相关内容显隐状态，仅用于在墙抗震等级为一、二级的工程中编辑约束边缘构件。

（2）连梁编辑　单击"连梁编辑"命令，按屏幕提示选择墙体后，弹出图5-55所示的对话框。程序默认将上下层洞间的高度均纳入连梁高度，上层无洞时以楼板顶面到洞顶的高度作为连梁高。如使用者对"高度"数据做过修改则以该修改结果为准。程序生成的连梁配筋总是上下对称的，使用者可以修改为连梁上下侧设置不同的纵筋。编辑单个连梁时最少需要输入名称、高度、下部纵筋、箍筋规格等信息。如果输入信息不完整，则不能单击"确定"按钮结束该对话框。

（3）分布筋编辑　单击"分布筋编辑"命令，按屏幕提示选择墙体后，弹出图5-56所示的对话框。编辑分布筋时可随时变更"输入范围"，即确定当前输入的内容影响哪些墙段。"整道"指与所选择的墙段在同一轴线上的相连各墙，"逐片"则以相交的墙为界。

图5-55　连梁编辑

图5-56　分布筋编辑

程序根据墙厚确定分布筋的排数：墙厚不大于400mm时设两排，大于400mm而不大于700mm设3排，700mm以上设4排。默认配筋排布方式是各排分布筋规格相同，可设置为"两侧不同"（分别设置最外侧两排的分布筋规格，中间各排采用"中排"规格）或"两侧相同"（最外侧的两排分布筋规格相同，中间各排采用"中排"规格）。相关规定见《高规》第7.2.3条。

4. 绘制施工图

根据钢筋标准与参数设置情况，程序读取结构内力分析与计算结果自动生成配筋平面图。墙施工图绘制可采用截面注写与列表注写两种形式，可在"表示方法"命令内设置。

（1）截面注写方式　如图5-57所示，采用截面注写方式时，程序将墙柱、墙身及连梁的配筋结果直接原位标注在结构平面图上。

（2）列表注写方式　如图5-58所示，采用列表注写方式时，程序在平面图上标注墙柱、墙身及连梁的编号，需配合"平法表"子菜单的"墙柱表""墙梁表"和"墙身表"命令，完成配筋结果的注写。

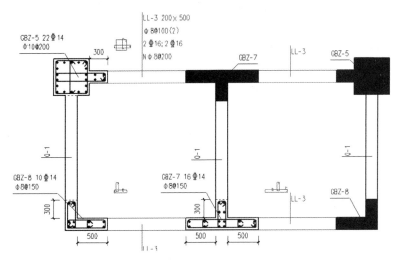

图 5-57　截面注写方式

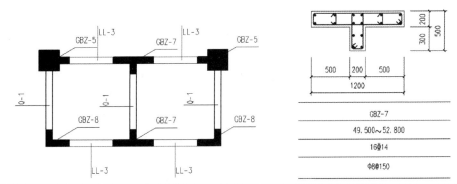

剪力墙梁表						
名称	梁顶相对标高高差	梁截面	上部纵筋	下部纵筋	侧面纵筋	箍筋
LL-1		200×1400	3Φ20	3Φ20	Φ10@200	Φ8@100(2)
LL-2		200×800	2Φ20	2Φ20	Φ10@200	Φ8@100(2)
LL-3		200×500	2Φ16	2Φ16	Φ8@200	Φ8@100(2)
未注明的墙梁侧面纵筋同所在墙身的水平分布筋						

剪力墙身表				
名称	墙厚	水平分布筋	垂直分布筋	拉筋
Q-1(2排)	200	Φ10@250	Φ10@250	Φ6@500

图 5-58　列表注写方式

5.3.6　楼梯施工图设计

楼梯施工图设计采用 LTCAD 模块，采用人机交互方式建立各层楼梯的模型，继而完成钢筋混凝土楼梯的结构计算、配筋计算及施工图绘制。LTCAD 建模可采用以下两种方式：

1）读取 PMCAD 建立的全楼结构模型，由用户挑选楼梯间所在的网格后，可把各层楼梯所在的房间、轴线布置读出，此处接力完成各层楼梯的布置。

2）在本模块内采用人机交互方式独立输入各层楼梯间的梁、柱、墙、门窗、轴线后，再输入各层楼梯布置。

新版 LTCAD 模块把所有楼梯，包括普通楼梯、悬挑楼梯、螺旋楼梯、组合螺旋楼梯集成到一个程序中，用户可以在一个环境下对所有楼梯进行相关操作。启动 PKPM，单击"砼施工图"→"楼梯"命令，即可进入楼梯施工图设计界面，其功能菜单如图 5-59 所示。楼梯设计的一般步骤为：

1）楼梯建模与调整，可由 PMCAD 结构模型直接读取或人机交互输入，主要内容包括新建或打开楼梯工程、输入楼梯总信息、建立楼梯间、输入楼梯和梯梁，以及楼梯竖向布置。

2）楼梯配筋计算与校核。

3）绘制楼梯施工图，包括楼梯平面图、立面图与配筋图等。

图 5-59　楼梯施工图设计菜单

1. 楼梯建模

（1）新建楼梯　单击"新建楼梯"命令，弹出图 5-60 所示的对话框。

1）手工输入楼梯间。选择该项时，需要输入楼梯文件名，然后采用"楼梯间"子菜单以类似 PMCAD 的方式建立一个楼梯间，具体操作步骤见下文介绍。

2）从整体模型中获取楼梯间。从 PMCAD 读取文件并建立楼梯间，程序自动搜索 PM-CAD 整体工程文件名。如果不存在整体工程或所选目录不是工作目录，程序会要求重新选择目录；如果有，则进入图 5-61 所示对话框。

用户输入楼梯文件名，确认后屏幕上显示出整体模型中用户选取的所有标准层的第一个标准层平面图，选择楼梯间所在网格，按【Tab】键可在"光标—轴线—窗口—围区"间切换选择方式。选择完毕后，程序会自动形成一个楼梯间，并且根据楼梯间所有的构件自动形成本工程的相关构件信息，在形成构件信息中会自动过滤掉楼梯间没有的构件信息。

图 5-60　"新建楼梯工程"对话框

图 5-61　"整体模型读取数据"对话框

考虑到实际工程中不同标准层的楼梯间和楼梯布置可能相同，同时在诸如地下室等楼层中可能没有布置楼梯，LTCAD针对这些情况设置了挑选原有建筑标准层的处理，设计人员通过设置楼梯起始标准层，以及选取实际的楼梯标准层进行设定，使楼梯标准层和整体模型标准层区分开来。

此外，在选取楼梯间后，所选构件周边构件残留较多，给施工图处理带来不便，可通过设置"杆件截取"来进行调整。

（2）打开楼梯 单击"打开工程"命令，弹出图5-62所示对话框。可采用以下三种方式打开楼梯工程：

1）直接输入楼梯名称。

2）单击"查找"在工作目录内查找楼梯文件。

3）勾选"上次退出时保存的楼梯工程"，程序自动搜索上次正常退出时的楼梯工程名并进入。

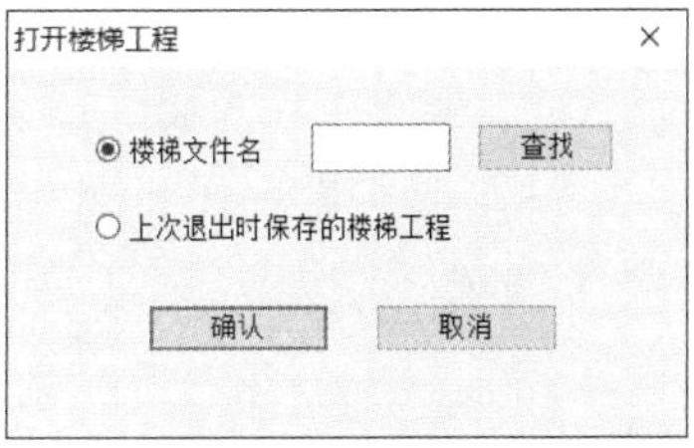

图 5-62 "打开楼梯工程"对话框

（3）楼梯总信息设置 单击"主信息"命令，弹出图5-63所示对话框，并分为"楼梯主信息一"和"楼梯主信息二"两个页面。各项参数的含义在对话框内已给出，楼梯设计时，按实际情况进行选取即可。

图 5-63 "LTCAD 参数输入"对话框

（4）建立楼梯间 可从PMCAD结构平面模型中读取，或采用人机交互方式输入。人机交互输入或调整时，采用"楼梯间"子菜单。该菜单具有"矩形梯间""本层信息""轴线""画梁线"和"删除构件"等基本功能命令。

1）矩形梯间。单击该命令，弹出图5-64所示对话框。只需要在对话框中填入上下左右各边界数据，程序即自动生成一个房间和相应轴线，快捷生成矩形楼梯间。

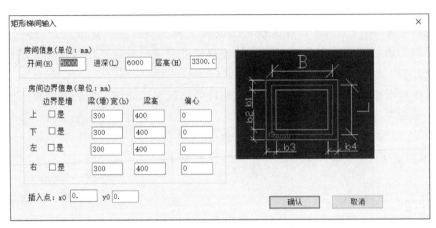

图 5-64 "矩形梯间输入"对话框

2）轴线输入。包含了输入节点、两点直线、平行直线，圆环、圆弧、三点圆弧、轴线显示、形成网点、清理网点等命令，各项功能命令的用法和 PMCAD 相似，用户可以利用以上命令形成楼梯间的轴线，并利用轴线来进行构件的定位。

3）画梁线。包括梁定义、绘连续梁、平行直梁、绘圆弧梁、两点弧梁、三点弧梁各项子菜单，可以用来画各种形状的梁，同时自动生成轴线数据。用户根据提示操作即可。

4）画墙线。与"画梁线"命令的操作与功能类似。

5）构件删除。包含了除楼梯构件外，其他建筑构件的删除功能。

6）本层信息。输入本标准层楼板厚度和层高参数，与 PMCAD 连接使用时，这两个参数都可从 PMCAD 中传递过来；采用人工建模楼梯间时需输入其值，隐含值分别为 100mm 及 3300mm，在最终楼层布置时，层高值可取标准层层高，也可以重新输入。

（5）输入楼梯　程序提供两种布置楼梯的方式。第一种是对话框方式，由菜单"对话输入"引导。它把每层的楼梯布置用参数对话框引导用户输入，对话框中是描述楼梯的各种参数，改变某一参数，楼梯布置相应修改，对话框方式限于布置比较规则的楼梯形式。对话框输入方式与 PMCAD 平面建模内输入楼梯的过程类似。第二种是鼠标布置方式，它需分别定义楼梯板、梯梁、基础等，再用鼠标布置构件在网格上。使用菜单"楼梯→梯梁→楼梯基础"完成。该方式是按网格或楼梯间进行的布置和编辑，都有专门的相反操作菜单，而不能在图编辑菜单中用 Undo 和恢复删除两项菜单处理，布置后的楼梯可以在图编辑菜单中连同网格一道进行编辑与复制。

（6）梯梁布置　梯梁指布置于楼梯间边轴线或内部的与各梯板相连的直梁段。梯梁布置时必须以楼梯板作为参照物，它自动取楼梯板上沿的高度为自己的布置高度。单跑楼梯类型也可在楼层位置的轴线上布梯梁，程序取该梯梁高为层高。程序设定每个楼梯板上可设置 1~2 道楼梯梁，梯梁的水平走向是用户人机交互用光标直接在屏幕上勾画定位的。

1）截面定义。在布置梯梁之前必须预先定义梁截面，梯梁定义与 PMCAD 中的梁定义是一致的，如这两个模块连接使用，则从 PMCAD 中传来的标准梁截面均可作为标准梯梁截面。

2）梯梁布置。首先选择一项已定义的楼梯梁或普通梁，按【Tab】键可从图中拾取数据，按【Del】键退出，然后选择梯梁所属的楼梯板，最后用光标平面定位方式确定勾画梯梁的两个端点。

3）自动布置。程序提供梯梁自动布置功能，单击该命令进入梯梁自动布置对话框，默认梯梁位置为紧挨梯板边缘。可根据实际梯梁位置进行调整，确认后梯梁会自动按照相关数据布置好。

4）梯梁删除。只提供光标方式，直接选择要删除的梯梁，确认后即可删除。

（7）竖向布置　在各标准层的平面布置完成后，利用此菜单功能可以确定各楼层所属的标准层号及层高，从而完成各层楼梯的竖向布置，还可以完成对楼层和标准层的删除和插入操作。

1）楼层布置。完成楼梯竖向布局，要求用户确定楼梯的某一具体楼层是属于哪一个标准层，其层高是多少。在已有楼层上选择，可以修改该层的层号和层高，在空白处单击可以增加一层楼。按【Del】键退出。

2）换标准层。在完成一个标准层布置后，可以用本菜单切换至另一标准层。与 PM-CAD 接力使用时，此处会先显示平面建模时已有的各标准层，但在每标准层中只包含选出的楼梯间信息。

3）删标准层。用于删除在本层布置中建立的标准层，程序列出已定义的标准层后，用光标选择要删除的标准层，程序把这一层显示出来要求确认。如果确认无误按【Enter】键，则这一标准层便被删除，同时在楼层布置中选择了这个标准层的楼层也全部删除。

4）插标准层。人工选择新增标准层的位置。在选择了一个已有标准层后，新增的标准层将插入到所选标准层之前。

5）全楼组装。用来在透视窗口观察各层楼梯布置后的整体效果。完成"楼层布置"后可进入"全楼组装"进行观察。

（8）数据检查　对输入的各项数据做合理性检查，并向 LTCAD 主菜单中的其他项传递数据。

2. 楼梯钢筋校核

完成楼梯建模后，单击菜单中的"钢筋校核"命令进入图 5-65 所示的菜单。程序可以计算平台板、楼梯板和梯梁的配筋，并提供设计计算书。程序进入时会先查找有无以前的计算或修改钢筋结果文件，如果有会提示用户是否读入该结果，用户选择不读入则程序自动全部重新计算一次，然后在屏幕上显示第一标准层第一梯跑的配筋结果图。

图 5-65　"钢筋校核"菜单

（1）梯跑选择　采用"选择梯跑"命令选择不同标准层的不同梯跑显示，或采用"上一跑""下一跑"切换梯跑，选择完毕后，屏幕上显示所选梯跑的配筋和受力图。

（2）修改钢筋　单击"对话框修改"命令，弹出图 5-66 所示对话框，可用于修改当前梯跑的所有钢筋数据，包括梯板底筋、梯分布筋、梯板负筋、平台底筋、平台负筋、梯梁纵筋、梯梁箍筋、斜梁纵筋、斜梁箍筋。

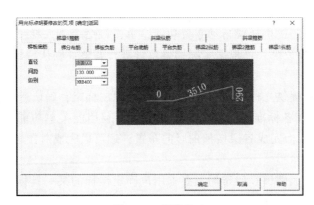

图 5-66　钢筋修改

（3）钢筋表　选择此项后，屏幕上显示经过统计和编码的所有钢筋详细列表。

（4）楼梯计算书　进入该项后，用户输入必要的工程信息，程序自动根据目前的楼梯数据生成楼梯计算书，主要内容包括荷载和受力计算、配筋计算和实配钢筋结果等。

3. 楼梯施工图

楼梯钢筋校核后，单击"施工图"命令，即可进入图 5-67 所示的菜单，其主要包含"平面图""平法绘图""立面图"和"配筋图"四个子菜单。

图 5-67　楼梯施工图菜单

（1）平面图　该功能菜单用于楼梯平面图的绘制。可通过选择标准层命令来绘制不同层的楼梯平面图。

1）绘新图。默认读取上次绘制的本层图形，如需重绘，单击此命令。

2）选择标准层。单击该命令可在对话框内选择要绘制的标准层。

3）平台钢筋。目前只能针对有平行边界的房间且楼梯间类型为一、二、三、五、六的楼梯配置平台钢筋，其余部分暂时不处理。而且如果平台板是与楼梯板连在一起的折形板（没有梯梁存在），则此项菜单后，程序提示"不存在梯梁，不设平台钢筋"。

① 修改正筋：用户单击该命令后，程序提示选择修改的正筋方向（X 和 Y 方向），然后弹出该方向正筋已有数据，用户可以修改配筋。

② 修改负筋：同修改正筋操作，只是修改钢筋数据时多了负筋连通和负筋长度的选项。

4）楼面钢筋。如果在主信息中没有设定计算楼面钢筋（默认情况），楼面处钢筋没有配置，用户可以选择重新配置或者不配置钢筋。其操作方式和平台钢筋类似，程序会自动判断寻找楼面部分及钢筋位置。

（2）平法绘图　菜单内容与操作方式和平面图相似。平法施工图把现浇混凝土板式楼梯根据不同情况分成了两大组 11 种类型，其中第一组为 AT~ET，第二组为 FT~LT。程序根据 03G101-2 图集对这 11 种类型划分的原则，针对梯梁位置、平台周边支撑等不同情况进行了区分，自动给定用户设计的楼梯类型，并按照 03G101-2 图集平法绘制楼梯的要求，按照平面注写的方式注明。其内容包括集中标注表达梯板的类型代号及序号、梯板的竖向集合尺寸和配筋，外围标注表达梯板的平面尺寸及楼梯间的平面尺寸。

（3）立面图 "立面图"子菜单如图 5-68 所示。图中只绘制出各标准层的剖面，相同标准层的各自然层高度标注在一起显示。标准梯跑的钢筋可在剖面图上绘出，单击"梯板钢筋"命令，屏幕提示"平台钢筋是否同时标注?"，程序默认标注。此后屏幕又提示"请用光标点取要标注钢筋的楼梯板"，选择楼梯板后，该梯板所配钢筋将标注在剖面图上。LTCAD 在绘制梯板钢筋时，会同时绘制梯梁钢筋。

（4）配筋图 "配筋图"子菜单如图 5-69 所示，用于完成楼梯配筋图的绘制。通过"选择梯跑"菜单或者"前一跑""后一跑"菜单来绘制不同楼梯板的配筋图。"修改钢筋"命令可修改梯板上任一种钢筋，单击确定图面上钢筋的标注位置，按屏幕提示输入新值后，即可将施工图及钢筋表中的钢筋全部修改。"梯梁立面"命令可以绘制出详细的梯梁立面图，用户单击该命令后，程序会自动在屏幕上显示梯梁立面详图。

图 5-68 "立面图"子菜单

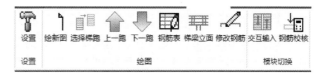

图 5-69 "配筋图"子菜单

5.4 基础施工图设计

基础施工图绘制

基础施工图菜单如图 5-70 所示。基础施工图程序可以承接基础建模程序中构件数据绘制基础平面施工图，也可以承接 JCCAD 计算程序绘制基础梁平法施工图、基础梁立剖面施工图、筏板施工图、基础大样图（桩承台独立基础墙下条基）、桩位平面图等施工图。程序将基础施工图的各个模块（基础平面施工图、基础梁平法施工图、筏板施工图、基础详图）整合在同一程序中，实现在一张施工图上绘制平面图、平法图、基础详图功能。

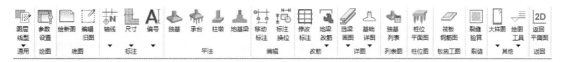

图 5-70 基础施工图菜单

（1）参数设置 用于设置施工图的绘制内容和不同类型基础的相应绘图参数，程序会自动判断基础模型里有哪些基础类型，参数设置只显示已有的基础相关参数，不包括的基础类型参数设置将不再显示相关内容。基础类型参数包括"地梁标注""独基设置""承台设置"。

（2）绘新图 用来重新绘制一张新图，如果有旧图存在，新生成的图将会覆盖旧图。

（3）编辑旧图 打开旧的基础施工图文件，程序承接上次绘图的图形信息和钢筋信息，继续完成绘图工作。

（4）标注

1）轴线。标注各类轴线（包括弧轴线）间距、总尺寸、轴线号等。

2）尺寸。对所有基础构件的尺寸与位置进行标注。

① 条基尺寸：用于标注条形基础和上面墙体的宽度，使用时只需用光标确定任意条基的任意位置，即可在该位置上标出相对于轴线的宽度。

② 柱尺寸：用于标注柱子及相对于轴线尺寸，使用时只需用光标确定任意一个柱子，光标偏向哪边，尺寸线就标在哪边。

③ 拉梁尺寸：用于标注拉梁的宽度及与轴线的关系。

④ 独基尺寸：用于标注独立基础及相对于轴线的尺寸，使用时只需用光标确定任意一个独立基础，光标偏向哪边，尺寸线就标在哪边。

⑤ 承台尺寸：用于标注桩基承台及相对于轴线的尺寸，使用时只需用光标确定任意一个桩基承台，光标偏向哪边，尺寸线就标在哪边。

⑥ 注地梁长：用于标注弹性地基梁（包括板上的肋梁）长度，使用时先用光标确定任意一个弹性地基梁，再用光标指定梁长尺寸线标注位置。

⑦ 注地梁宽：用于标注弹性地基梁（包括板上的肋梁）宽度及相对于轴线的尺寸，使用时只需用光标确定任意一根弹性地基梁的任意位置，即可在该位置上标出相对于轴线的宽度。

⑧ 标注加腋：用于标注弹性地基梁（包括板上的肋梁）对柱子的加腋线尺寸，使用时只需用光标确定任意一个周边有加腋线的柱子，光标偏向柱子哪边，就标注哪边的加腋线尺寸。

⑨ 筏板剖面：用于绘制筏板和肋梁的剖面，并标注板底标高。使用时须用光标在板上输入两点，程序即可在该处绘制出该两点切割出的剖面图。

⑩ 标注桩位：用于标注任意桩相对于轴线的位置，使用时先用多种方式（围区、窗口、轴线、直接）选取一个或多个桩，然后光标选择若干同向轴线，按【Esc】键退出后，再用光标给出画尺寸线的位置即可标出桩相对于这些轴线的位置。如轴线方向不同，可多次重复选取轴线、定尺寸线位置的步骤。

⑪ 标注墙厚：用于标注底层墙体相对轴线位置和厚度。使用时只需用光标选择任意一道墙体的任意位置，即可在该位置上标出相对于轴线的宽度。

3）编号。标注写出柱、梁、独基的编号和在墙上设置、标注预留洞口。

① "注柱编号""拉梁编号""独基编号""承台编号"这四个菜单命令分别是用于写柱子、拉梁、独基、承台编号的，使用时先用光标选择任意一个或多个目标（应在同一轴线上），然后按【Esc】键中断，再用光标拖动标注线到合适位置，写出其预先设定好的编号。

② "标注开洞"命令的功能是在底层墙体上开预留洞的。单击此命令后，在屏幕提示下先用光标选择要设洞口的墙体，然后输入洞宽和洞边距左下节点的距离。

③ "标注开洞"命令的作用是标注上个菜单画出的预留洞，使用时先用光标选择要标注的洞口，接着输入洞高和洞下边的标高，再用光标拖动标注线到合适的位置。

④ "地梁编号"命令提供自动标注和手工标注两种方式。自动标注的用途是把按弹性地

基梁元法计算后的地基连续梁编号,自动标注在各连梁上,使用时只要单击此命令,即可自动完成标注。手工标注指将用户输入的字符标注在用户指定的连梁上。

(5)平法　本菜单用于根据图集要求,分别绘制独基、承台、柱墩、地基梁的平法施工图。

(6)编辑　对施工图的标注进行移动或者换位编辑。

(7)改筋　根据图集要求,分别绘制独基、承台、柱墩、地基梁的平法施工图。

1)修改标注。单击基础平面图上的标注,在对话框内修改施工图中的标注。

2)地梁改筋。单击"地梁改筋"命令,弹出图5-71所示的下拉菜单。

① 连梁改筋:采用表格方式修改连梁钢筋。

② 单梁改筋:采用手动方式修改连梁钢筋,可以选择多个梁跨,并可只修改选中梁跨的单项钢筋。

③ 原位改筋:手动选择要修改的原位标注钢筋,然后在对话框中完成修改。

④ 附加箍筋:程序自动计算附加箍筋,并生成附加箍筋标注。

⑤ 删附加箍筋:手动选择已经标注的附加箍筋并删除钢筋。

⑥ 附箍全删:一次全部删除图中已经标注的附加箍筋。

(8)详图　用于绘制基础构件细部详图,包含"选梁画图"和"基础详图"两个命令组。

1)选梁画图。包含"参数修改""选梁画图""移动图块"和"移动标注"四个命令。

图5-71　"地梁改筋"子菜单

① 首先执行"选画梁图"命令,用户交互选择要绘制的连续梁,程序用红线标示将要出图的梁,一次选择的梁均会在同一张图上输出。由于出图时受图幅的限制,一次选择的梁不宜过多,否则布置图面时,软件将会把剖面图或立面图布置到图纸外面。选好梁后,右击或按【Esc】键,结束梁的选择。

② 单击"参数修改"命令,在弹出的对话框内可输入图纸号、立面图比例、剖面图比例等参数,程序依据这些参数进行图面布置和绘图。如果自动布置的图面不满足要求,可使用"参数修改"命令重新设定绘图参数,或使用"移动图块"和"移动标注"命令来调整各个图块和标注的位置,得到自己满意的施工图。

2)基础详图。在当前图中或新建图中添加绘制独立基础、条形基础、桩承台、桩的大样图。包含"绘图参数""插入详图""删除详图""移动详图"和"钢筋表"五个命令选项。

① 绘图参数:单击该命令后,弹出图5-72所示的对话框,可对各项详图绘制参数进行修改。

② 插入详图:单击该命令后,在选择基础详图对话框中列出应画出的所有大样名称。已画过的详图名称后面有记号"√"。用户选择某一详图后,屏幕上出现该详图的虚线轮廓,移动光标可移动该大样到图面空白位置,按【Enter】键可将该图块放在图面上。

删除/移动详图:用来将已经插入的详图从图纸中去掉或调整位置。

钢筋表:用于绘制独立基础和墙下条形基础的底板钢筋表。使用时只要用光标指定位置,程序会将所有柱下独立基础和墙下条形基础的钢筋表画在指定的位置上。

图 5-72 "绘图参数" 对话框

（9）桩位平面图 桩位平面图子菜单如图 5-73 所示，可将所有桩的位置和编号标注在单独的一张施工图上以便于施工操作。

图 5-73 桩位平面图子菜单

1）绘图参数。内容与基础平面图相同。

2）标注参数。设定标注桩位的方式。

3）参考线。控制是否显示网格线（轴线）。

4）承台名称。可按"标注参数"命令中设定的"自动"或"交互"标注方式，注写承台名称。当选择"自动"方式时，单击此命令后，程序将标注所有承台的名称；当选择"交互"标注时，单击此命令后，还要用鼠标选择要标注名称的承台和标注位置。

5）承台偏心。用于标注承台相对于轴线的偏心。

6）注群桩位。用于标注一组桩的间距以及和轴线的关系。单击此命令后，需要先选择桩，然后选择要一起标注的轴线。如果选择了轴线，则沿轴线的垂直方向标注桩间距，否则要指定标注角度。先标注一个方向后，再标注与前一个正交方向的桩间距。

7）桩位编号。将桩按一定水平或垂直方向编号。单击此命令后，先指定桩起始编号，然后选择桩，再指定标注位置。

（10）筏板钢筋 筏板钢筋子菜单如图 5-74 所示。

图 5-74 筏板钢筋子菜单

1）布置钢筋参数。在图 5-75 所示"布置钢筋信息"对话框进行钢筋参数设置。

图 5-75 "布置钢筋信息"对话框

① 通长筋定位边："只能是—黄线"选项用于设定通长钢筋的定位边性质。选中时，当用户在布置通长钢筋时，能捕捉到的网线只限于图中黄颜色的网线（即板边界线），其他网线无效。"所有的—网线"选项用于设定通长钢筋的定位边性质。选中时，当用户在布置通长钢筋时，对所有网线捕捉都有效。

② 布置钢筋时由用户输端部尺寸：选中时，布置的钢筋两端部尺寸是由用户通过程序提供的交互接口界面输入的；反之，钢筋的端部尺寸是由程序根据布置钢筋的实际位置自动生成。

③ 需扣除梁位处的板筋：设定与地基梁相平行且位于梁体内的钢筋的处理方法。选中时，程序在表示该组钢筋时，会自动扣除梁体内的钢筋；反之，则不会扣除。

④ 二/三/四级钢为普通钢筋或环氧树脂涂层钢筋：用来确定钢筋的锚固长度与搭接长度。

2）钢筋显示参数。用于设定钢筋图参数，包含"图面钢筋表示"和"加亮钢筋位置"两个选项组。

① 图面钢筋表示：设定板钢筋的示图内容。选中"铺设钢筋—画一根"，当用户布置一组钢筋时，在图上只画一根钢筋线来表示该组钢筋。选中"铺设钢筋—画全部"，在图上会画出该组钢筋的每根钢筋线位置。

② 加亮钢筋位置：设定板钢筋的示图方法。选中"中间根钢筋加亮显示"，当用户布置一组钢筋时，在图上该组钢筋的中间根钢筋线会加亮。选中"第一根钢筋加亮显示"，则在

图上该组钢筋的第一根钢筋线会加亮。

3）校核参数。钢筋校核参数在图5-76所示对话框设置。

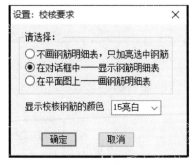

图5-76 "设置：校核要求"对话框

① 不画钢筋明细表，只加亮选中钢筋：用来查看指定钢筋的分布状况。

② 在对话框中——显示钢筋明细表：选定钢筋的信息，列表显示在对话框中。

③ 在平面图上——画钢筋明细表：选定钢筋的信息以画图方式出现在图面上。

④ 显示校核钢筋的颜色：改变选定钢筋的显示颜色。

4）统计钢筋量参数。包括"钢筋搭接方式及定长"和"钢筋统计"两个页面，在完成筏板钢筋的布置工作之后，可通过设定相关参数统计筏板的钢筋量。

5）剖面图参数。包括"剖面图钢筋"和"剖面图尺寸"两个选项组，用于设定剖面图输出内容及尺寸信息。

6）取计算配筋。选择筏板配筋图的配筋信息来自何种筏板计算程序的结果。为使该命令能正常运行，应先在筏板计算程序中执行"钢筋实配"或"交互配筋"。

7）改计算配筋。主要功能为查看配筋信息是否正确、对计算时生成的筏板配筋信息进行修改，以及自定义筏板配筋信息。

8）画计算配筋。把"取计算配筋"或"改计算配筋"中的筏板钢筋信息直接绘制在平面图上。

9）布板上/中/下筋。只有当需要对筏板板面钢筋进行编辑时，才需要执行相应命令。通过该命令，可以完成对筏板上/中/下钢筋的布置，钢筋的信息（钢筋直径、间距、级别等）是由用户提供的，与筏板计算结果不相关联。

10）画施工图。根据配筋结果，生成筏板配筋图。

5.5 施工图设计操作实例

实例操作演示

接力第3章3.7节及第4章4.7节工程实例的SATWE结构内力分析与计算结果，以及JCCAD基础分析与设计结果，以结构底层为例完成示例工程的板、梁、柱、墙、楼梯和基础施工图绘制。

5.5.1 梁施工图绘制示例

梁施工图绘制的主要过程与结果如下：

1）单击"砼施工图"→"梁"命令，进入梁施工图绘制界面。

2）单击"参数"→"设计参数"命令，按如下方式调整计算与配筋参数，其余参数取系统默认值。

① "主筋选筋库"勾选14~25mm直径的钢筋。

② "下/上筋优选直径"均设置为20mm。

③ "主筋直径不超过柱尺寸的 1/20" 选择 "考虑"。

④ "箍筋选筋库" 勾选 8~12mm 直径的钢筋。

⑤ "根据裂缝选筋" 选择 "是"。

⑥ "支座宽度对裂缝的影响" 选择 "考虑"。

3）调整梁设计参数后，弹出提示框 "配筋参数发生变化，是否重新归并选筋?"，选择 "是"，程序自动根据设计参数重新配置梁钢筋。

4）单击 "梁挠度图"→"挠度计算" 命令，在弹出的对话框内勾选 "将现浇板作为受压翼缘"，单击 "确定" 按钮，程序自动计算并绘制图 5-77 所示的挠度图。显然示例工程一层梁挠度满足 $L/200$ 的计算要求。

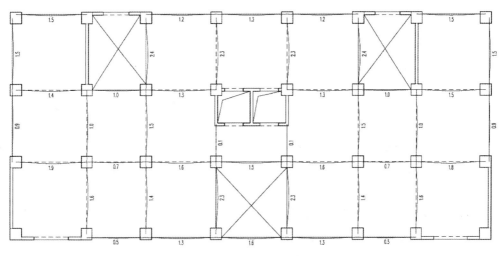

图 5-77　一层梁挠度

5）单击 "梁裂缝图"→"裂缝计算" 命令，程序自动计算并绘制图 5-78 所示的裂缝图。显然一层梁裂缝满足小于 0.3mm 的验算要求。

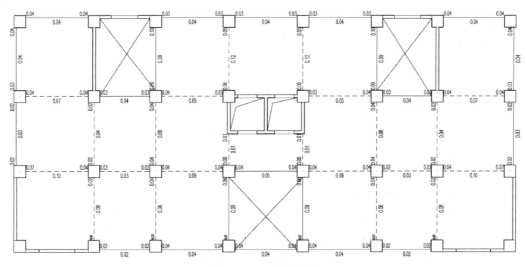

图 5-78　一层梁裂缝

6）单击"配筋面积"命令，查看配筋比例和配筋率，查看实配钢筋面积是否满足计算，以及最小和最大配筋率的构造要求。图5-79所示为一层梁配筋率图。

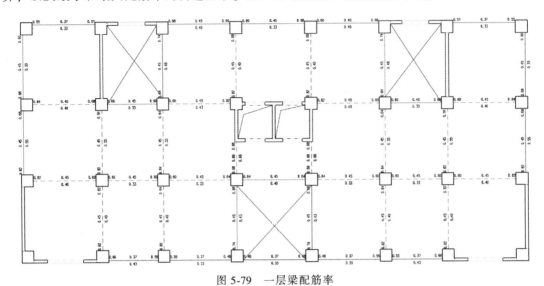

图 5-79　一层梁配筋率

7）单击"返回平面图"命令，程序自动完成梁平法配筋图的绘制工作。如需添加轴线，可切换至"模板"菜单，单击"轴线"→"自动"命令即可完成轴线绘制。图5-80所示为一层梁配筋图。

8）如需导出 dwg 格式的设计图，可单击右下角的 图标，自动在工作目录下的施工图文件夹内出图。至此一层梁施工图绘制完毕。

5.5.2　板施工图绘制示例

板施工图绘制的主要过程与结果如下：

1）单击"砼施工图"→"板"命令，进入板施工图绘制界面。

2）单击"参数"→"计算参数"命令，按如下方式调整计算与配筋参数，其余参数取系统默认值：

①"计算异形板挠度"选择"形心+矩形"。

②勾选"根据允许裂缝自动选筋"。

③勾选"根据允许挠度自动选筋"。

④钢筋级配表中，仅保留直径为 8~12mm 的配筋方案。

3）单击"参数"→"绘图参数"命令，按如下方式调整绘图参数：

①"绘图模式"选择"平法方式"。

②"多跨负筋长度"选择"程序内定"。

③"钢筋编号"选择"仅负筋编号"。

4）单击"计算"命令，程序根据所选参数自动完成板的配筋、挠度与裂缝验算。

5）单击"结果查改"命令，如图5-81~图5-83所示，分别查看板的"实配钢筋""裂缝"和"挠度"。由计算结果可知，板的裂缝挠度、挠度与配筋均满足设计要求，无需对板的参数作进一步修改。

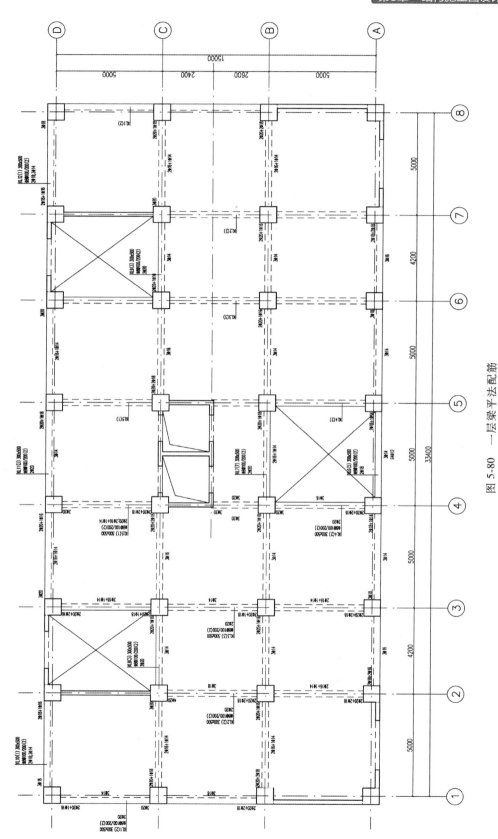

图 5-80 一层梁平法配筋

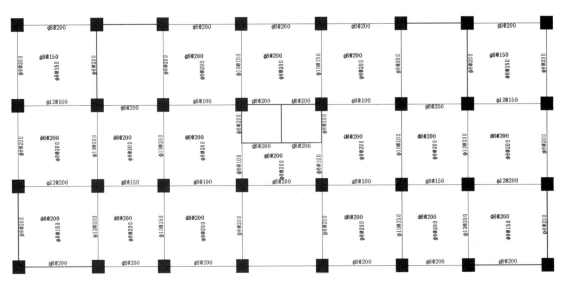

图 5-81　一层板实配钢筋面积

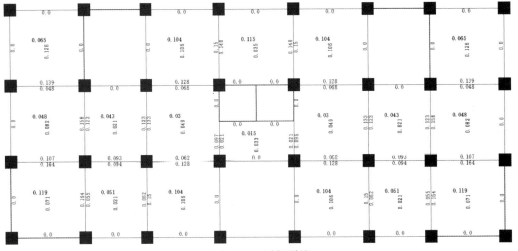

图 5-82　一层板裂缝

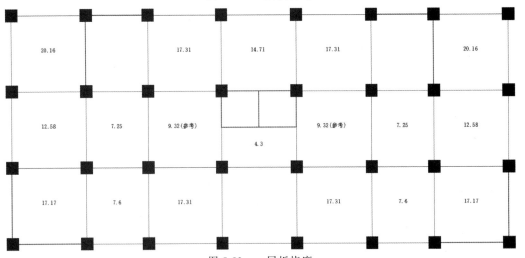

图 5-83　一层板挠度

6）单击“钢筋布置”命令，停靠对话框内选择自动布置“全部钢筋”，程序自动按平法布置楼板钢筋，相应结果如图 5-84 所示。

7）单击“钢筋表”命令，可绘制图 5-85 所示的板钢筋详表。

至此，一层板的施工图设计工作全部完成。

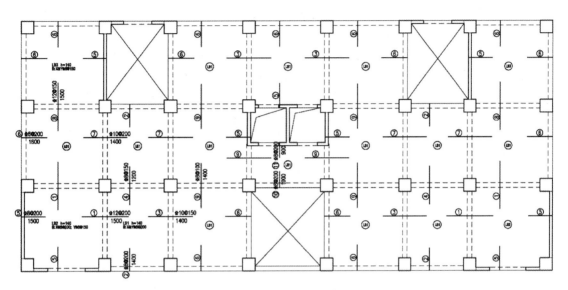

图 5-84　一层板配筋

[illegible]	[illegible]	[illegible]	[illegible]	[illegible]	[illegible]	[illegible]	[illegible]
①	125 ┌ 3000 ┐ 125	⌀12@200	3250	3250	104	338000	300.1
②	125 ┌ 1400 ┐ 160	⌀8@200	1685	1685	88	148280	58.5
③	125 ┌ 2800 ┐ 125	⌀10@150	3050	3050	136	414800	255.7
④	125 ┌ 2400 ┐ 125	⌀8@150	2650	2650	58	153700	60.6
⑤	210 ┌ 1500 ┐ 125	⌀8@200	1835	1835	195	357825	141.2
⑥	160 ┌ 1600 ┐ 125	⌀8@200	1885	1885	390	735150	290.1
⑦	125 ┌ 2800 ┐ 125	⌀10@200	3050	3050	104	317200	195.6
⑧	125 ┌ 3000 ┐ 125	⌀12@150	3250	3250	68	221000	196.2
⑨	125 ┌ 2800 ┐ 125	⌀8@100	3050	3050	252	768600	303.3
⑩	125 ┌ 1000 ┐ 160	⌀8@200	1285	1285	26	33410	13.2
⑪	210 ┌ 900 ┐ 125	⌀8@200	1235	1235	13	16055	6.3
[illegible]							1820.8
[illegible]	[illegible]	[illegible]	[illegible]	[illegible]	[illegible]		
LB1	140	⌀8@200	⌀8@200				
LB2	140	⌀8@200	⌀8@150				
LB3	140	⌀8@150	⌀8@150				

图 5-85　一层板钢筋表

5.5.3 柱施工图绘制示例

以平法原位标注为例，柱施工图绘制的主要过程与结果如下：

1）单击“砼施工图”→“柱”命令，进入柱施工图绘制界面。

2）单击“参数”→“设计参数”命令，按如下方式调整计算与配筋参数，其余参数取系统默认值。

　　①"是否考虑节点箍筋"选择"考虑"。

　　②"是否考虑上层柱下端配筋"选择"考虑"。

　　③"是否包括边框柱配筋"选择"不包括"，即边框柱由墙施工图中表达。

　　④"归并是否考虑柱偏心"选择"不考虑"。

　　⑤"箍筋库"修改为"8,10,12"。

　　3）确认配筋参数后，弹出提示框"选筋设计参数已有变化，是否重新归并"，单击"是"，程序自动完成钢筋归并，并绘制图5-86所示的一层柱施工图。

　　4）单击"配筋面积""实配面积"和"双偏压验算"命令，查看柱配筋结果是否满足设计要求。本例满足计算要求，无需对配筋做进一步调整。

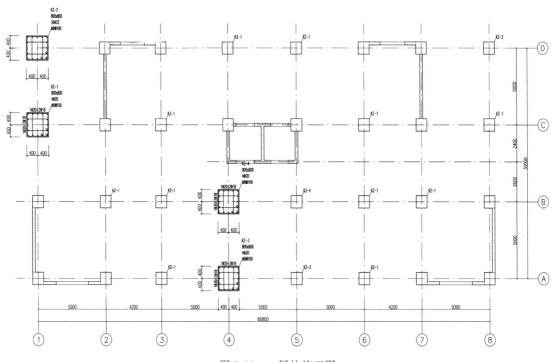

图5-86　一层柱施工图

5.5.4　墙施工图绘制示例

以列表注写为例，墙施工图绘制的主要过程与结果如下：

1）单击"砼施工图"→"墙"命令，进入墙施工图绘制界面。

2）"表示方法"选择"列表注写"，程序自动归并，并绘制一层墙施工图。

3）单击"参数"→"设计参数"命令，按如下方式调整计算与配筋参数，其余参数取系统默认值：

　　①"选筋设置"页面，将墙柱纵筋规格设置为12~20mm。

　　②"构件归并"页面，勾选"同一墙段水平、竖直分布筋规格、间距相同"。

4）分别单击"墙柱配筋"和"墙身配筋"命令，查看墙柱及墙身配筋面积是否满足计算与构造要求。本例配筋面积满足设计要求，无须进行调整。

5）分别单击"墙柱表""墙梁表"和"墙身表"命令，采用列表方式绘制相应的配筋结果。至此，一层墙配筋图绘制完毕，结果如图 5-87 所示。

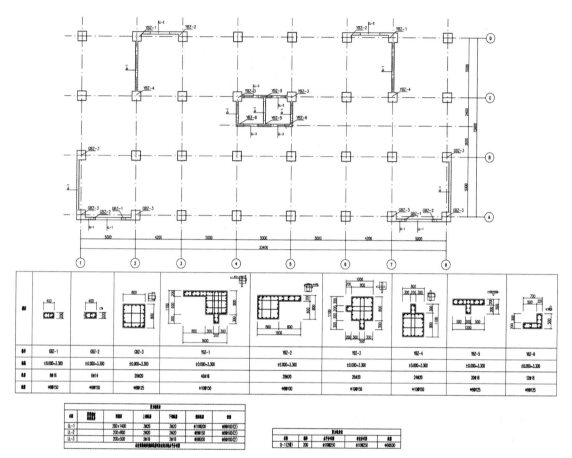

图 5-87 一层墙配筋图

5.5.5 楼梯施工图绘制示例

楼梯施工图绘制的主要过程与结果如下：

1）单击"砼施工图"→"楼梯"命令，进入楼梯施工图绘制界面。

2）单击"主信息"命令，按如下方式调整楼梯主信息二，其余参数取系统默认值。

① "楼梯板砼强度等级"设置为 30。

② "楼梯板受力主筋级别"设置为 HRB400。

③ "休息平台板厚度"设置为 100。

④ "梁保护层厚度"设置为 20。

⑤ 勾选"计算楼面钢筋"。

3）单击"新建楼梯"命令，选择"从整体模型中获取楼梯间"，在弹出的对话框内填写楼梯文件名后，单击"确认"按钮，按屏幕提示选择楼梯间周边构件，完成楼梯间建模。

4）单击"本层信息"命令，"板厚"设置为 100。

5）楼梯布置单击"对话输入"命令，选择三跑转角楼梯，在弹出的对话框内，按图 5-88 设置各标准层的楼梯参数。

6）单击"全楼组装"命令，在弹出的对话框内选择"重新组装"并确认。

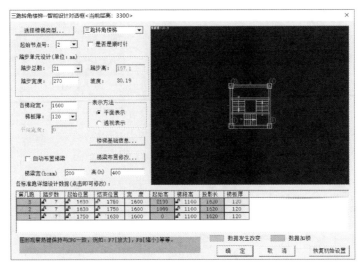

图 5-88　楼梯参数设置

7）单击"检查数据"命令，程序自动生成楼梯计算数据。

8）单击"钢筋校核"命令，检查各梯段配筋结果是否满足设计要求。

9）单击"平法绘图""立面图"和"配筋图"命令，绘制相应图形，并利用"图形合并"命令，完成楼梯施工图绘制工作，图 5-89 所示为底层楼梯平面图与配筋图。

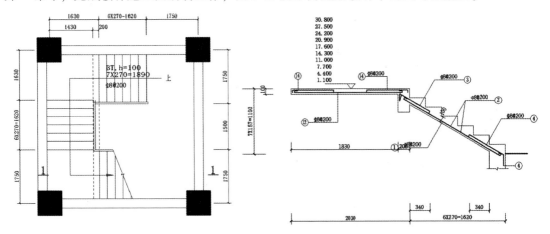

图 5-89　底层楼梯平面图与配筋图

5.5.6　基础施工图绘制示例

以示例工程的桩基础为例，基础施工图绘制的主要过程与结果如下：

1）绘制基础施工图前，必须先执行"基础模型"及"分析与设计"命令。

2）单击"施工图"→"参数设置"命令，根据设计习惯与出图要求调整绘图与编号参数。

3）单击"绘新图"命令，生成基础设计底图。

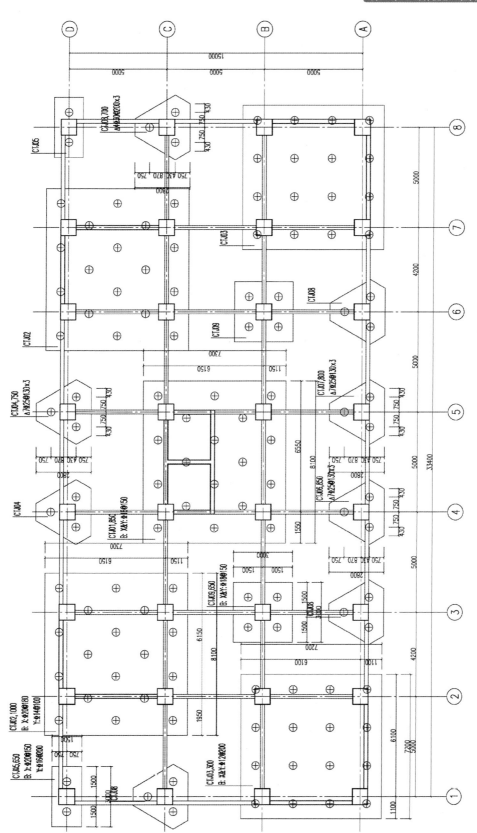

图 5-90　桩基承台配筋图

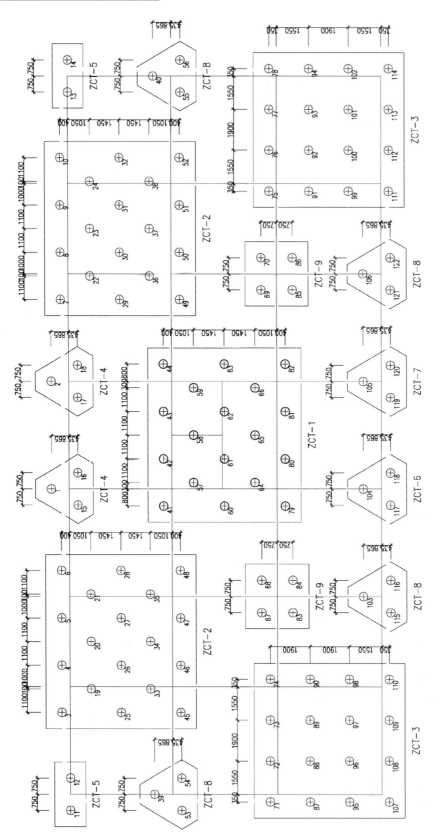

图 5-91 桩位平面图

4）单击"轴线"命令，标注轴线编号与轴网尺寸。

5）单击"平法"子菜单下的"承台"命令，按平面整体表示方法绘制桩基承台的定位尺寸、编号与配筋信息，结果如图5-90所示。

6）单击"桩位平面图"命令，选中"标注参数"，分别选择"自动标注承台桩""标注群桩时包含承台桩"及"自动标注承台名称"后，单击"确认"按钮。

7）单击"参考线"命令，程序自动实现轴线位置。

8）单击"承台名称"命令，程序自动标注承台名。

9）单击"注群桩位"命令，按屏幕提示标注各承台桩平面位置。

10）单击"桩位标号"命令，按屏幕提示标注各桩编号。桩位平面图绘制结果如图5-91所示。

11）返回平面图，单击"基础详图"命令，插入承台详图和桩详图，图5-92所示为CTJ01承台和桩身配筋详图。

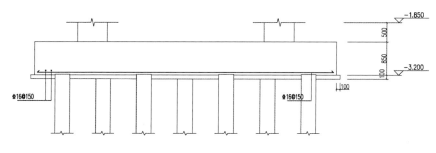

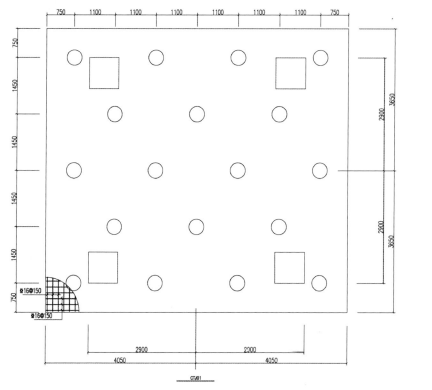

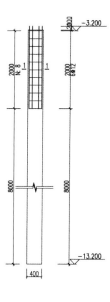

图 5-92 CTJ01 承台与桩身配筋详图

5.6 本章练习

1. "砼施工图"模块的主要功能有哪些？
2. 简述板施工图绘制的一般步骤。
3. 独立完成 5.6 节工程实例的施工图绘制操作。
4. 结合工程示例，简述桩基础施工图绘制的一般步骤。

第6章 混凝土结构工程设计实例详解

本章介绍：

第1~5章详细介绍了PKPM结构建模、内力分析与计算、基础分析与设计，以及施工图绘制的基本方法、主要参数与一般流程。本章结合三个工程示例，进一步介绍利用PKPM进行混凝土结构设计的方法与操作。

学习要点：

- 掌握利用PKPM进行常见钢筋混凝土结构建模、设计与施工图绘制的方法
- 结合相关规范要求，了解不同混凝土结构设计结果的主要分析内容与方法

6.1 框架结构4层商场设计实例

6.1.1 设计资料

1. 建筑概况

某4层现浇钢筋混凝土框架结构商场，各层平面如图6-1、图6-2所示。1~4层层高为3.6m，底层柱底标高估算为-1.5m。建筑采用平屋面，室内外高差0.3m，女儿墙高0.9m。

2. 荷载取值

（1）楼屋面荷载　楼面装修荷载取1.5kN/m²，屋面防水保温构造层荷载取4.0kN/m²，顶棚装修荷载取0.5kN/m²；楼面活荷载按《荷规》取3.5kN/m²，不上人屋面活荷载取0.5kN/m²，雪荷载取0.45kN/m²。

（2）墙体荷载　填充墙采用190mm轻骨料混凝土小型空心砌块，外墙考虑双侧抹灰、墙体外保温与外饰面后的自重为3.5kN/m²，内墙考虑双侧抹灰的自重为3.0kN/m²。女儿墙采用100mm厚现浇混凝土，自重荷载取2.5kN/m²。

（3）风荷载　50年一遇基本风压值为0.50kN/m²，地面粗糙度类别为B类，风荷载体型系数取1.3。

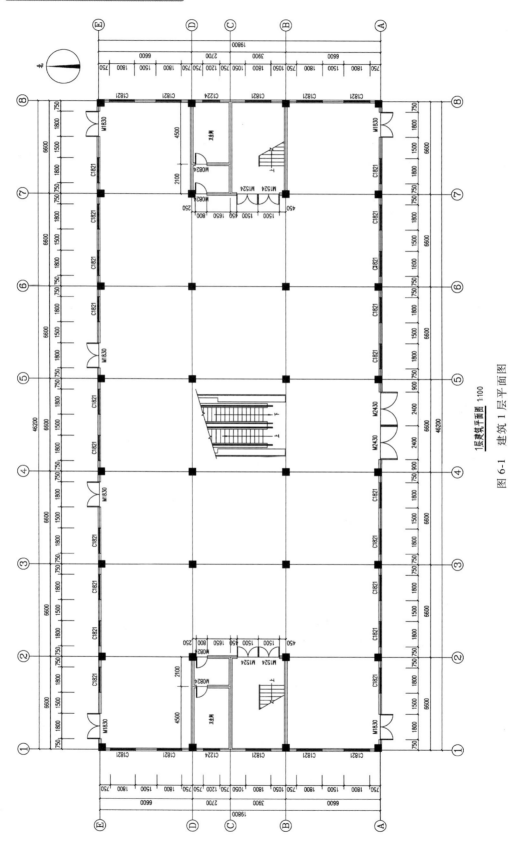

1层建筑平面图 1:100

图 6-1 建筑 1 层平面图

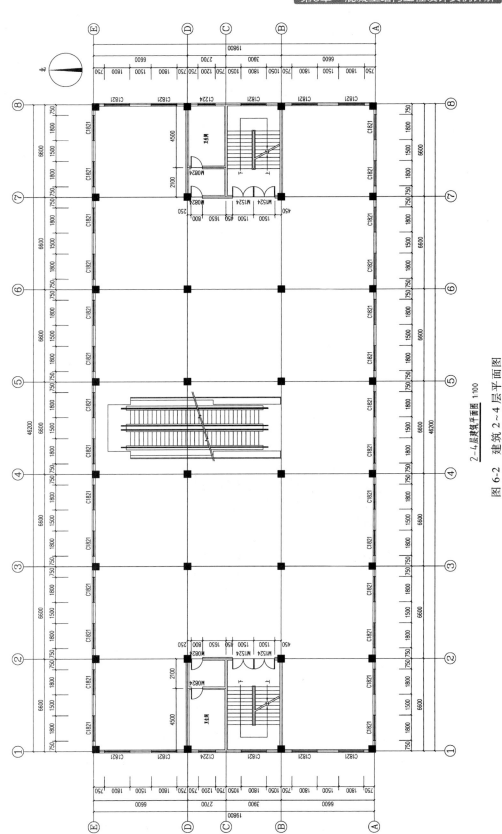

2-4层建筑平面图 1:100

图6-2 建筑2~4层平面图

（4）地震作用 抗震设防烈度为 7 度，设计地震基本加速度为 $0.1g$，场地类别为 Ⅱ 类，设计地震分组第一组，框架抗震等级为三级。

3. 地质信息

本工程地基持力层为中砂，地基承载力特征值为 240kPa，无地下水作用，基础底面标高为 -2.0m。

4. 材料强度

1）梁、柱、板、基础、楼梯等结构构件的纵向受力钢筋及箍筋均采用 HRB400 级钢筋。

2）梁、柱、板、基础、楼梯等结构构件采用 C30 混凝土。

5. 构件截面

1）框架柱。采用矩形截面柱，尺寸为 500mm×500mm。

2）框架梁。采用矩形截面梁，尺寸为 250mm×600mm。

3）卫生间局部次梁采用矩形截面梁，尺寸为 200mm×300mm。

4）楼板。楼板均采用 100mm 厚现浇混凝土板。

6.1.2 结构建模

1. 轴网布置

1）新建工作目录，选择"SATWE 核心的集成设计"，双击工程缩略图进入项目。

2）"轴线"菜单单击"正交轴网"命令，按图 6-3 所示设置轴网参数，建立正交平面网格。

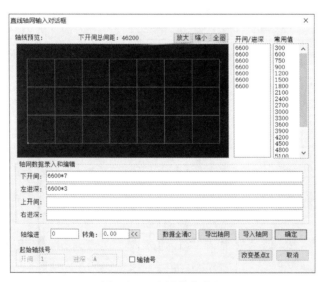

图 6-3 正交网格的建立

3）采用"轴线子菜单"中"两点直线""平行直线"等命令完成网格的编辑与完善。

4）采用"轴线命名"对轴网进行编号。最终形成的平面轴网如图 6-4 所示。

2. 结构布置

（1）框架柱布置

1）"构件"菜单单击"柱"命令，在左侧构件布置集成面板内，单击"增加"命令，在

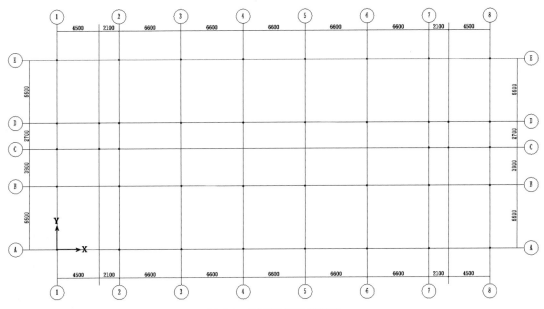

图 6-4　平面轴网绘制结果

弹出的"柱截面定义"对话框内将截面宽度和高度均设置为500mm，并单击"确认"按钮。

2）在"柱截面列表"中，选择要布置的柱截面，并按屏幕提示完成框架柱的布置。本例中边框架柱与轴线非居中对齐，建模中可在柱布置时设置偏心距离，或先居中布置再采用"偏心对齐"子菜单的相应功能进行调整。

（2）框架梁布置　框架梁的布置方法与框架柱相同，标准层的框架梁柱布置结果如图 6-5 所示。注意，为布置十字交叉框架梁，需采用"两点直线"和"平行直线"等命令对轴网进行补充。

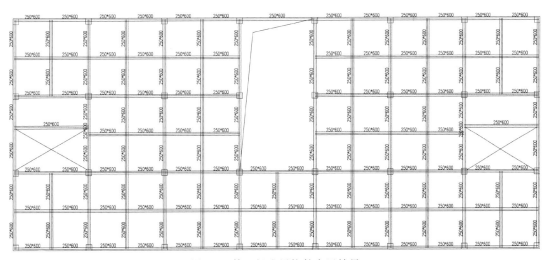

图 6-5　第 1 标准层构件布置结果

（3）本层信息　单击"本层信息"命令，按图 6-6 所示设置楼板厚度与保护层厚度、混凝土强度等级、钢筋强度等级等，设置完毕后单击"确定"按钮。

（4）楼板布置 在"楼板"菜单单击"生成楼板"命令，程序自动按房间布置现浇混凝土板。单击"修改板厚"命令，将楼梯间位置的板厚设置为0，将自动扶梯位置的板全房间开洞。

（5）楼梯布置

1）"楼板"菜单单击"楼梯"→"布置"命令，按屏幕提示选择要布置楼梯的房间，在弹出的"请选择楼梯布置类型"对话框内选择平行两跑楼梯。

2）上述操作后，进入楼梯设计对话框，如图6-7所示，设置楼梯参数后，单击"确定"按钮完成楼梯布置工作。

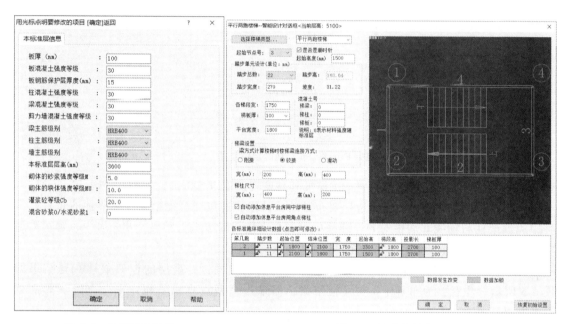

图6-6 本层信息设置　　　　　　　　图6-7 楼梯参数布置

3. 荷载输入

1）在"荷载"菜单单击"恒活设置"命令，弹出图6-8所示的"荷载定义"对话框，勾选自动计算现浇楼板重，并按设计要求，恒荷载输入2.0kN/m^2，活荷载输入3.5kN/m^2，输入完毕后单击"确认"按钮。

2）单击"板"命令，对楼面恒荷载与活荷载进行自动设置，并将卫生间部分的恒荷载修改为2.5kN/m^2。

3）根据设计要求计算框架梁与次梁上的隔墙线荷载，其中外墙、内墙、女儿墙的自重分别为

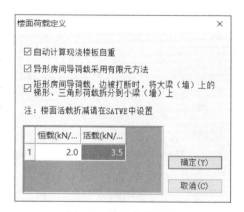

图6-8 楼面荷载定义

3.5kN/m^2、3.0kN/m^2 和 2.5kN/m^2。隔墙的墙体高度：框架梁下为（层高3.6m-框架梁高0.6m）= 3.0m，卫生间次梁下为（层高3.6m-次梁高0.3m）= 3.2m，女儿墙为0.9m。因此，外隔墙、内隔墙、卫生间内隔墙及女儿墙的自重线荷载分别为9.45kN/m、8.10kN/m、

9.90kN/m 和 2.25kN/m。

4）自动扶梯部分的荷载，在实际工程设计时，应按电梯样本确定荷载取值。本示例工程中，假定楼梯上下两端的支撑梁分别承担 2 个大小为 40kN 的集中力作为自动扶梯的永久荷载，以及 2 个大小为 20kN 的集中力作为自动扶梯的可变荷载。

5）单击"梁"命令，单击"增加"命令，在弹出的对话框内根据上述数值设置隔墙线荷载与自动扶梯集中力，并将其布置在相应的梁上。荷载布置的结果如图 6-9 所示。图中括号内为活荷载，括号外为恒荷载。楼面荷载的单位为 kN/m²，梁上与墙上荷载的单位为 kN/m。

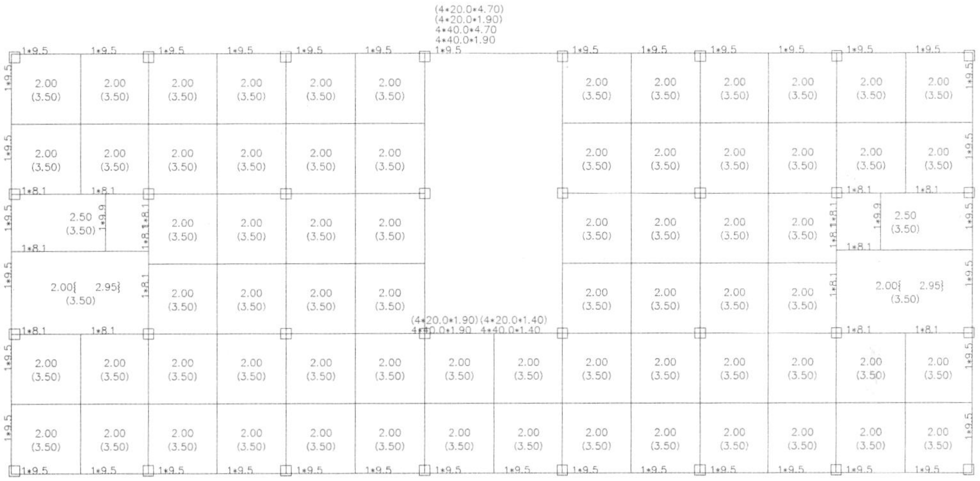

图 6-9　第 1 标准层荷载布置结果

4. 其他标准层布置

前述操作完成了第一标准层的构件布置与荷载输入工作，对应示例工程的 1~3 层建筑平面。通过"楼层"菜单单击"增加"命令，或窗口右上角标准层选择栏中单击"添加新标准层"命令完成屋面标准层的设置。相应的构件及荷载布置结果分别如图 6-10 和图 6-11 所示。

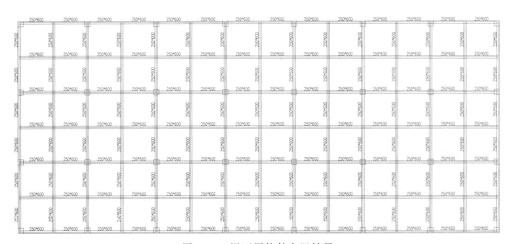

图 6-10　屋面层构件布置结果

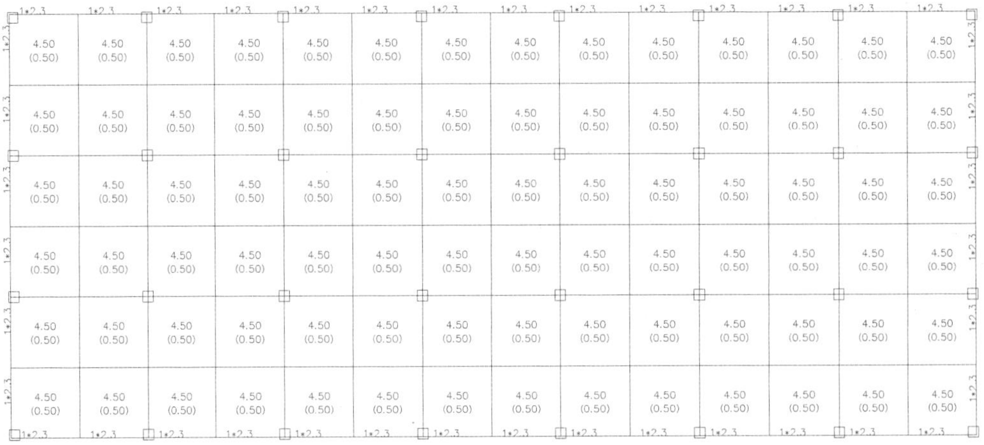

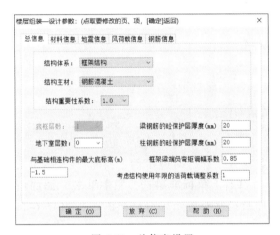

图 6-11　屋面层荷载布置结果

5. 设计参数

在"楼层"菜单单击"设计参数"命令，弹出"楼层组装—设计参数"对话框，按设计要求设置设计参数，如图6-12至图6-15所示，墙体信息等不涉及的参数可不进行修改。

图 6-12　总信息设置

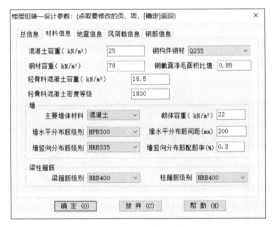

图 6-13　材料信息设置

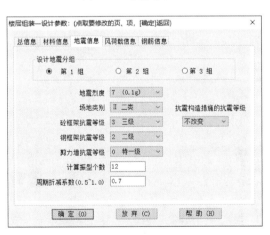

图 6-14　地震信息设置

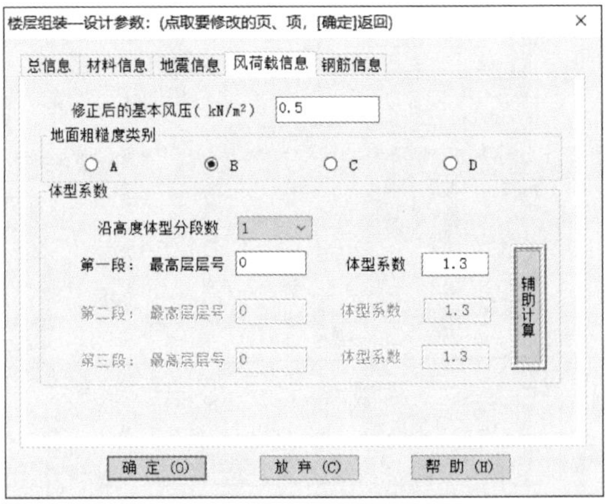

图 6-15　风荷载信息设置

6. 楼层组装

1）在"楼层"菜单单击"楼层组装"命令，如图 6-16 所示，进行楼层组装信息设置。

2）执行"整楼模型"或"动态模型"，查看图 6-17 所示的结构三维效果。

图 6-16 楼层组装信息设置

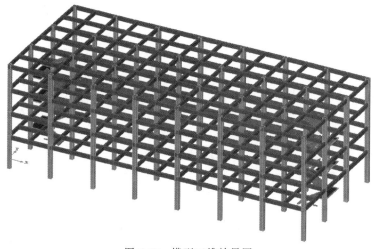

图 6-17 模型三维效果图

7. 模型数据保存

单击"前处理及计算"菜单命令，弹出图 6-18 所示的"保存提示"对话框。单击"保存"按钮后，继续弹出图 6-19 所示的选择框，勾选前五项后，单击"确定"按钮，完成平面建模数据的保存与导算。

6.1.3 结构内力分析计算

1. 平面荷载校核

"前处理及计算"菜单单击"平面荷载校核"命令，对已布置的楼面荷载、线荷载等进行检查。如对建立的模型有把握，可省略此步。

2. 参数补充定义

"前处理及计算"菜单中单击"参数定义"命令，按以下步骤进行参数设置，未修改参数取程序默认值：

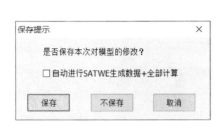

图 6-18 "保存提示"对话框　　　　　图 6-19 模型数据保存选项对话框

1）如图 6-20 所示，在"总信息"页面，"恒活载计算信息"选择"模拟施工加载 3"，"整体计算考虑楼梯刚度"勾选"考虑"。

图 6-20 总信息设置

2）如图 6-21 所示，在"地震信息"页面，"特征分析参数"勾选"程序自动确定振型数"，并将质量参与系数之和（%）设置为"95"（《抗规》第 5.2.2 条条文说明指出，振型个数一般可以取振型参与质量达到总质量 90% 所需的振型数，此处偏于保守取 95%）。

3）如图 6-22 所示，在"内力调整"页面，由于本案例为非高层建筑，故"按刚度比判断薄弱层的方式"选择"仅按抗规判断"。

4）如图 6-23 所示，在"工况信息"页面，勾选"屋面活荷载不与雪荷载同时组合"。

3. 模型补充定义

本例中，需对框架角柱进行补充定义。在"前处理及计算"菜单中单击"特殊柱"命令，在弹出的"特殊构件定义"面板中单击"自动生成"→"全楼角柱"命令，快速完成角柱定义。

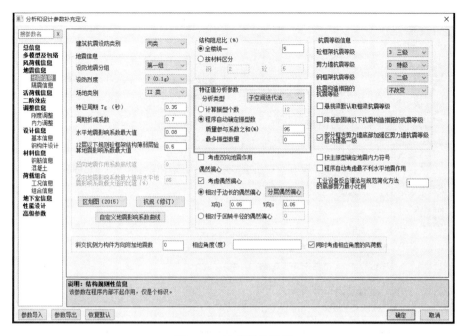

图 6-21　地震信息设置

图 6-22　内力调整设置

4. 生成数据与计算

执行"生成数据+全部计算"命令，完成结构内力分析与配筋计算工作。

5. 分析结果图形和文本显示

（1）结构整体分析结果　本示例工程为多层框架结构，整体设计指标重点查看结构振型、位移、剪重比与刚度比验算结果。

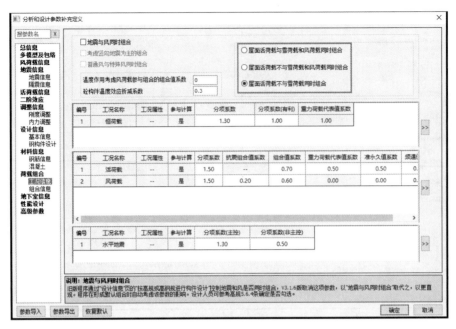

图 6-23　工况信息设置

1）振型。三维振型动画可直观地了解每个振型的形态，判断结构的薄弱方向，从而看出结构计算模型是否存在明显的错误。尤其在验算周期比时，应观察前三阶振型动画，区分扭转振型与平动振型，避免错误判断。结构自振周期与振型数据见表 6-1，前三阶振型如图6-24~图 6-26 所示。由图可知，结构第一阶和第二阶振型均以平动为主。

表 6-1　结构周期及振型方向

振型号	周期/s	方向角/度	类型	扭振成分	X 侧振成分	Y 侧振成分	总侧振成分
1	0.9099	0.00	X	0%	100%	0%	100%
2	0.8878	90.00	Y	0%	0%	100%	100%
3	0.8014	179.85	T	100%	0%	0%	0%
4	0.2808	180.00	X	1%	99%	0%	99%
5	0.2790	90.00	Y	0%	0%	100%	100%

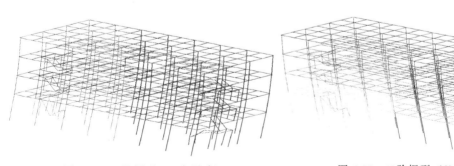

图 6-24　一阶振型（X 向平动）　　　　图 6-25　二阶振型（Y 向平动）

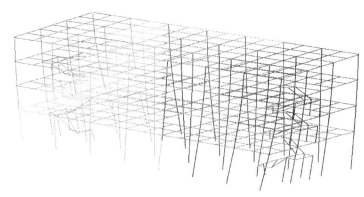

图 6-26 三阶振型（扭转）

2）位移。单击"楼层指标"命令，可对地震及风荷载作用下的楼层位移、层间位移角、楼层剪力和刚度比等参数进行查看。图 6-27~图 6-30 所示分别为位移比简图、层间位移比简图、最大位移简图和最大层间位移角简图。

《抗规》第 3.4.3-1 条对于扭转不规则的定义为：在规定的水平力作用下，楼层的最大弹性水平位移（或层间位移），大于该楼层两端弹性水平位移（或层间位移）平均值的 1.2 倍。由图可知，该框架结构的层间位移角<1/550，层间位移比<1.2，满足《抗规》的相关要求。

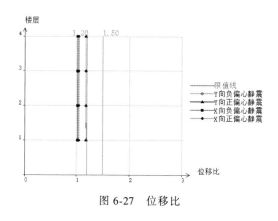

图 6-27 位移比

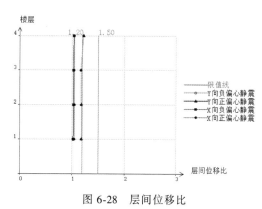

图 6-28 层间位移比

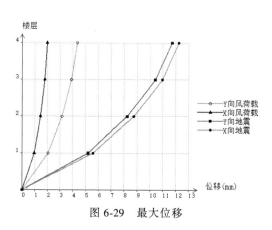

图 6-29 最大位移

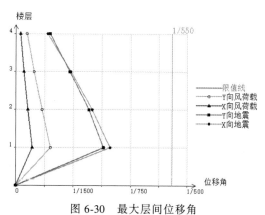

图 6-30 最大层间位移角

3）剪重比。根据《抗规》第5.2.5条规定，7度（0.10g）设防地区，水平地震影响系数最大值为0.08，楼层剪重比不应小于1.60%。单击"文本查看"→"地震作用下剪重比及其调整"命令，可查看剪重比计算结果，见表6-2，X向和Y向剪重比满足规范要求。

表6-2　剪重比计算结果

层号	X向楼层剪力/kN	X向剪重比	Y向楼层剪力/kN	Y向剪重比
4	608.5	6.12%	629.3	6.33%
3	1102.0	5.52%	1130.4	5.67%
2	1479.4	4.94%	1513.3	5.05%
1	1753.3	4.35%	1789.1	4.44%

4）刚度比。《抗规》第3.4.3-2条对于侧向刚度不规则的定义为：该层的侧向刚度小于相邻上一层的70%，或小于其上相邻三个楼层侧向刚度平均值的80%。本例中由于底层框架柱嵌固在基础顶面，底层结构层高增加，柱子计算长度加长，使得底层的刚度比不能满足规范要求。此时，程序自动判定底层为薄弱层，并取地震剪力放大系数1.25。

（2）结构构件验算结果

1）轴压比。单击"轴压比"命令，可以查看各层框架柱的轴压比是否满足规范要求，不满足时，程序以红色字体显示。图6-31所示为底层框架柱的轴压比图。本工程为三级框架，柱的轴压比限值为0.85，各层柱均满足要求。若实际计算过程中发现存在不满足轴压比限值的情况，应返回PMCAD修改截面尺寸、混凝土强度或柱网大小等。

2）配筋。单击"配筋"命令，可查看各层墙梁柱配筋图。图6-32所示为底层梁柱配筋图。若存在超筋构件，其参数将以红色字体显示。由图可知，底层梁柱配筋均未超限。

此外，单击"文本查看"→"超筋超限信息"命令，可以文本方式直观检查全楼超配筋信息。本例中该文件无内容，说明全楼构件设计结果未超筋。

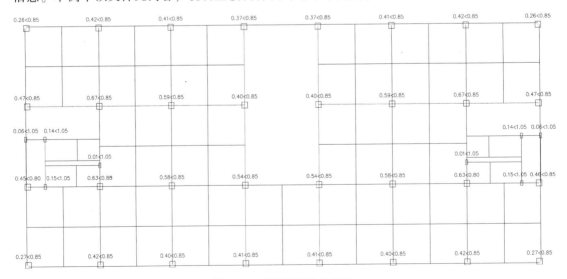

图6-31　底层框架柱轴压比

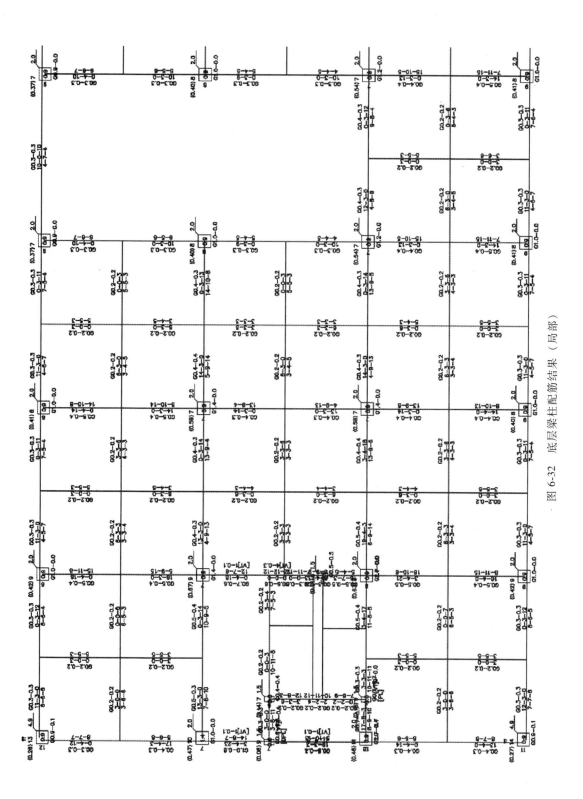

图 6-32 底层梁柱配筋结果（局部）

6.1.4 施工图绘制

1. 楼板施工图绘制

1）单击"砼施工图"→"板"，进入板施工图绘制界面。

2）将结构1~3层设为一个钢筋标准层，将屋面设为一个钢筋标准层。

3）按第5章介绍的方法对板配筋的计算参数与绘图参数进行设置。

4）单击"计算"，程序根据所选参数自动完成板的配筋、挠度与裂缝验算。

5）单击"结果查改"，分别查看板的"实配钢筋""裂缝"和"挠度"。由计算结果可知，板的裂缝、挠度与配筋均满足设计要求，无需对板的参数做进一步修改。

6）单击"钢筋布置"，停靠对话框内选择自动布置"全部钢筋"，程序自动按平法布置楼板钢筋。

7）如图6-33、图6-34所示为板配筋图绘制结果（见本章二维码资源）。

2. 梁施工图绘制

1）单击"砼施工图"→"梁"命令，进入梁施工图绘制界面。

2）将结构1~3层设为一个钢筋标准层，将屋面设为一个钢筋标准层。

第6章二维码用图

3）按第5章介绍的方法对梁配筋的设计参数与绘图参数进行设置。

4）分别单击"梁挠度图"→"挠度计算""梁裂缝图"→"裂缝计算"命令，查看梁裂缝与挠度验算结果。由计算结果可知，梁的裂缝、挠度满足设计要求。

图6-35、图6-36所示为梁配筋图绘制结果（见本章二维码资源）。

3. 柱施工图绘制

1）单击"砼施工图"→"柱"命令，进入柱施工图绘制界面。

2）将结构1层设为一个钢筋标准层，将2~4层设为一个钢筋标准层。

3）按第5章介绍的方法对柱配筋的设计参数与绘图参数进行设置。

4）确认配筋参数后，弹出提示框"选筋设计参数已有变化，是否重新归并"，单击"是"按钮，程序自动完成钢筋归并。

5）单击"配筋面积""实配面积"和"双偏压验算"命令，查看柱配筋结果是否满足设计要求。本例中，底层存在一根框架柱的双偏压验算不满足要求，验算结果如下：

柱名:KZ-2，SATWE 序号:21 PM 序号:30 坐标:(46200.0,6600.0)

截面数据:矩形,500.0×500.0

实配钢筋:角筋,4E18，短边:1E18+2E16，长边:3E18

全截面实配筋面积:3858mm^2

双偏压验算需要配筋面积:3917mm^2

KZ-2 双偏压验算没有通过！

单击"平法录入"命令，选择KZ-2，在对话框内将"角筋"修改为4C22，将"X向纵筋"修改为2C22，将"Y向纵筋"修改为2C20（C在PKPM中表示HRB400级钢筋），再次进行双偏压验算通过。

6）图6-37、图6-38所示为框架柱施工图绘制结果（见本章二维码资源）。

6.1.5 基础分析与设计

本例多层框架结构采用柱下独立基础，且仅验算地基和基础的承载力。基础分析与设计的主要步骤如下：

1）由基础模块进入"基础模型"菜单，单击"参数"命令，在弹出的对话框内按图6-39和图6-40修改基础分析与设计参数。

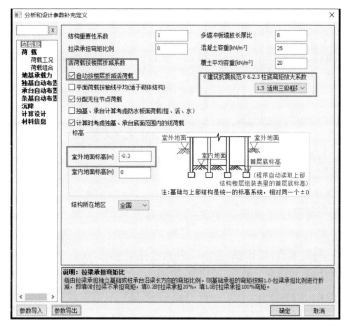

图6-39 总信息设置

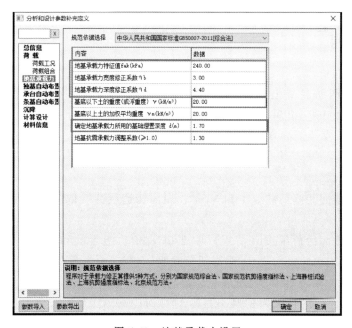

图6-40 地基承载力设置

2）单击"上部构件"→"拉梁"命令，在弹出的对话框内新增200×500的拉梁截面，并按图6-41进行拉梁布置。

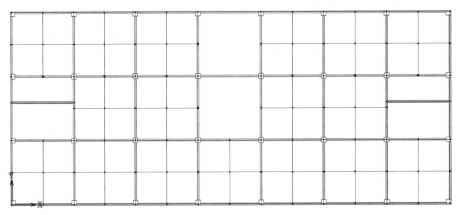

图6-41 拉梁平面布置

3）单击"独基"→"自动生成"→"自动优化布置"命令，按屏幕提示框选所有框架柱，程序自动完成柱下独立基础的布置。

4）切换至"分析与设计"菜单，单击"生成数据+计算"命令，完成基础分析与设计。

5）切换至"结果查看"菜单，分别查看地基承载力校核、基础冲切验算等结果是否满足要求。本例中计算与设计结果均满足，可进入绘图环节。

6）切换至"施工图菜单"，按第5章介绍的方法进行参数设置，并绘制柱下独立基础的施工图，其结果如图6-42所示（见本章二维码资源）。

6.2 剪力墙结构16层住宅设计实例

6.2.1 设计资料

1. 建筑概况

某16层现浇钢筋混凝土剪力墙结构住宅，各层平面如图6-43、图6-44所示。结构1~16层层高均为3.0m，机房层层高为4.2m。底层墙底标高为-2.2m。建筑采用平屋面，室内外高差0.3m，女儿墙高0.9m。

2. 荷载取值

（1）楼屋面荷载

1）恒荷载。楼面装修荷载取1.5kN/m²，屋面构造层荷载取4.0kN/m²，顶棚装修荷载取0.5kN/m²。

2）活荷载。楼面活荷载按《荷规》取2.0kN/m²，卫生间和阳台活荷载取2.5kN/m²，电梯机房活荷载取7.0kN/m²，上人屋面活荷载取2.0kN/m²，雪荷载取0.50kN/m²。

（2）墙体荷载 填充墙采用190mm轻骨料混凝土小型空心砌块，外墙考虑双侧抹灰、墙体外保温与外饰面后的自重为3.5kN/m²，内墙考虑双侧抹灰的自重为3.0kN/m²。女儿墙采用100mm厚现浇混凝土，自重荷载取2.5kN/m²。

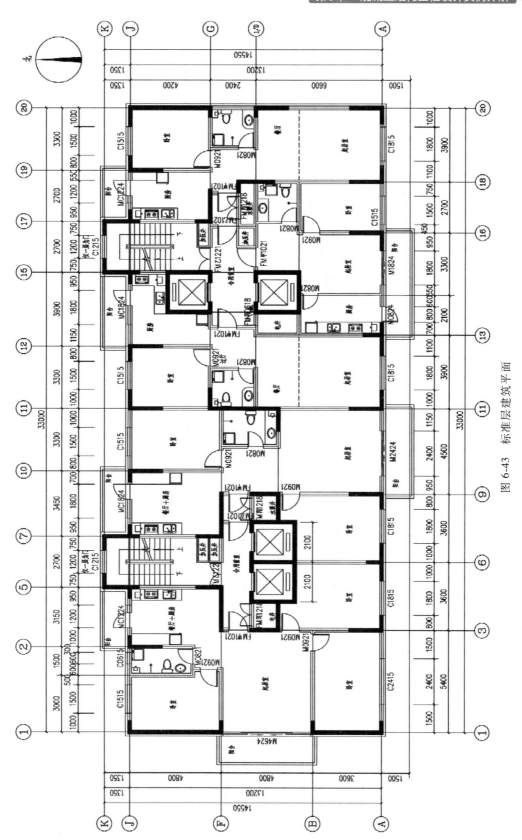

图 6-43 标准层建筑平面

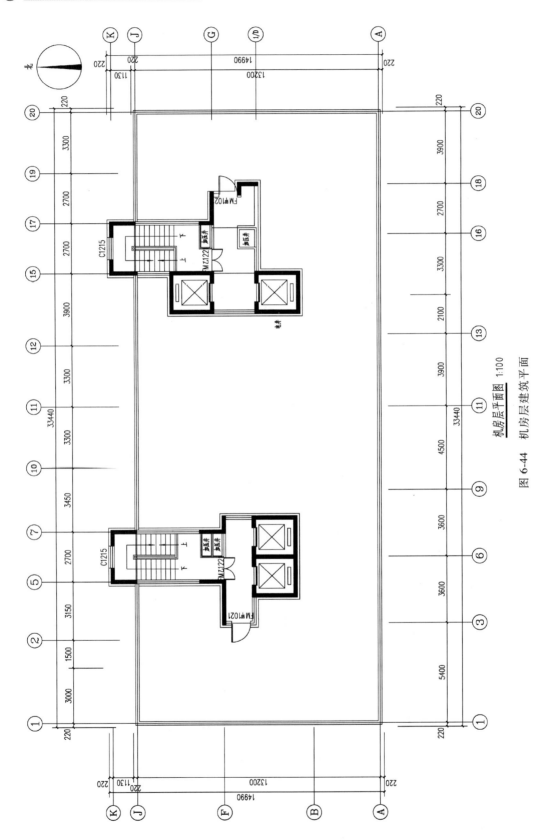

机房层平面图 1:100

机房层建筑平面

图 6-44

（3）风荷载　50年一遇基本风压值为0.55kN/m²，地面粗糙度类别为B类，风荷载体型系数取1.3。

（4）地震作用　抗震设防烈度为7度，设计地震基本加速度为0.1g，场地类别为Ⅱ类，设计地震分组第一组，剪力墙抗震等级为三级。

3. 地质信息

本工程建设地点无地下水，地基土层信息见表6-3，采用筏板基础。

表6-3　地基土层信息

土质	土层厚度/m	承载力特征值/kPa	天然重度/(kN/m³)
杂填土	0.5	60	17.6
粉质黏土	0.5~1.0	180	18.5
砾砂	2.0~3.5	280	19.6
碎石土	3.0~5.0	330	20.0
风化岩	—	550	24.0

4. 材料强度

1）梁、板、墙、连梁、基础、楼梯等结构构件的纵向受力钢筋及箍筋均采用HRB400级钢筋。

2）梁、板、墙、连梁、基础、楼梯等结构构件采用C30混凝土。

5. 构件截面

1）剪力墙。墙体厚度均为200mm，连梁与墙同宽，梁高主要根据洞口尺寸确定。

2）梁。采用矩形截面梁，尺寸为200mm×（300~600）mm。

3）楼板。1~15层楼板采用120mm厚现浇混凝土板，屋面板采用140mm厚现浇混凝土板。

6.2.2　结构建模

模型建立过程可参照本书第2章及本章6.1节的工程示例，这里不再详细介绍。但建模时应注意以下几点：

1）剪力墙布置时，尽量采用L形、T形等组合截面，同时注意对于厚度小于300mm的剪力墙，尽可能使墙肢长度与厚度的比值大于8，避免设计成短肢剪力墙。

2）《高规》第7.1.3条规定，跨高比小于5的连梁应按《高规》第7章的有关规定设计，跨高比不小于5的连梁宜按框架梁设计。因此，本结构建模时，跨高比小于5的连梁按剪力墙开洞口建模，而跨高比大于5的连梁按PKPM主梁建模。

3）电梯间部分建模时，规范给出机房活荷载取值为7.0kN/m²，而电梯的重力荷载在设计中应根据电梯样本进行查询。本例中简化分析，将其等效为15kN/m²的均布荷载。

4）屋面层电梯井顶板需升板（本例中假定为1.2m），以满足电梯运行要求。可通过"楼板"菜单中的"错层"命令进行修改。单击"错层"命令，在弹出的对话框内"输入楼板错层值"填入-1200mm。PMCAD中降板填入正值，反之为负。

按照上述方法，结构各标准层构件布置图如图6-45、图6-46所示，各层荷载简图如图6-47~图6-49所示，最终形成的结构三维模型如图6-50所示。

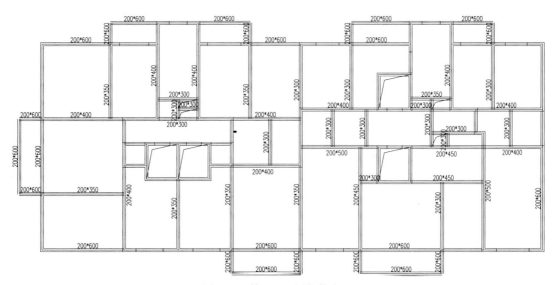

图 6-45　第 1~16 层构件布置

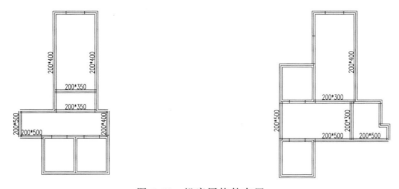

图 6-46　机房层构件布置

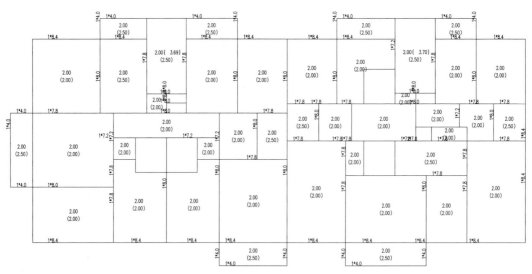

图 6-47　第 1~15 层荷载

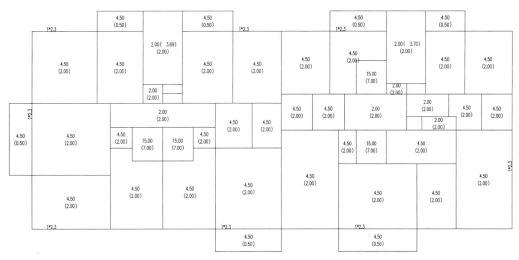

图 6-48 第 16 层荷载

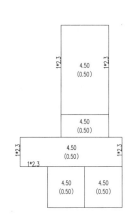

图 6-49 机房层荷载

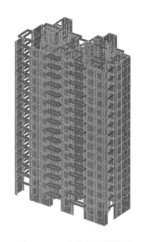

图 6-50 三维模型简图

6.2.3 结构内力分析计算

1. 前处理

参数与模型补充定义过程可参照本书第 2 章及本章 6.1 节的工程示例，这里不再详细介绍。但模型前处理时应注意以下几点：

1）前处理参数定义的"总信息"页面，可勾选"框架梁转壳元，当跨高比<"选项，并填入相应的跨高比界限值（如 5）。此时，结构在内力分析时，对于跨高比小于 5 但平面模型中按主梁输入的构件，将其自动转换为壳元计算（考虑按剪力墙连梁的相关规定进行内力分析）。

2）模型补充定义时，选择"特殊梁"，在左侧停靠对话框内，选择"自动生成"→"砼次梁全楼铰接"命令，将全楼次梁的梁端快捷设置为铰接。

3）由于机房层有左右两个机房，"前处理及计算菜单"需执行"多塔定义"→"自动生成"命令，将机房层划分为两个塔楼。

4）高层剪力墙结构需进行底部加强区的判断。

《高规》第7.1.4条规定，抗震设计时，剪力墙底部加强部位的范围，应符合：①底部加强部位的高度，应从地下室顶板算起；②底部加强部位的高度可取底部两层和墙体总高度的1/10二者的较大值；③当结构计算嵌固端位于地下一层底板或以下时，底部加强部位宜延伸到计算嵌固端。

《高规》第7.2.14条规定，三级剪力墙底层墙肢底截面的轴压比大于0.3时，应在底部加强部位及相邻的上一层设置约束边缘构件，约束边缘构件应符合本规程第7.2.15条的规定。

按上述规定本示例工程的底部加强区为底部两层，约束边缘构件应设置在1~3层。单击"层塔属性"→"底部加强"命令和"约束边缘"命令，查看程序自动划分结果是否合理，必要时可进行加强区、薄弱层等的手动调整。

2. 分析结果图形和文本显示

（1）结构整体分析结果 本示例工程为高层剪力墙结构，整体设计指标重点查看结构振型、位移、剪重比、刚度比、楼层受剪承载力、刚重比以及舒适度验算结果。

1）振型。结构前三阶振型如图6-51~图6-53所示。由图可知，结构第一阶和第二阶振型均以平动为主。详细的自振周期与振型数据见表6-4。由图表可知，扭转为主的一阶自振周期为0.88s，而平动为主的一阶自振周期为1.32s，满足扭转为主一阶自振周期不大于0.9倍平动为主一阶自振周期的要求。此外，《高规》第5.1.13条规定，各振型的参与质量之和不应小于总质量的90%。本例中，X向和Y向的有效质量系数分别为96.73%和95.90%，计算振型个数满足要求。

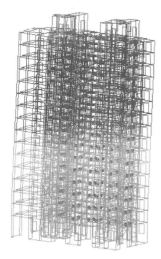 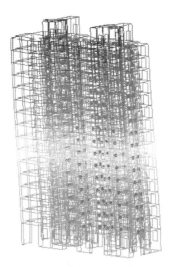 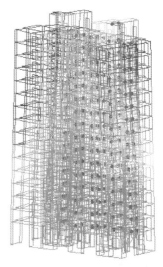

图6-51　一阶振型（Y向平动）　　　图6-52　二阶振型（X向平动）　　　图6-53　一阶振型（扭转）

表6-4　结构周期及振型方向

振型号	周期/s	方向角/°	类型	扭振成分	X侧振成分	Y侧振成分	总侧振成分
1	1.3220	91.03	Y	0%	0%	100%	1
2	1.0710	1.37	X	1%	99%	0%	2
3	0.8802	149.52	T	96%	1%	3%	3

（续）

振型号	周期/s	方向角/°	类型	扭振成分	X侧振成分	Y侧振成分	总侧振成分
4	0.3473	93.19	Y	0%	0%	100%	4
5	0.3097	3.19	X	0%	100%	0%	5
6	0.2583	103.91	T	95%	0%	5%	6
7	0.1603	115.43	Y	1%	18%	81%	7
8	0.1559	25.31	X	0%	81%	19%	8
9	0.1284	56.24	T	92%	1%	7%	9
10	0.1015	167.69	X	1%	94%	5%	10
11	0.0955	76.75	Y	1%	5%	94%	11

2）位移。单击"楼层指标"命令，可对地震及风荷载作用下的楼层位移、层间位移角、楼层剪力和刚度比等参数进行查看。图6-54~图6-57所示分别为位移比简图、层间位移比简图、最大位移简图和最大层间位移角简图。

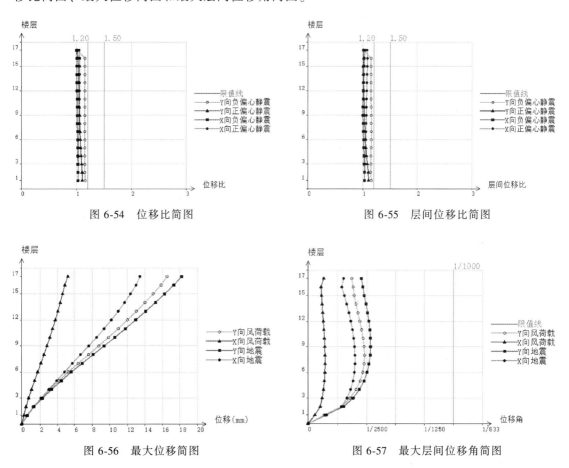

图 6-54 位移比简图

图 6-55 层间位移比简图

图 6-56 最大位移简图

图 6-57 最大层间位移角简图

根据《高规》第3.7.3条规定，对于高度不大于150m的剪力墙结构，按弹性方法计算的风荷载或多遇地震标准值作用下的楼层层间最大水平位移与层高之比 $\Delta u/h$ 不宜大于1/1000。示例结构所有工况下最大层间位移角（1/2338）均满足规范要求。

根据《高规》第3.4.5条规定，结构在考虑偶然偏心影响的规定水平地震力作用下，楼层竖向构件最大的水平位移和层间位移，A级高度高层建筑不宜大于该楼层平均值的1.2倍，不应大于该楼层平均值的1.5倍。本结构各工况下的最大层间位移比为1.16，按上述规定判断示例结构不属于扭转不规则。

因此，所有工况下位移比、层间位移比均满足规范要求。

3）剪重比。根据《抗规》第5.2.5条规定，7度（0.10g）设防地区，水平地震影响系数最大值为0.08，楼层剪重比不应小于1.60%。单击"文本查看"→"地震作用下剪重比及其调整"命令，可查看剪重比计算结果，见表6-5，X向和Y向剪重比满足规范要求。

表6-5　剪重比计算结果

层号	塔号	Vx/kN	RSW	Vy/kN	RSW
17	1	80.9	9.11%	92.0	10.35%
17	2	96.1	9.87%	97.6	10.02%
16	1	611.6	7.15%	607.0	7.10%
15	1	945.9	6.29%	902.9	6.01%
14	1	1206.4	5.61%	1112.1	5.17%
13	1	1410.9	5.04%	1259.0	4.50%
12	1	1575.0	4.57%	1365.1	3.96%
11	1	1712.8	4.18%	1449.7	3.54%
10	1	1836.6	3.87%	1529.2	3.22%
9	1	1955.3	3.63%	1615.5	3.00%
8	1	2075.7	3.44%	1716.5	2.84%
7	1	2201.1	3.29%	1834.2	2.74%
6	1	2329.9	3.18%	1963.5	2.68%
5	1	2457.1	3.08%	2095.0	2.62%
4	1	2575.6	2.98%	2218.9	2.57%
3	1	2677.8	2.89%	2322.9	2.50%
2	1	2750.4	2.77%	2392.0	2.41%
1	1	2781.9	2.63%	2418.8	2.28%

4）刚度比。《高规》第3.5.2-2条规定：对非框架结构，楼层与其相邻上层的侧向刚度比，本层与相邻上层的比值不宜小于0.9；当本层层高大于相邻上层层高的1.5倍时，该比值不宜小于1.1；对结构底部嵌固层，该比值不宜小于1.5。《抗规》3.4.3-2条对于侧向刚度不规则的定义为：该层的侧向刚度小于相邻上一层的70%，或小于其上相邻三个楼层侧向刚度平均值的80%。刚度比验算结果如图6-58所示，结构并无侧向刚度不规则的情况。

5）楼层受剪承载力。《高规》第3.5.3条规定A级高度高层建筑的楼层抗侧力结构的层间受剪承载力不宜小于其相邻上一层受剪承载力的80%，不应小于其相邻上一层受剪承载力的65%。如图6-59所示，示例结构满足上述要求。

6）刚重比。查看文本设计结果可知，X向和Y向地震作用下的结构刚重比分别为11.47和7.53，结构刚重比大于1.4，能够通过《高规》式（5.4.4-1）的整体稳定验算；且刚重比大于2.7，可以不考虑重力二阶效应。

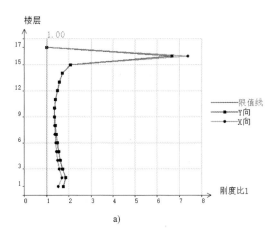

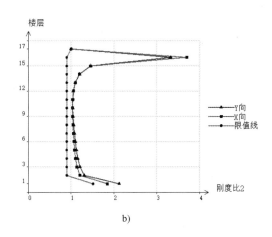

图 6-58 刚度比验算结果

7）舒适度。《高规》第3.7.6条规定，房屋高度不小于150m的高层混凝土结构应满足风振舒适度要求（本项目可不验算）。在10年一遇的风荷载标准值作用下，结构顶点的顺风向和横风向振动最大加速度计算值，对于住宅、公寓不应超过0.15m/s²。示例工程的风振加速度可参考表6-6所示结果。

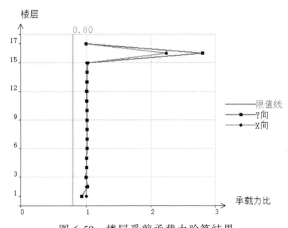

图 6-59 楼层受剪承载力验算结果

表 6-6 风振加速度验算结果　　　　　　　　　　　　（单位：m/s²）

工　况	《高钢规》		《荷规》	
	顺风向	横风向	顺风向	横风向
WX	0.035	0.017	0.037	0.013
WY	0.066	0.017	0.079	0.112

（2）结构构件验算结果

1）轴压比。单击"轴压比"命令，可以查看各层剪力墙的轴压比是否满足规范要求，不满足时，程序以红色字体显示。图6-60所示为底层剪力墙的轴压比图。本工程剪力墙抗震等级为三级，轴压比限值为0.60，个别短肢墙体的轴压比限值为0.55，各层剪力墙轴压比验算均满足要求。

2）配筋。单击"配筋"命令，可查看各层墙梁柱配筋图。图 6-61 所示为底层剪力墙与梁配筋图。通过图形分析或查看"超筋超限信息"文本可知，本示例工程所有构件均未超筋或超限。

3）边缘构件。单击"边缘构件"命令，可查看各层剪力墙边缘构件的尺寸、形状，以及计算配筋信息。图 6-62 所示为底层剪力墙边缘构件信息。

6.2.4 施工图绘制

施工图绘制过程可参考第 5 章及本章 6.1 节的工程示例，此处不再详细介绍，各层板、梁、墙配筋图绘制结果分别如图 6-63~图 6-71 所示（见本章二维码资源）。

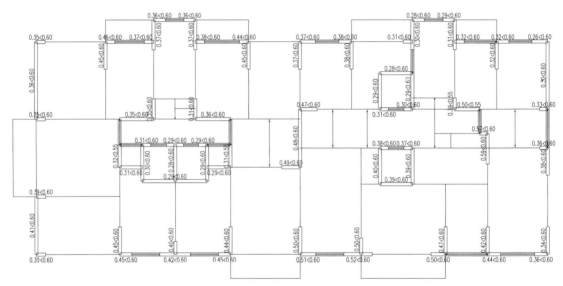

图 6-60　底层剪力墙轴压比

6.2.5 基础分析与设计

本例高层剪力墙结构采用筏形基础，需验算地基承载力、基础筏板抗冲切及基础沉降。基础分析与设计的主要步骤如下：

1）进入 JCCAD 模块，"地质模型"菜单下单击"标准孔点"命令，如图 6-72 所示，按照地质条件设置标准孔点土层信息。

2）采用"单点输入""单点编辑"等功能，布置孔点并修改相应土层信息，具体操作步骤可参见本书第 4 章。

3）在"基础模型"菜单中单击"参数"命令，在弹出的对话框内对基础设计参数进行修改。设置方法与第 4 章及本章 6.1 节工程示例类似。本工程拟采用筏形基础，筏板厚度为1.5m，持力层为砾砂。因此"地基承载力"页面需按图 6-73 修改。

4）单击"筏板布置"→"筏板防水板"命令，弹出筏板布置对话框，将板底标高设置为-3.7，板厚度设置为 1500，按屏幕提示布置基础筏板。继续单击"筏板布置"→"电梯井、集水坑"命令，在弹出的对话框内将"井底标高"设置为-5.2，按屏幕提示框选电梯井，完成电梯井底降板（本例中取-1.5m）。基础筏板布置结果如图 6-74 所示。

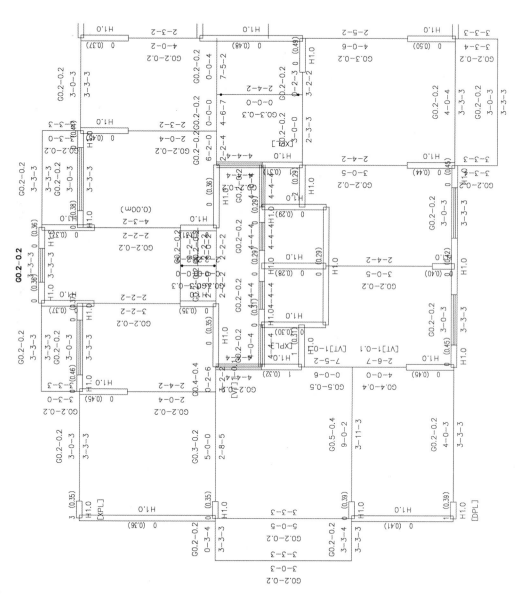

图 6-61 底层剪力墙与梁配筋结果（局部）

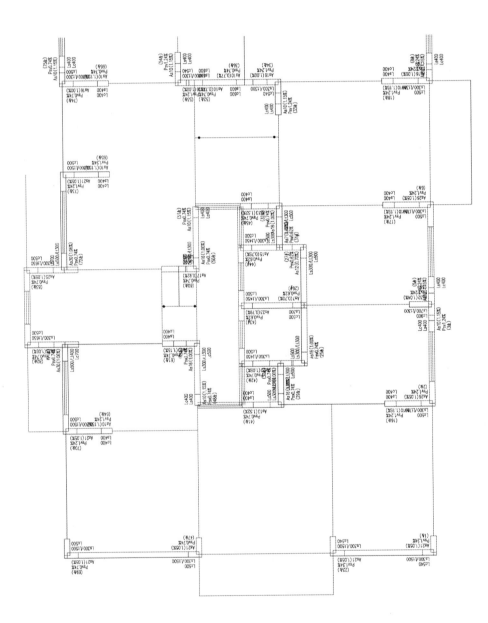

图 6-62　底层剪力墙边缘构件信息（局部）

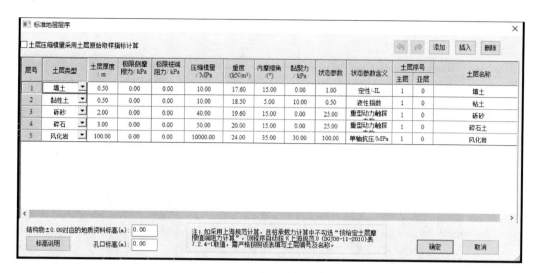

图 6-72　标准孔点信息

图 6-73　地基承载力设置

5）切换至"分析与设计"菜单，单击"生成数据"命令，程序自动生成计算数据。而后单击"基床系数"命令，单击"查表值"按钮可查得密实的砂土，基床系数建议取25000~40000。本例中取基床系数为25000，单击"添加"按钮后，框选所有筏板有限单元网格，右击即可完成基床系数的设定。

6）单击"生成数据+计算设计"命令，程序自动完成基础分析与设计。

7）切换至"结果查看"菜单，分别查看地基承载力校核、基础冲切验算、基础沉降等结果是否满足要求。本例中计算与设计结果均满足，可进入绘图环节。

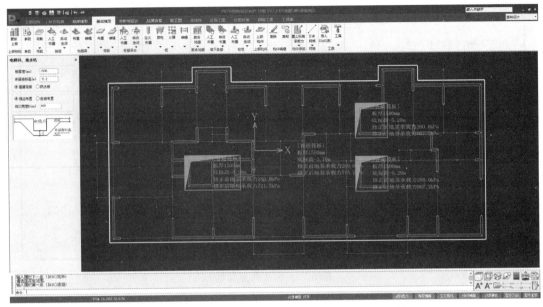

图 6-74　基础筏板平面布置

8）切换至"施工图菜单"，按第 5 章介绍的方法进行参数设置。基础筏板配筋图绘制的主要步骤如下：

① 在"施工图"菜单单击"筏板配筋图"命令，在弹出的提示框内，选择"建立新数据文件"，然后单击"确定"按钮，进入相应设计菜单。

② 单击"取计算配筋"命令，程序自动读取配筋结果。

③ 按设计与绘图习惯设置"布置钢筋参数""钢筋显示参数""校核参数""剖面参数"等。

④ 单击"画计算配筋"命令，程序自动完成筏板钢筋的绘制工作。

⑤ 单击"画施工图"命令，绘制筏板剖面图与配筋表。筏板配筋施工图的最终绘制结果如图 6-75、图 6-76 所示（见本章二维码资源）。

6.3　框架-核心筒结构 30 层办公楼设计实例

6.3.1　设计资料

1. 建筑概况

某 30 层现浇钢筋混凝土框架-核心筒结构办公楼，各层平面如图 6-77~图 6-80 所示。结构地下二层高均为 3.3m，地上 1~30 层层高均为 3.6m，机房层层高为 4.5m，室内外高差0.3m，女儿墙高 0.9m，建筑总高度（室外地面至檐口）为 112.8m。

2. 荷载取值

（1）楼屋面荷载

1）恒荷载。楼面装修荷载取 $1.5kN/m^2$，屋面防水保温构造层荷载取 $4.5kN/m^2$，顶棚装修荷载取 $0.5kN/m^2$。

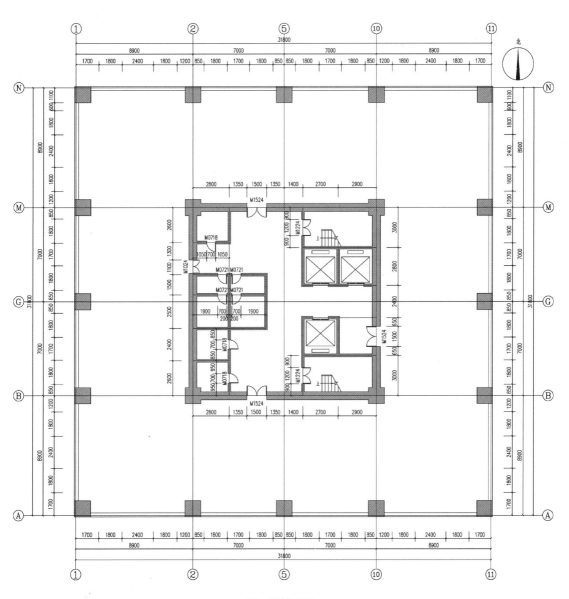

地下1~2层建筑平面图 1:100

图 6-77 地下 1~2 层建筑平面图

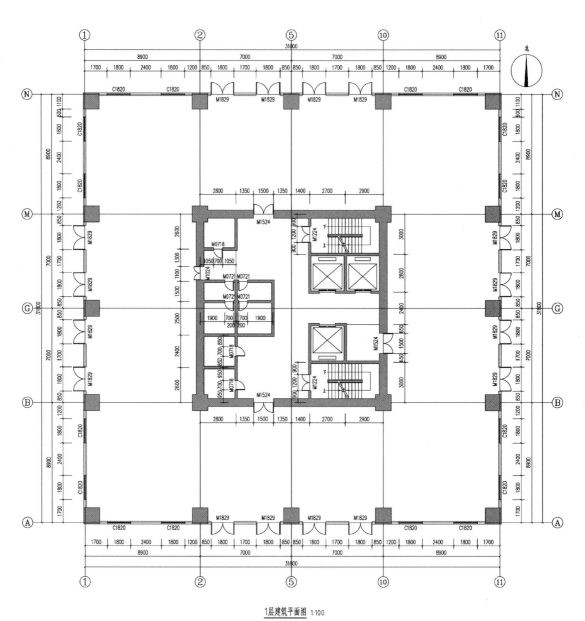

<u>1层建筑平面图</u> 1:100

图6-78　第1层建筑平面图

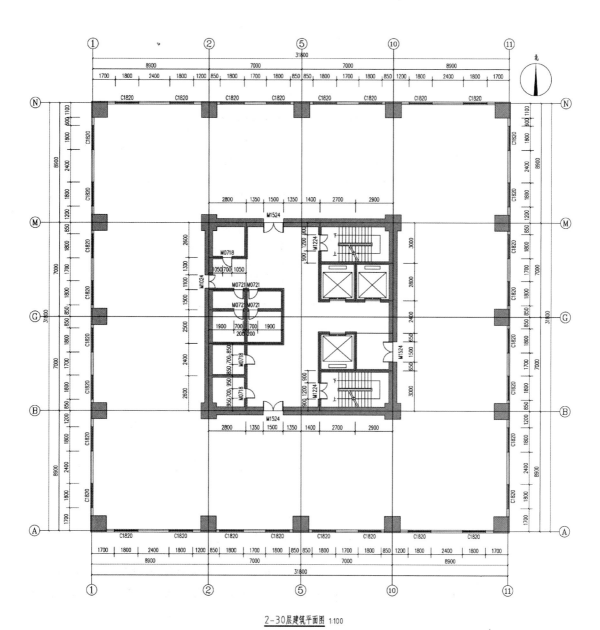

<u>2~30层建筑平面图</u> 1:100

图6-79 第2~30层建筑平面图

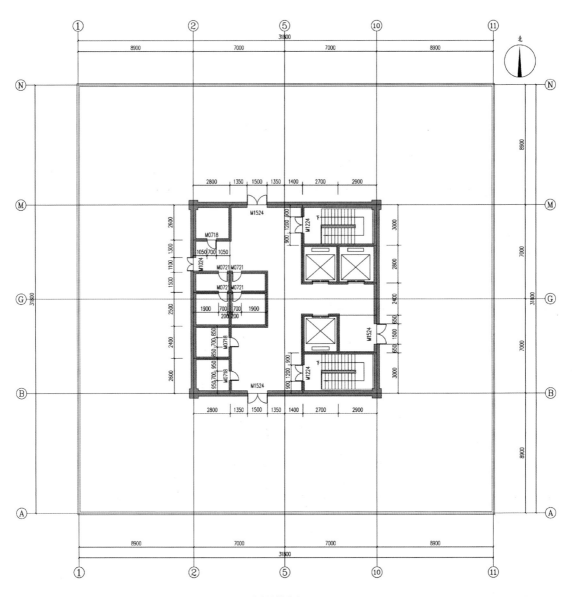

机房层建筑平面图 1:100

图 6-80 机房层建筑平面图

2）活荷载。楼面活荷载按《荷规》取 $2.0kN/m^2$，楼梯活荷载取 $3.5kN/m^2$，走廊活荷载取 $2.5kN/m^2$，电梯机房活荷载取 $7.0kN/m^2$，上人屋面活荷载取 $2.0kN/m^2$，雪荷载取 $0.50kN/m^2$。

（2）墙体荷载　填充墙采用轻骨料混凝土小型空心砌块，外墙考虑双侧抹灰与外饰面后的自重为 $3.2kN/m^2$。女儿墙采用 100mm 厚现浇混凝土，自重荷载取 $2.5kN/m^2$。

（3）风荷载　50 年一遇基本风压值为 $0.40kN/m^2$，地面粗糙度类别为 B 类，风载体型系数取 1.3。

（4）地震作用　抗震设防烈度为 6 度，设计地震基本加速度为 $0.05g$，场地类别为 Ⅱ

类，设计地震分组第一组，框架抗震等级为二级，筒体抗震等级为二级。

3. 地质信息

本工程建设地点无地下水，地基土层信息见表6-7，采用桩筏基础，筏板厚2.5m，桩直径500mm，基桩长度12m，桩端持力层为风化岩。

表6-7　地基土层信息

土质	土层厚度/m	承载力特征值/kPa	天然重度/(kN/m³)
杂填土	0.5	60	18.0
粉质黏土	3.0~5.0	175	18.5
砾砂	4.0~6.0	270	20.0
碎石土	5.0~8.0	310	20.0
风化岩	—	560	24.0

4. 材料强度

1）梁、板、墙、连梁、基础、楼梯等结构构件的纵向受力钢筋及箍筋均采用HRB400级钢筋。

2）地下-2层~地上12层的梁、板、墙、连梁、基础、楼梯等结构构件采用C40混凝土，地上13层~机房层采用C30混凝土。

5. 构件截面

1）核心筒。外壁厚度为-2层~12层为600mm，13层~20层为500mm，21层~机房层为400mm；内分隔墙厚度为200mm。

2）框架柱。-2层~12层截面尺寸为1200mm×1200mm，13层~20层截面尺寸为900mm×900mm，21层~机房层700mm×700mm。

3）框架梁。-2层~10层截面尺寸为600mm×800mm，13层~20层截面尺寸为500mm×700mm，21层~机房层截面尺寸为400mm×600mm。

4）次梁。全楼次梁截面尺寸为300mm×500mm。

5）楼板。-2层~-1层厚度为180mm，1层~4层的楼板厚度为160mm，5层~29层的楼板厚度为130mm，30层~机房层楼板厚度为160mm。

6.3.2　结构建模

模型建立过程可参照本书第2章及本章6.1节的工程示例，这里不再详细介绍。各层构件及荷载平面布置如图6-81~图6-89所示（见本章二维码资源）。

6.3.3　结构内力分析计算

1. 前处理

参数与模型补充定义过程可参照本书第2章及本章6.1~6.2节的工程示例，这里不再详细介绍。但模型前处理时应注意以下几点：

1）《高规》第12.1.8条规定，基础应有一定的埋置深度。在确定埋置深度时，应综合考虑建筑物的高度、体型、地基土质、抗震设防烈度等因素。基础埋置深度可从室外地坪算至基础底面，并宜符合下列规定：天然地基或复合地基，可取房屋高度的1/15；桩基础，不计桩长，可取房屋高度的1/18。

本示例工程结构总高度为112.8m，拟采用桩筏基础，筏板厚度估算为2m，并有两层层高为3.3m的地下室。由此可计算基础埋置深度约为8.3m，满足规范要求。此外，执行"参数定义"命令时，需按图6-90所示对地下室参数信息进行定义。

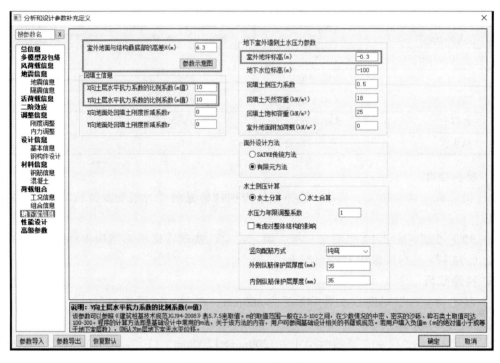

图6-90 地下室信息设置

2）地下室顶板能否作为上部结构嵌固端需按照《高规》第12.2.1条进行判断，本示例工程在进行参数定义时，在"基本参数"页面将嵌固端层号设置为2，即考虑地下室顶板作为嵌固端。

3）在进行参数定义时，在"高级参数"中勾选"上部结构传给基础刚度"，考虑二者共同工作。

4）示例工程地下室外墙需采用"特殊墙"进行定义。

5）与6.2节的剪力墙结构类似，需查看程序自动判断的底部加强区是否满足《高规》、《抗规》的相关要求。

2. 分析结果图形和文本显示

（1）结构整体分析结果

1）振型。结构前三阶振型如图6-91～图6-93所示。由图可知，结构第一阶和第二阶振型均以平动为主。详细的自振周期与振型数据见表6-8。由图表可知，扭转为主的一阶自振周期为1.07s，而平动为主的一阶自振周期为2.01s，满足扭转为主一阶自振周期不大于0.85倍平动为主一阶自振周期的要求。

此外，《高规》第5.1.13条规定，各振型的参与质量之和不应小于总质量的90%。本例中，X向和Y向的有效质量系数分别为92.47%和92.53%，计算振型个数满足要求。

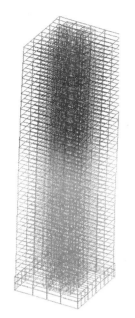

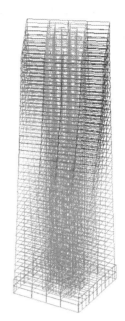

图 6-91　一阶振型（Y 向平动）　　图 6-92　二阶振型（X 向平动）　　图 6-93　一阶振型（扭转）

表 6-8　结构周期及振型方向

振型号	周期/s	方向角/°	类型	扭振成分	X 侧振成分	Y 侧振成分	总侧振成分
1	2.0058	92.73	Y	0%	0%	100%	100%
2	1.8971	2.74	X	0%	100%	0%	100%
3	1.0717	170.73	T	100%	0%	0%	0%
4	0.5152	48.94	Y	0%	43%	57%	100%
5	0.5088	138.96	X	0%	57%	43%	100%
6	0.4032	18.93	T	100%	0%	0%	0%
7	0.2442	23.70	X	9%	76%	15%	91%
8	0.2370	137.56	T	62%	21%	17%	38%
9	0.2368	102.19	Y	29%	3%	68%	71%

2）位移。单击"楼层指标"命令，可对地震及风荷载作用下的楼层位移、层间位移角、楼层剪力和刚度比等参数进行查看。图 6-94~图 6-97 所示分别为位移比简图、层间位移比简图、最大位移简图和最大层间位移角简图。

根据《高规》第 3.7.3 条规定，对于高度不大于 150m 的框架-核心筒结构，按弹性方法计算的风荷载或多遇地震标准值作用下的楼层层间最大水平位移与层高之比 $\Delta u/h$ 不宜大于 1/800。示例结构所有工况下最大层间位移角（1/5194）均满足规范要求。

根据《高规》第 3.4.5 条规定，结构在考虑偶然偏心影响的规定水平地震力作用下，楼层竖向构件最大的水平位移和层间位移，A 级高度高层建筑不宜大于该楼层平均值的 1.2 倍，不应大于该楼层平均值的 1.5 倍。本结构各工况下的最大层间位移比为 1.09，按上述规定判断该结构不属于扭转不规则。

3）结构质量分布。根据《高规》第3.5.6条的规定，楼层质量沿高度宜均匀分布，楼层质量不宜大于相邻下部楼层的1.5倍。如图6-98所示，结构全部楼层满足规范要求。

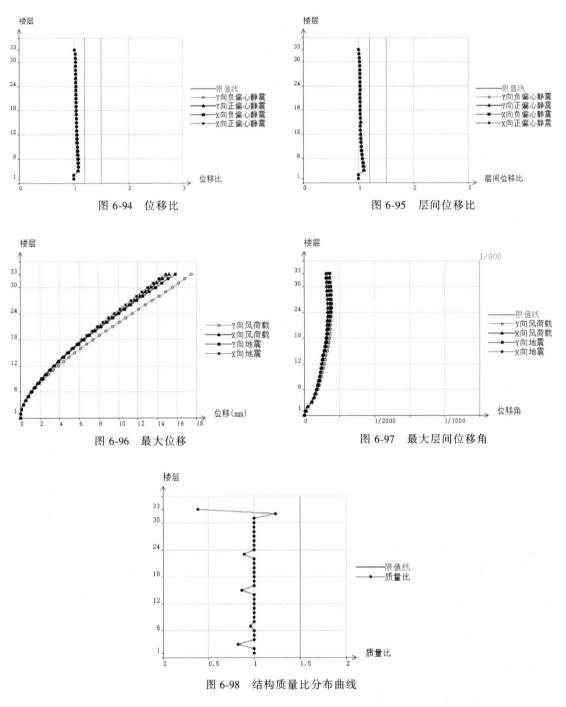

图 6-94　位移比

图 6-95　层间位移比

图 6-96　最大位移

图 6-97　最大层间位移角

图 6-98　结构质量比分布曲线

4）刚度比。《高规》第3.5.2-2条规定，对非框架结构，楼层与其相邻上层的侧向刚度比，本层与相邻上层的比值不宜小于0.9；当本层层高大于相邻上层层高的1.5倍时，该比值不宜小于1.1；对结构底部嵌固层，该比值不宜小于1.5。《抗规》第3.4.3-2条对于侧向刚度不规则的定义为：该层的侧向刚度小于相邻上一层的 70%，或小于其上相邻三个楼层侧向刚度平均值的 80%。刚度比验算结果如图 6-99 所示，显然结构并无侧向刚度不规则的情况。

《抗规》第 6.1.14-2 条规定，地下室顶板作为上部结构的嵌固部位时，地上一层的侧向刚度，不宜大于相关范围地下一层侧向刚度的 0.5 倍。结构计算结果显示，地上一层与地下一层的 X 向与 Y 向的剪切刚度比分别为 0.51 和 0.50，接近规范限值。可通过适当增加地下结构部分的刚度进行调整。

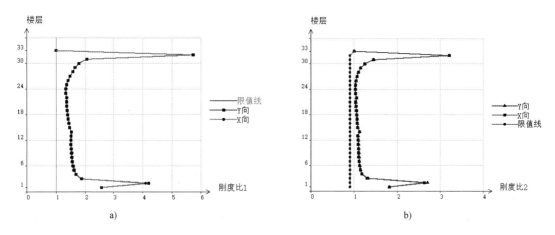

图 6-99　刚度比验算结果

5）楼层受剪承载力。《高规》第 3.5.3 条规定，A 级高度高层建筑的楼层抗侧力结构，层间受剪承载力不宜小于其相邻上一层受剪承载力的 80%，不应小于其相邻上一层受剪承载力的 65%。楼层受剪承载力比如图 6-100 所示，满足规范要求。

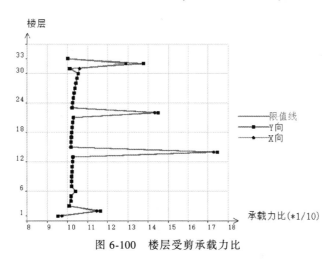

图 6-100　楼层受剪承载力比

6）剪重比。根据《抗规》第 5.2.5 条规定，6 度（0.05g）设防地区，水平地震影响系数最大值为 0.04，楼层剪重比不应小于 0.8%。单击"文本查看"→"地震作用下剪重比及其调整"命令，可查看剪重比计算结果，见表 6-9，X 向和 Y 向剪重比满足规范要求。

表 6-9　剪重比计算结果

层号	V_x/kN	RSW	V_y/kN	RSW
33	240.5	3.83%	242.5	3.86%
32	780.0	3.44%	782.9	3.45%
31	1156.5	3.21%	1157.0	3.21%
30	1469.6	2.98%	1464.7	2.97%
29	1720.2	2.74%	1707.2	2.72%
28	1911.9	2.51%	1888.6	2.48%
27	2051.3	2.30%	2016.0	2.26%
26	2147.5	2.09%	2099.2	2.04%
25	2211.4	1.91%	2149.9	1.85%
24	2254.6	1.74%	2180.2	1.69%
23	2287.8	1.60%	2201.9	1.54%
22	2326.0	1.48%	2229.1	1.41%
21	2374.3	1.38%	2269.1	1.32%
20	2434.7	1.30%	2323.9	1.24%
19	2506.8	1.24%	2392.9	1.18%
18	2589.1	1.19%	2473.8	1.14%
17	2679.7	1.15%	2564.5	1.10%
16	2778.1	1.12%	2663.8	1.08%
15	2885.0	1.10%	2772.2	1.06%
14	3022.2	1.08%	2911.9	1.04%
13	3178.4	1.07%	3071.6	1.04%
12	3352.1	1.07%	3249.6	1.04%
11	3539.6	1.07%	3442.1	1.04%
10	3735.1	1.07%	3643.2	1.05%
9	3931.2	1.08%	3845.2	1.05%
8	4119.4	1.08%	4039.4	1.06%
7	4291.1	1.07%	4217.0	1.05%
6	4445.0	1.06%	4376.5	1.05%
5	4567.8	1.05%	4504.0	1.03%
4	4655.3	1.03%	4595.3	1.01%
3	4706.8	1.00%	4649.1	0.99%
2	4730.9	0.96%	4674.1	0.95%
1	4740.1	0.92%	4683.8	0.91%

7）框架 $0.2V_0$ 调整系数。《高规》第 9.1.11 条规定，抗震设计时，筒体结构的框架部分按侧向刚度分配的楼层地震剪力标准值应符合下列规定：

① 当框架部分分配的地震剪力标准值的最大值小于结构底部总地震剪力标准值的 10%，各层框架部分承担的地震剪力标准值应增大到结构底部总地震剪力标准值的 15%，各层核心筒墙体的地震剪力值宜乘以增大系数 1.1。

② 当框架部分分配的地震剪力标准值小于结构底部总地震剪力标准值的 20%，但其最大值不小于结构底部总地震剪力标准值的 10% 时，应按结构底部总地震剪力标准值的 20% 和框架部分楼层地震剪力标准值中最大值的 1.5 倍二者的较小值进行调整。

本结构的各层调整系数如图 6-101 所示。

8）刚重比。查看文本设计结果可知，X 向和 Y 向地震作用下的结构刚重比分别为 7.82 和 6.99，结构刚重比大于 1.4，能够通过《高规》第 5.4.4-1 条的整体稳定验算；且刚重比大于 2.7，可不考虑重力二阶效应。

9）抗倾覆验算。根据《高规》第 12.1.7 条，在重力荷载与水平荷载标准值或重力荷载代

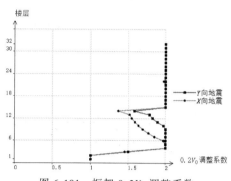

图 6-101 框架 $0.2V_0$ 调整系数

表值与多遇水平地震标准值共同作用下，高宽比大于 4 的高层建筑，基础底面不宜出现零应力区；高宽比不大于 4 的高层建筑，基础底面与地基之间零应力区面积不应超过基础底面面积的 15%。结构的抗倾覆验算结果见表 6-10，显然满足规范要求。

表 6-10 抗倾覆验算结果

工况	抗倾覆力矩 $M_r/(kN\cdot m)$	倾覆力矩 $M_{ov}/(kN\cdot m)$	比值 M_r/M_{ov}	零应力区（%）
EX	8.12e+6	3.87e+5	20.98	0.00
EY	8.14e+6	3.82e+5	21.30	0.00
WX	8.32e+6	3.29e+5	25.33	0.00
WY	8.35e+6	3.33e+5	25.09	0.00

10）舒适度。《高规》第 3.7.6 条规定，房屋高度不小于 150m 的高层混凝土建筑结构应满足风振舒适度要求（本例可不验算）。在 10 年一遇的风荷载标准值作用下，结构顶点的顺风向和横风向振动最大加速度计算值对于办公、旅馆不应超过 $0.25m/s^2$。根据《荷规》的验算结果，示例工程的风振加速度可参考表 6-11。

表 6-11 风振加速度验算结果 （单位：m/s^2）

工况	顺风向	横风向
W_x	0.063	0.069
W_y	0.064	0.069

（2）结构构件验算结果

1）轴压比。单击"轴压比"命令，可以查看各层框架柱与剪力墙的轴压比是否满足规范要求，不满足时，程序以红色字体显示。图 6-102 所示为结构地上 1 层的轴压比图。本工程剪力墙及框架柱的抗震等级均为 2 级，剪力墙轴压比限值为 0.60，框架柱轴压比限值为

0.85。查看图形设计结果可知，各层剪力墙与框架柱的轴压比验算均满足要求。

2）配筋。单击"配筋"命令，可查看各层墙梁柱配筋图。图6-103所示为结构地上1层的框架梁柱与剪力墙配筋结果。若存在超筋构件，其参数将以红色字体显示。图形分析或查看"超筋超限信息"文本可知，本示例工程所有构件均未超筋或超限。

3）边缘构件。单击"边缘构件"命令，可查看各层剪力墙边缘构件的尺寸、形状，以及计算配筋信息。图6-104所示为底层剪力墙边缘构件信息。

6.3.4 施工图绘制

施工图绘制过程可参考第5章及本章6.1节的工程示例，此处不再详细介绍，各层板、梁、墙配筋图绘制结果分别如图6-105～图6-122所示（见本章二维码资源）。

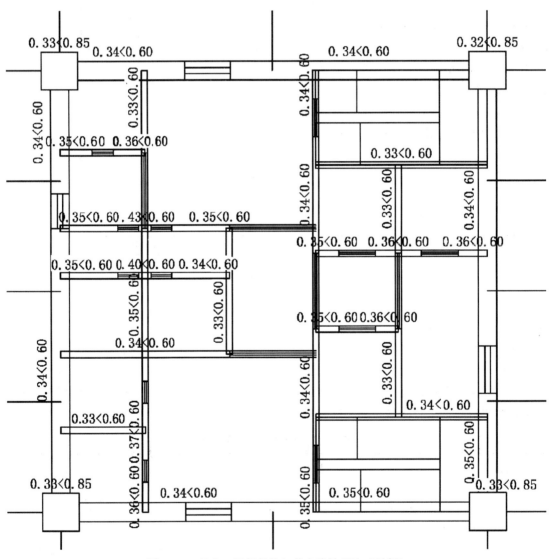

图6-102 地上1层框架柱与剪力墙轴压比（局部）

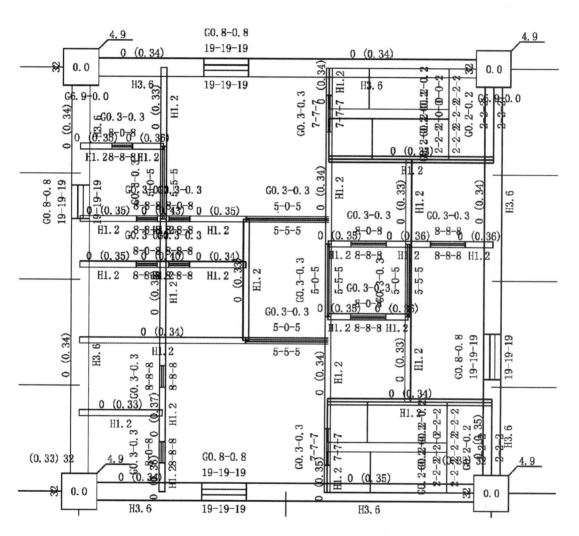

图 6-103　地上 1 层剪力墙与框架梁柱配筋结果（局部）

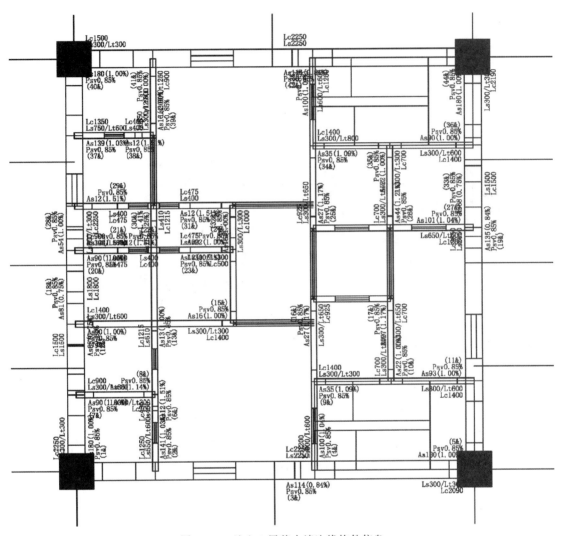

图 6-104 地上 1 层剪力墙边缘构件信息

6.3.5 基础分析与设计

本例高层框架-核心筒结构采用桩筏基础，需验算地基承载力、基础筏板抗冲切及基础沉降。基础分析与设计的主要步骤如下：

1）进入 JCCAD 模块，"地质模型"菜单下单击"标准孔点"命令，按照地质条件设置标准孔点土层信息，然后采用"单点输入""单点编辑"等功能，布置孔点。

2）"基础模型"菜单中单击"参数"命令，在弹出的对话框内对基础设计参数进行修改。本工程拟采用筏形基础，筏板厚度为 2.5m，桩端嵌入风化岩。

3）单击"筏板布置"→"筏板防水板"命令，弹出筏板布置对话框，将板底标高设置为-8.6，板厚度设置为 2500，按屏幕提示布置基础筏板。继续单击"筏板布置"→"电梯井、集水坑"命令，在弹出的对话框内将"井底标高"设置为-10.6，按屏幕提示框选电梯井，完成电梯井底降板-1.5m。

4）单击"定义布置"命令，在弹出的对话框内，根据估算结果将单桩承载力设置为2000，抗拔承载力设置为600，桩直径设置为500，桩身承载力设置为2800。

5）单击"群桩"→"筏板布桩"命令，在弹出的对话框内将"最小桩间距"和"最大桩间距"分别设置为2000和4000，然后根据屏幕提示布桩。

6）切换至"分析与设计"菜单，单击"生成数据"命令，程序自动生成计算数据。而后单击"基床系数"命令，单击"查表值"按钮可查得密实的碎石土，基床系数建议取25000~40000。本例中取基床系数为25000，单击"添加"按钮后，框选所有筏板有限单元网格后，右击即可完成基床系数的设定。

7）单击"生成数据+计算设计"命令，程序自动完成基础分析与设计。

8）切换至"结果查看"菜单，参考第5章相关内容分别查看地基承载力校核、基础冲切验算、基础沉降等结果是否满足要求。本例中计算与设计结果均满足，可进入绘图环节。

9）切换至"施工图菜单"，按第5章介绍的方法完成桩基定位及配筋图的绘制，按6.2节介绍的方法完成基础筏板配筋图绘制，结果如图6-123~图6-124所示（见本章二维码资源）。

6.4 本章练习

1. 总结采用SATWE模块进行框架结构和剪力墙结构设计的基本步骤。

2. 根据本章6.1节~6.3节提供的设计资料，独立完成工程案例的设计与绘图。

第7章 钢结构设计流程与实例详解

本章介绍：

　　STS 是 PKPM 结构设计软件专用于钢结构设计的功能模块，既能独立运行，又可与 PKPM 其他模块数据共享，可以完成钢结构的模型输入、优化设计、结构计算、连接节点设计与施工图辅助设计。本章结合工程实例对利用 STS 模块进行平面桁架设计、门式刚架设计实例及钢框架结构设计的方法与一般流程进行介绍。

学习要点：

- 了解 STS 模块的基本功能与操作流程
- 掌握平面桁架、门式刚架以及钢框架结构的设计方法

7.1 界面环境与基本功能

7.1.1 界面环境

　　钢结构系列软件主界面如图 7-1 所示，其中 STS 包含的功能模型有钢结构二维设计（门式刚架、框架、桁架、支架、框排架、工具箱）、钢结构厂房三维设计、钢框架三维设计、网架网壳管桁架设计及薄钢住宅设计。

7.1.2 基本功能

　　STS 模块可以完成钢结构的模型输入、截面优化、结构分析、构件验算、节点设计与施工图绘制，适用于门式刚架、多高层框架、桁架、支架、框排架、空间杆系钢结构（如塔架、网架、空间桁架）等结构类型，并且提供了专业工具用于檩条、墙梁、隅撑、抗风柱、组合梁、柱间支撑、屋面支撑、吊车梁等基本构件的计算和绘图。STS 模块可以独立运行，也可与 PKPM 系列其他软件数据共享，配合使用，基本可满足一般钢结构工程设计的需要。

图 7-1 钢结构设计 STS 模块的主界面

1. 钢结构二维设计

钢结构二维设计模块的功能菜单如图 7-2 所示,可完成门式刚架、框架、桁架、支架、框排架的二维设计,包括二维模型的输入、截面优化、结构计算、节点设计和施工图绘制。

(1) 门式刚架 主要完成门式刚架结构的模型输入、结构优化设计、结构计算,以及节点设计和施工图绘制。

(2) 框架 完成框架二维模型的输入、结构优化、结构计算,以及节点连接设计与施工图绘制。

(3) 桁架 用于桁架结构类型的二维模型的输入、截面优化、结构计算,以及节点设计和施工图绘制。

(4) 支架 用于支架结构的二维模型的输入、截面优化、结构计算,以及节点设计和施工图绘制。

图 7-2 钢结构二维设计模块的功能菜单

(5) 框排架 用于排架、框排架结构类型的二维模型的输入、截面优化,以及结构计算。可以进行实腹式组合截面、格构式组合截面、钢管混凝土截面等复杂截面的输入。

(6) 重钢厂房 主要用于实腹式柱、实腹式组合截面柱、格构式组合截面柱的柱脚及柱身设计,肩梁设计,牛腿设计等。

(7) 工具箱 包括基本构件和连接节点的计算和绘图工具。可以完成各种截面的简支或者连续檩条、墙梁计算和绘图,屋面支撑、柱间支撑的计算和绘图,吊车梁的截面优化和设计及绘图,各种连接节点的计算和绘图,钢梯绘图,抗风柱计算和绘图,蜂窝梁、组合梁、简支梁、连续梁、基本梁柱构件计算,型钢库查询与修改,之字形型钢(波纹腹板)构件计算,波浪腹板 H 型钢设计等。

2. 钢结构厂房三维设计

钢结构三维设计模块的功能菜单如图 7-3 所示,用于门式刚架结构类型的三维模型输入,屋面、墙面设计,钢材统计和报价。

（1）门式刚架三维设计　集成了门式刚架结构三维建模、屋面墙面设计、刚架连接节点设计和施工图自动绘制功能。三维建模可以通过立面编辑的方式建立主刚架与支撑系统的三维模型，通过起重机（吊车）平面布置的方法自动生成各榀刚架起重机荷载，通过屋面墙面布置建立围护构件的三维模型。自动完成主刚架、柱间支撑、屋面支撑的内力分析和构件设计，自动完成屋面檩条、墙面墙梁的优化和计算，绘制柱脚锚栓布置图，平面、立面布置图，主刚架施工详图，柱间支撑、屋面支撑施工详图，檩条、墙梁、隅撑、墙架柱、抗风柱等构件施工详图。

（2）门式刚架三维效果图　可根据三维模型，自动铺设屋面板、墙面板及包边，自动生成门洞顶部的雨篷，自动形成厂房周围道路、场景设计，交互布置天沟和雨水管，快速生成渲染效果图，并可制作三维动画。

（3）框排架三维设计　可完成框排架的三维模型输入、吊车系统布置、屋面墙面布置、结构计算。

3. 钢框架三维设计

用于多、高层框架结构类型的三维模型输入，为 SATWE 或 PMSAP 三维计算提供建模数据，可以接三维计算软件的设计内力完成全楼节点的连接设计，绘制三维框架设计图，节点施工图，构件施工详图，平面、立面布置图，实际结构三维模型图等。

（1）三维框架节点设计　可以单独修改各节点的连接螺栓直径，连接方式等参数，做到各个节点可以有不同的设计参数和连接方式，对节点设计结果可进行修改和重新归并，设计结果文件详细地输出了节点计算的过程和校核结果。

（2）三维框架施工图　可以绘制设计图、节点施工图、构件施工详图、结构平面图、立面布置图，提供的实际结构三维模型图可以身临其境地从各角度观察节点的实际连接形式与效果。可以精确地统计整个结构最终的钢材用量，绘制钢材订货表和高强度螺栓表。

（3）任意截面编辑器　可以绘制任意形状的截面，或通过型钢、钢板组成任意复杂截面，程序自动计算截面特性，完成结构内力分析。

4. 空间结构设计

能够完成塔架、空间桁架、网架、网壳、栈桥、广告牌等各类空间杆系结构的建模分析，并提供了快速建模工具，可以分块模型拼装，也可以导入 AutoCAD 的网格模型。

7.2　基本设计条件

7.2.1　设计依据

1）对于普通钢结构，如桁架、排架、框架、支架、吊车梁、屋面支撑、柱间支撑，程序默认按《钢结构设计标准》（GB 50017—2017）计算。

2）对于冷弯薄壁型钢结构，按《冷弯薄壁型钢结构设计规范》（GB 50018—2002）计算。

3）对于轻钢门式刚架，可以按《钢结构设计标准》，《门式刚架轻型房屋钢结构技术规范》（GB 51022—2015），上海市标准《轻型钢结构设计规程》（DBJ 08—68—97）计算。

4）对于檩条、墙梁，可以分别按照《冷弯薄壁型钢结构设计规范》和《门式刚架轻型房屋钢结构技术规范》计算。

5）对于钢管混凝土组合截面，按照《钢管混凝土结构设计与施工规程》（CECS28—2012）计算。

6）用任意截面输入，并选择验算规范为"2-(材料：铝合金)按玻璃幕墙工程技术规范"，程序对这类构件自动按《玻璃幕墙工程技术规范》（JGJ 102—1996）进行截面的强度与稳定验算。

7.2.2　钢材性能指标

1. 普通钢结构

STS模块中，对于普通钢结构可计算的钢材牌号和强度取值见表7-1。强度设计值参考《钢结构设计标准》，其中带 * 者未在标准中给出设计值，根据GB/T 1591和GB/T 19879的屈服强度和钢结构标准给出的材料抗力分项系数推算所得。Q460以上钢号强度设计值都是按照钢结构标准中的Q460的材料抗力分项系数计算所得。

2. 门式轻钢及冷弯薄壁型钢结构

对于按《门式刚架轻型房屋钢结构技术规范》设计的结构，强度取值见表7-2。对于冷弯薄壁型钢结构的设计，可选用Q235、Q345两种牌号的钢材，钢材的强度设计值以《冷弯薄壁型钢结构设计规范》为依据。

表 7-1　普通钢结构可计算钢材牌号和强度取值　　　　（单位：MPa）

牌号	钢材厚度或直径/mm				
	≤16	>16, ≤40	>40, ≤63mm	>63, ≤80mm	>80, ≤100mm
Q235	215,125,235[①]	205,120,225	200,115,215	200,115,215	200,115,215
Q345	305,175,345	295,170,335	290,165,325	280,160,315	270,155,305
Q390	345,200,390	330,190,370	310,180,350	295,170,330	295,170,330
Q420	375,215,420	355,205,400	320,185,380	305,175,360	305,175,360
Q460	410,235,460	390,225,440	355,205,420	340,195,400	340,195,400
* Q500	445,255,500	425,245,480	395,225,470	380,220,450	370,215,440
* Q550	485,280,550	470,270,530	440,255,520	420,245,500	415,240,490
* Q620	550,315,620	530,305,600	500,285,590	480,275,570	—
* Q690	610,355,690	595,340,670	560,320,660	540,310,640	—

① 表格中从左到右分别是抗拉、抗压、抗弯强度设计值 f，抗剪强度设计值 f_v，屈服强度最小值 f_y。

表 7-2　门式轻钢结构可计算钢材牌号和强度取值　　　　（单位：MPa）

牌号	钢材厚度或直径/mm	抗拉、抗弯、抗压强度设计值 f	抗剪强度设计值 f_v	屈服强度最小值 f_y
Q235	≤6	215	125	235
	>6, ≤16	215	125	235
	>16, ≤40	205	120	225

（续）

牌号	钢材厚度或直径/mm	抗拉、抗弯、抗压强度设计值 f	抗剪强度设计值 f_v	屈服强度最小值 f_y
Q345	≤6mm	305	175	345
	>6, ≤16	305	175	345
	>16, ≤40	295	170	335
LQ550	≤0.6	455	260	530
	>0.6, ≤0.9	430	250	500
	>0.9, ≤1.2	400	230	460
	>1.2, ≤1.5	360	210	420

3. 角焊缝

STS 模块中，角焊缝强度的取值见表 7-3。

表 7-3　角焊缝强度取值　　　　　　　　　　　　（单位：MPa）

牌号	Q235/Q235GJ	Q345/Q345GJ	Q390/Q390GJ	Q420/Q420GJ	Q460 及以上
抗剪强度	160	200	220	220	220

4. 螺栓承压强度

STS 模块中，螺栓承压强度的取值见表 7-4。

表 7-4　螺栓承压强度取值　　　　　　　　　　　（单位：MPa）

钢材牌号	普通 C 级螺栓承压强度	普通 A、B 级螺栓承压强度	承压型高强螺栓承压强度
Q235	305	405	470
Q345	385	510	590
Q390	400	530	615
Q420	425	560	655
Q460	450	595	695
Q500	440（＊）	585（＊）	680（＊）
Q550	485（＊）	640（＊）	745（＊）
Q620	550（＊）	725（＊）	845（＊）
Q690	600（＊）	790（＊）	920（＊）
Q235GJ	330（＊）	430（＊）	505（＊）
Q345GJ	400	530	615
Q390GJ	400（＊）	530（＊）	615（＊）
Q420GJ	420（＊）	560（＊）	655（＊）
Q460GJ	450（＊）	595（＊）	695（＊）

5. 密度与弹性模量

钢材的密度和弹性模量分别按 7850kg/m^3 与 $2.06 \times 10^5 \text{MPa}$ 取值。

7.2.3 构件截面类型

STS 程序可计算的构件截面类型达 100 余种。各种通用型钢及其相关参数由程序的数据库管理，选用时，程序自动调用其截面特性参数；而其他异型截面和组合截面，给定基本参数后，程序自动计算其截面特性参数，以供分析使用。STS 模块可考虑的截面类型主要包括：

1）矩形、工字形、箱形、十字形、槽形、L 形、多边形、圆形、圆管形等。

2）程序型钢库提供的型钢截面，包括角钢、槽钢、工字钢、H 型钢。

3）型钢组合截面，如角钢组合截面、槽钢组合截面。

4）矩形、工字形、箱形的变截面杆件。

5）矩形、工字形、箱形的加腋梁截面。

6）工字钢与钢筋混凝土楼板组合梁截面。

7）实腹式组合截面，如工字钢翼缘上焊钢板、槽钢与工字钢加钢板等。

8）格构式组合截面，如双工字钢组合、钢管组合等。

9）钢管混凝土截面及钢管混凝土格构式组合截面。

10）冷弯薄壁型钢截面及冷弯薄壁型钢组合截面。

7.2.4 适用范围

1. 二维设计

当采用二维模型输入、节点设计和绘制施工图时，设计模型的限制条件为：总节点数目（包括支座的约束点）≤1000，柱数目≤1000，梁数目≤1000，支座约束数目≤100，地震计算时合并的质点数≤1000，起重机跨数（每跨可为双层起重机）≤30。

2. 三维设计

塔架、空间桁架、网架等空间杆系钢结构的三维结构分析与构件设计，可采用 STS 模块独立完成，而钢框架结构的三维整体分析和构件设计须与 SATWE、PMSAP 等模块配合完成。三维模型输入、节点设计与施工图设计的计算模型容量同第 2 章介绍的 PMCAD 模块。

7.3 平面桁架结构设计

7.3.1 一般设计流程

钢结构二维结构设计采用交互式输入与计算形式，图 7-4 所示为该模块的运行界面，可完成平面刚架、框架、桁架等的建模与分析过程，其设计流程大同小异，故本节对平面杆系结构的建模与分析操作进行统一介绍。

1. 网格输入

网格输入是结构建模的准备工作，单击"轴线网格"命令，即可进入图 7-5 所示的菜单。任意平面杆系网格均可采用坐标方式输入（"建立及操作"子菜单），程序自动在网格线的交叉处形成网点，如不需要可用"取消节点"功能予以删除。此外，对于一些形式规则的结构可采用"快速建模"子菜单，快速建模的主要功能有门式刚架快速建模、钢框架快速建模、桁架快速建模、分割线段和弧线快速建模等。

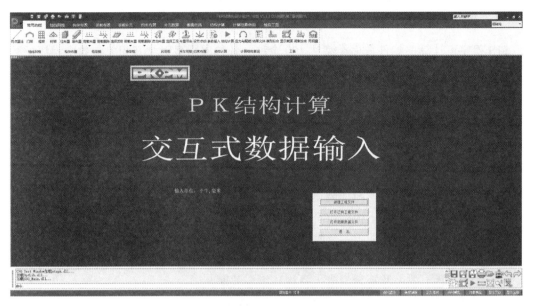

图 7-4 钢结构二维结构设计运行界面

图 7-5 "轴线网格"菜单

2. 标准截面定义

截面定义位于"构件布置"菜单内，图 7-6 所示为柱"截面定义"对话框。程序提供"选择截面库""增加""删除""修改""复制""存入用户截面库""截面属性"等功能。

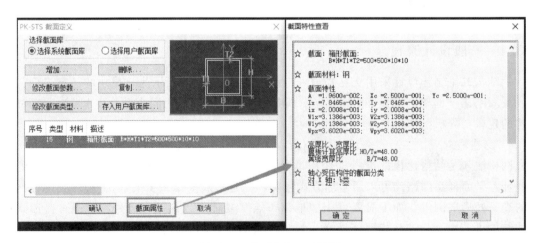

图 7-6 "截面定义"对话框

"增加"用于定义新的截面,"删除"用于删除标准截面,"修改"分为截面参数修改与截面类型修改两方面,"复制"可复制已定义的截面进行修改,"存入用户截面库"用于将所有显示在标准截面定义列表中的数据存入用户定义的标准截面库文件中,"截面属性"可用于查看已定义标准截面的特性参数。

3. 梁柱布置

在图7-7所示的"构件布置"菜单内,根据定义的标准截面进行梁、柱构件的布置。需要指出的是,杆件作为柱或梁输入并不影响内力计算结果。但应力验算时,如按柱输入,混凝土构件按偏拉偏压杆件验算,而钢构件按压弯杆件进行承载力和稳定性计算,承载力验算取两端截面;如按梁输入,混凝土构件按受弯杆件计算,而钢构件进行上下翼缘的正应力、剪应力计算和构件挠度计算,应力分别验算跨中13个截面。

图7-7 "构件布置"菜单

4. 构件特殊与约束定义

主要包括杆件计算长度设置、单拉杆件定义、约束布置和支座修改。其中计算长度设置及单拉杆定义的相关命令位于图7-7所示的"构件布置"菜单内,而约束布置和支座修改的相关命令位于图7-8所示的"约束布置"菜单内。

图7-8 "约束布置"菜单

(1)计算长度设置 单击"计算长度"命令,弹出图7-9所示停靠对话框,可分别对平面外计算长度和平面内计算长度进行设置。平面内计算长度系数默认值为1,即结构计算时取程序自动计算结果,平面外计算长度默认值为杆件实际长度。

(2)单拉杆定义 用于定义只承受拉力,一旦受压则退出计算的杆件,程序中单拉杆件显示为粉红色。

(3)约束布置 约束布置用于定义构件两端的约束情况。柱铰、梁铰和节点铰可通过单击相应命令,按屏幕提示进行设置,而滑动约束可通过单击"定义约束"命令,在弹出的对话框(图7-10)内进行设置。

(4)支座修改 可通过使用"增加支座""删除支座"和"修改支座"命令,对杆系结构的制作情况进行调整。

5. 荷载布置

"荷载布置"菜单如图7-11所示,可输入恒荷载、活荷载、风荷载、起重机荷载等,并可完成对荷载的查改与校核。可单击相应的命令,输入荷载参数,用光标、轴线、窗口等方

图 7-9 "设置构件计算长度"对话框

图 7-10 滑动约束定义

式来布置、修改与删除荷载。STS 模块中，规定水平荷载向右为正，竖向荷载向下为正，弯矩顺时针方向为正，反之为负。此外，可通过图 7-12 所示的"荷载补充"菜单，补充定义节点荷载、柱间荷载及梁间荷载。

图 7-11 "荷载布置"菜单

图 7-12 "荷载补充"菜单

6. 补充数据

"补充数据"菜单如图 7-13 所示，可用于完成附加重量和基础计算数据的输入、修改与删除。

图 7-13 "补充数据"菜单

7. 参数输入

"参数输入"功能位于"结构计算"菜单内，如图 7-14 所示，可用于定义结构分析的各项参数，包含"结构类型参数""总信息参数""地震计算参数""荷载分项及组合系数""活荷载不利布置""防火设计"和"其他信息"7 个选项卡。具体参数信息应根据工程实际情况与规范、规程要求填写。

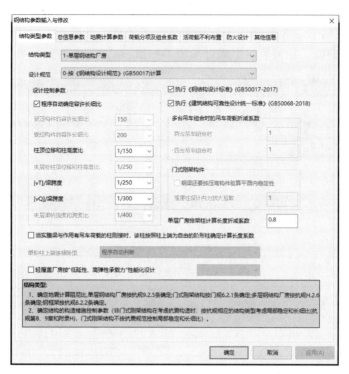

图 7-14　"钢结构参数输入与修改"对话框

8. 截面优选

"截面优选"菜单如图 7-15 所示，可实现构件截面的优化。程序中截面优化的过程分优化控制参数定义、截面分组、确定优化范围、进行优化计算与查询分析结果 5 个步骤。

图 7-15　"截面优选"菜单

9. 结构计算

"结构计算"菜单如图 7-16 所示，可采用二维分析计算对建立的模型进行内力分析、杆件强度、稳定验算及结构变形验算等。

图 7-16　"结构计算"菜单

10. 计算结果查询

"计算结果查询"菜单如图 7-17 所示，各项设计与计算结果可以图形方式或文本方式进行查看。

11. 绘施工图

"绘施工图"菜单如图 7-18 和图 7-19 所示，分为一般桁架施工图和管桁架施工图两部分。该菜单可根据计算结果，按设计要求与设计深度，进行施工图的人机交互式绘制与修改。其中"桁架施工图"子菜单适用于角钢、双角钢组合、槽钢、双槽钢组合截面的梯形、三角形、平行弦桁架;"管桁架施工图"子菜单适用于自定义圆管、自定义矩形管、焊接薄壁钢管、热轧无缝钢管,相关节点形式可采用 T-Y 型、X 型、K-N 型、K-T 型。

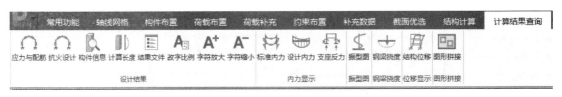

图 7-17 "计算结果查询"菜单

图 7-18 "桁架施工图"菜单

图 7-19 "管桁架施工图"菜单

12. 平面桁架设计的注意事项

平面桁架的设计可按上述步骤进行设计,但建模与计算过程中应注意以下几点:

1)桁架结构须预设支座杆件,支座节点常常存在偏心。

2)桁架中的杆件一般为压弯或轴心拉压杆件,应全部按柱输入。

3)需根据具体情况确定构件端部的铰接情况。

4)杆件计算长度,特别是平面外计算长度的定义应予以重视。

5)杆件按柱输入,程序只记录端截面的内力,并验算截面强度和构件稳定性。因此,当存在节间荷载时,构件设计结果可能偏小,建议在荷载作用点增加节点,但须同时修改杆件的计算长度。

7.3.2 设计实例介绍

1. 设计资料

某厂房跨度为 30m,厂房柱距为 6m,采用梯形钢屋架,端部高度 2.0m,两端铰接于钢筋混凝土柱上。屋面采用 1.5m×6.0m 轻型屋面板,屋面坡度为 $i=1/10$。屋面活荷载标准值为 $0.5kN/m^2$,雪荷载标准值为 $0.4kN/m^2$;屋面永久荷载标准值为 $1.5kN/m^2$(包含屋面板、屋面做法及支撑自重)。钢材采用 Q235B 级钢,焊条采用 E43 型,焊条电弧焊。钢屋架形式及几何尺寸如图 7-20 所示。

2. 钢屋架二维模型的建立

如图 7-21 所示,选择 STS 钢结构二维设计模块中的"桁架"菜单,双击项目缩略图,进入桁架模型输入与计算界面。单击"新建工程文件"按钮,屏幕提示"输入文件名称",

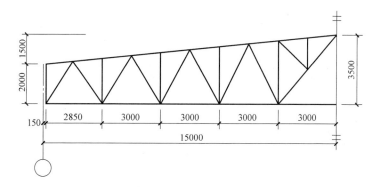

图7-20　钢屋架形式及几何尺寸

在对话框内输入"30m 跨梯形钢屋架"并单击"确定"按钮。

（1）网格输入　由于结构比较规整，本例采用快速建模的方式。"轴线网格"菜单中单击"快速建模"→"桁架"命令，弹出"桁架网线输入向导"对话框，按图7-21进行参数设计。按要求设置好参数后，单击"确定"按钮，程序自动生成图7-22所示的平面网格。也可对所生成的平面网格进行修改，图7-23就是在图7-22修改而来。

（2）标准截面定义　桁架中的杆件一般为轴心拉压杆件，故所有杆件均按柱输入。本例中上、下弦杆，端斜杆采用不等边角钢组成的 T 形截面，其余腹杆采用等边角钢组成的 T 形截面，跨中竖杆采用双角钢组成的十字形截面。

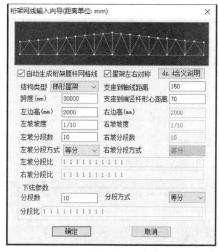

图7-21　"桁架网线输入向导"对话框

在"构件布置"菜单中，单击"柱布置"→"截面定义"命令，弹出截面定义对话框。选择系统截面库，单击"增加"按钮，弹出图7-24所示的"请用光标选择柱截面类型"对话框，按预估的截面形式及尺寸进行截面定义。截面定义完成后，单击"确认"按钮。

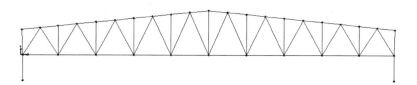

图7-22　快速建模生成的平面网格

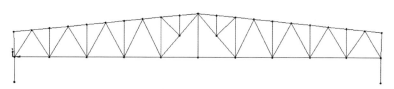

图7-23　修改后的平面网格

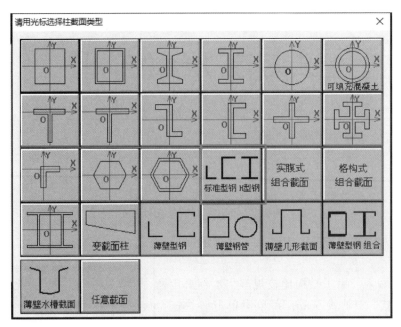

图 7-24　截面定义

（3）构件布置　单击"柱布置"命令，选择要布置的截面类型，单击"确认"按钮。确认后屏幕提示"请输入柱对轴线的偏心与角度"，按设计要求输入后，逐一进行杆件布置，布置后的效果如图 7-25 所示。

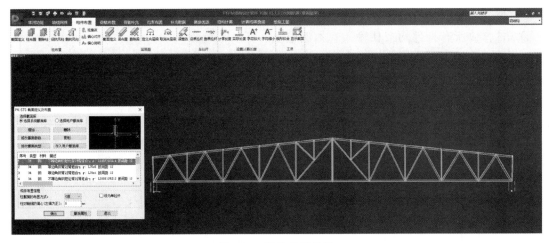

图 7-25　杆件布置结果

（4）构件特殊与约束定义　依次按菜单栏的"计算长度""铰接构件"进行设置。杆件的计算长度取值见表 7-5。单击"计算长度"命令对平面内和平面外的杆件计算长度进行设置。由于平面外计算长度默认按 1.0l 取值，不进行修改；如图 7-26 所示，勾选"平面内计算长度系数"，并输入 0.8，对表 7-5 中的"其他腹杆"进行修改。

桁架所有节点均为铰接，可通过"铰接构件"菜单布置"柱铰"或"节点铰"实现。此外，桁架两端需释放约束，通过"铰接构件"→"定义约束"命令实现。修改后的约束及铰布置情况如图 7-27 所示。

表 7-5 桁架杆件的计算长度

方向	弦杆	端斜杆与端竖杆	其他腹杆
平面内	l	l	$0.8l$
平面外	l_1	l	l
斜平面	—	—	$0.9l$

注：l 为杆件的几何长度，l_1 为杆件侧向支承点之间的距离。

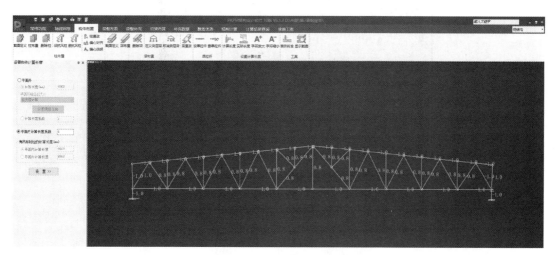

图 7-26 平面内计算长度系数修改

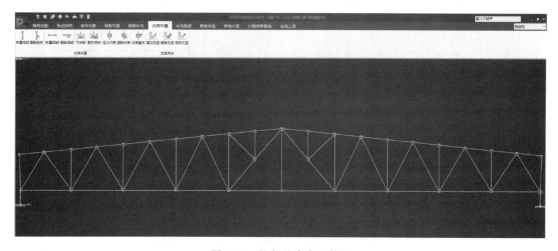

图 7-27 铰与约束布置情况

（5）荷载输入

1）"荷载布置"菜单单击"恒荷载"→"荷载布置"→"柱间恒载"命令，弹出图 7-28 所示对话框，选择均布荷载，大小设置为 $1.5\text{kN/m}^2 \times 6\text{m} = 9\text{kN/m}$，并按屏幕提示布置在屋架上弦，其结果如图 7-29 所示。

2）单击"活荷载"→"一键雪荷"命令，弹出图 7-30 所示对话框，将"基本雪压"设置为 0.4kN/m^2；"受荷宽度"设置为 6000mm；"积雪分布系数"查《荷规》后设置为 1.0；勾选"普通活荷作为一组互斥活荷载输入"选项，并按题目条件将"屋面活荷载标准值"设置为 $0.5kN/m^2$，然后单击"确定"按钮，程序自动完成 4 组互斥屋面活荷载布置情况。不同活荷载工况可通过"选择活载"命令进行切换与查看，结果如图 7-31~图 7~34 所示。

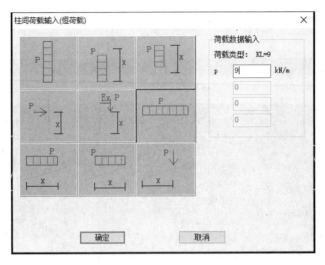

图 7-28 "柱间荷载输入（恒荷载）"对话框

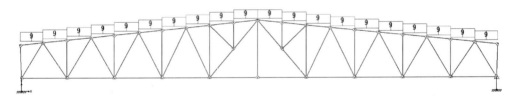

图 7-29 屋面永久荷载布置结果

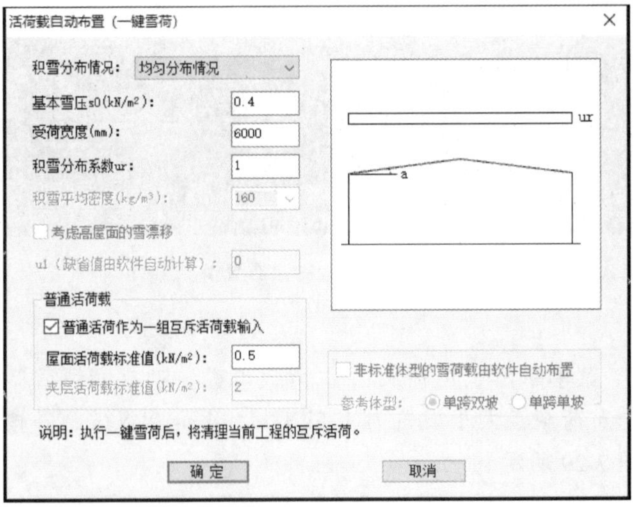

图 7-30 "活荷载自动布置（一键雪荷）"对话框

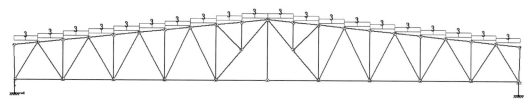

图 7-31 屋面可变荷载（普通活荷载工况）

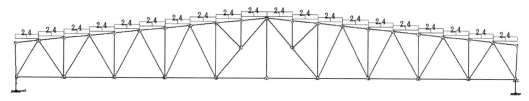

图 7-32 屋面可变荷载（雪荷载均匀分布工况）

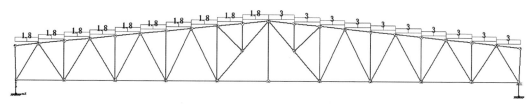

图 7-33 屋面可变荷载（雪荷载不均匀分布工况 1）

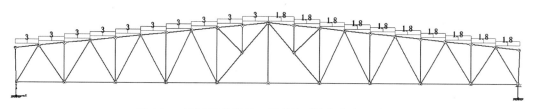

图 7-34 屋面可变荷载（雪荷载不均匀分布工况 2）

（6）参数输入　单击"参数输入"命令，弹出"钢结构参数输入与修改"对话框，按规范要求依次输入参数。本例中荷载分项系数及组合系数取软件的默认值，并考虑活荷载的不利布置，其余参数设置如图 7-35 与图 7-36 所示。若不进行截面优化设计，则至此模型建立的过程完成。

3. 截面优化

单击"截面优化"命令，依次进行"优化参数设置"→"截面分组"→"优化范围"→"优化计算"。优化计算完毕后单击"优化结果"命令，程序弹出停靠对话框用于查看优化结果。优化结果可采用以下方式查看：

1）"结果文件"。文本形式的计算结果，包含优化前与优化后的强度、稳定验算。

2）"优化截面"。单击要查询的杆件进行逐一查询。

3）"应力显示"。以图形的方式显示优化结果。

如对优化结果满意，单击"导出截面"命令，模型自动读入优化结果。本例优化后的截面信息如图 7-37 所示。

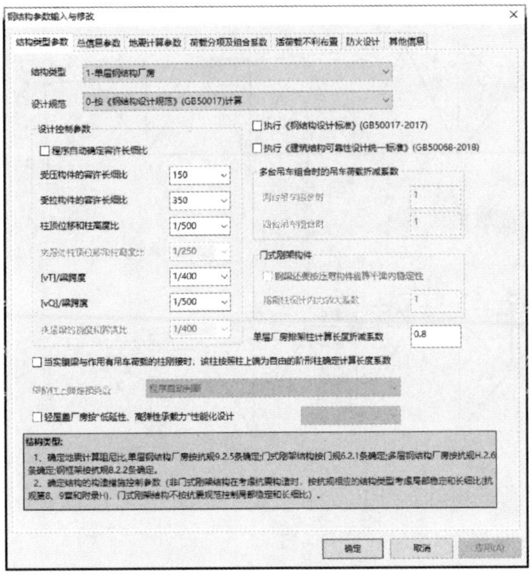

图 7-35　结构类型参数设置 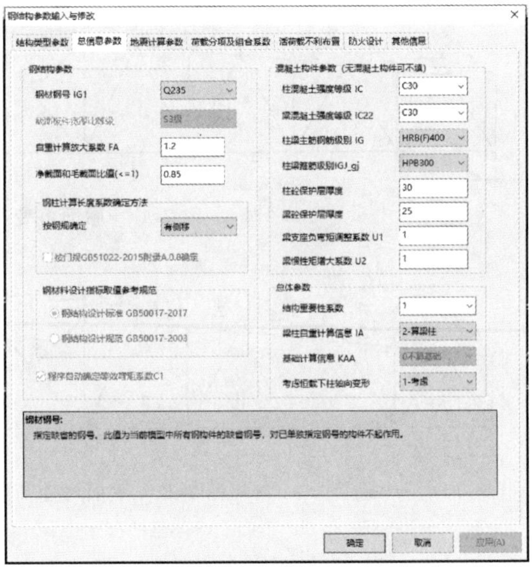　　　　　　　图 7-36　总信息参数设置

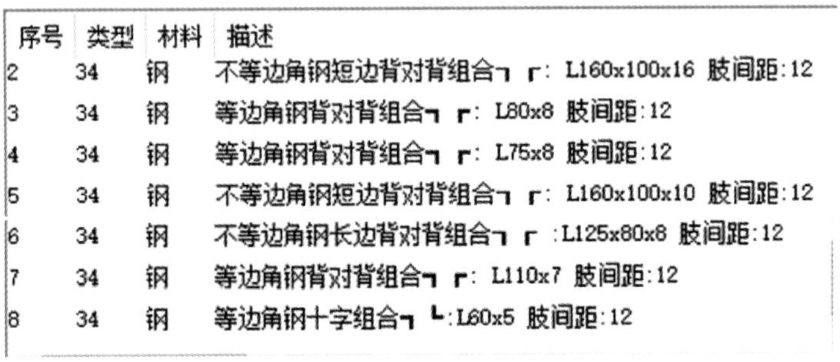

序号	类型	材料	描述
2	34	钢	不等边角钢短边背对背组合┌┐ L160×100×16 肢间距:12
3	34	钢	等边角钢背对背组合┌┐ L80×8 肢间距:12
4	34	钢	等边角钢背对背组合┌┐ L75×8 肢间距:12
5	34	钢	不等边角钢短边背对背组合┌┐ L160×100×10 肢间距:12
6	34	钢	不等边角钢长边背对背组合┌┐ L125×80×8 肢间距:12
7	34	钢	等边角钢背对背组合┌┐ L110×7 肢间距:12
8	34	钢	等边角钢十字组合┗┛ L60×5 肢间距:12

图 7-37　优化后的截面类型

4. 结构计算

在"结构计算"菜单中，单击"结构计算"命令，程序自动完成梯形钢屋架的计算，并转入计算结果查询界面。

1）单击"结果文件"命令，可以查看详细的计算结果与超限信息。

① 可查看"超配筋信息"，快速判断是否有不满足要求的构件。如图 7-38 所示，本例中所有构件的验算结果均满足要求。

② 可查看"计算结果文件"，计算书中包含设计依据、总信息、节点信息、截面信息、构件信息、荷载信息及各构件的验算结果。构件验算结果是查看的重点。通过查看构件验算结果可判断所选截面是否满足要求，如仍有较大富余，可进一步优化。以下为某下弦杆的验算结果，其中加粗下画线的部分应重点查看：

图 7-38　超配筋信息文件（Stscpj.out）

钢柱　　　　10

　　截面类型=34；布置角度= 0；计算长度：Lx= 3.00, Ly= 3.00；长细比：λx= 108.3, λy= 35.5

　　构件长度= 3.00；计算长度系数：Ux= 1.00　Uy= 1.00

　　抗震等级：三级

　　截面参数：2L160×100×16　热轧不等边角钢短边组合，d(mm)= 12

　　轴压截面分类：X轴：b类，Y轴：b类

　　构件钢号：Q235

　　验算规范：普钢规范 GB 50017—2017

		柱　下　端			柱　上　端		
组合号	M	N	V	M	N	V
1	0.00	−458.01	1.12	0.00	458.16	1.12
2	0.00	−502.58	1.12	0.00	502.58	1.12
3	0.00	−436.18	1.12	0.00	436.18	1.12
4	0.00	−524.42	1.12	0.00	524.42	1.12
5	0.00	−418.91	0.99	0.00	419.11	0.99
⋮	⋮	⋮	⋮	⋮	⋮	⋮
64	0.00	−362.17	0.83	0.00	362.17	0.83

强度计算最大应力对应组合号： 4，M= 0.00, N= −524.42，M= 0.00, N= 524.42

强度计算最大应力(N/mm*mm)= 105.35

强度计算最大应力比= 0.490

强度计算最大应力 < f= 215.00

拉杆，平面内长细比 λ= 108. ≤ [λ]= 350

拉杆，平面外长细比 λ= 36. ≤ [λ]= 350

构件重量(kg)= 137.91

2）单击"应力与配筋"命令，可查看图 7-39 所示强度和稳定验算结果。图中标注的格式如下：①左侧，强度计算应力比；②右上，平面内稳定应力比（对应长细比）；③右下，平面外稳定应力比（对应长细比）。

3）单击"内力显示"子菜单的相应命令，可分别查看标准内力、设计内力和支座反力，图 7-40 所示为桁架各杆件的轴力设计值。

4）单击"结构位移"可查看桁架各节点的竖向位移，图 7-41 所示为"恒载+活载"的位移标准值。由图可见，跨中挠度满足设计要求。

5. 绘制施工图

（1）初始化　进入"桁架施工图"菜单，单击"初始化连接数据"命令，程序自动读取结构计算结果。

（2）设置设计参数　如图 7-42 所示，包含"图纸信息""结构设计参数"和"其他"三个选项卡，根据设计与绘图要求填写即可。

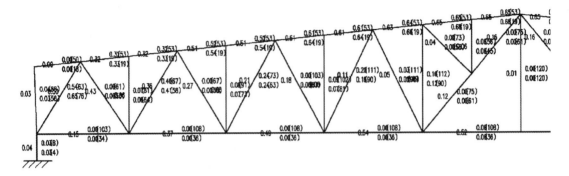

图 7-39　钢屋架结构应力比（局部）

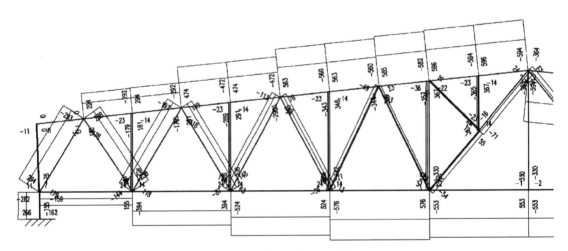

图 7-40　轴力设计值（局部）

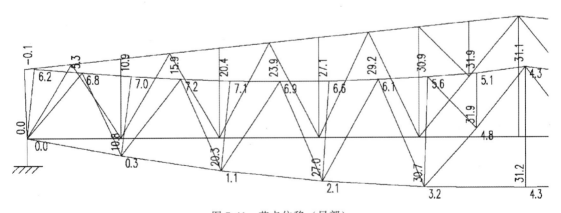

图 7-41　节点位移（局部）

图 7-42　"编辑桁架结构设计参数"对话框

（3）定义结构数据　单击"显示翼缘"命令，可查看翼缘方向是否与设计要求相同，若不同可通过"翼缘反向"命令进行调整，如图 7-43 所示。

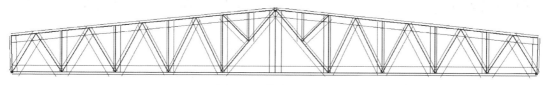

图 7-43　翼缘反向查看

（4）设置拼接点　单击"拼接节点"命令，按设计要求设置拼接点，本例中在上下弦中部设置拼接点，如图 7-44 所示。

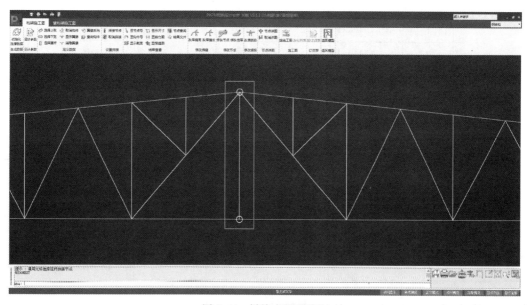

图 7-44　拼接点设置窗口

（5）绘制施工图　单击"绘施工图"命令，输入图纸名称单击"确认"按钮。程序自动绘制桁架施工图，主要包括几何简图、内力简图、立面图、节点图和材料表等。生成的图形一般排列不能令人满意，可通过界面右下角的"移动图块"和"移动标注"按钮进行调整，调整完毕后进行保存。本实例生成的施工图如图 7-45 所示。

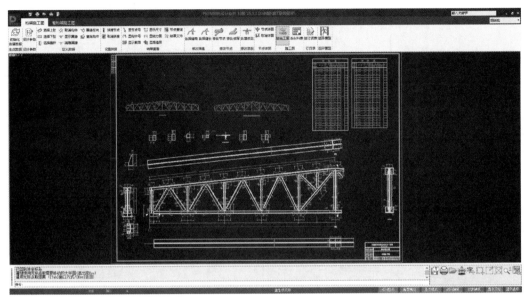

图 7-45　屋架施工图

（6）钢材订货表　程序自动统计角钢及节点板用量，绘制钢材订货表，见表 7-6。

表 7-6　钢材订货表

钢材订货表						
类别	序号	规格	重量/t	小计/t	材质	备注
型钢	1	∟160×100×10	1.197	4.254	Q235B	
	2	∟160×100×16	1.362		Q235B	
	3	∟80×8	0.515		Q235B	
	4	∟75×8	0.550		Q235B	
	5	∟125×80×8	0.112		Q235B	
	6	∟110×7	0.488		Q235B	
	7	∟60×5	0.030		Q235B	
钢板	8	−8	0.026	0.464	Q235B	
	9	−10	0.313		Q235B	
	10	−12	0.063		Q235B	
	11	−18	0.062		Q235B	
合计				4.718×1.05=4.954		

7.4　门式刚架结构设计

7.4.1　一般设计流程

STS 门式刚架三维设计采用"三维建模，二维计算"的设计模式，即通过立面编辑的方式建立门式刚架、支撑系统的三维模型，通过起重机平面布置的方法自动生成各榀刚架的起重机荷载；通过屋面、墙面实现围护结构的三维建模。模型建立后，程序自动完成主刚架、柱间支撑、屋面支撑的内力分析与截面设计，并生成刚架与围护结构施工图，输出钢材订货表。

门式刚架的三维设计分为三维模型建立，屋面、墙面布置，结构分析与验算，以及绘制施工图四大步骤。

1．三维模型建立

门式刚架三维模型建立的一般过程为：输入平面网格→定义标准榀→立面编辑→起重机布置→屋面墙面设计。网格与模型输入的相关菜单如图 7-46 所示。

图 7-46　"网格设置"子菜单

（1）网格输入　单击"网格输入"命令，弹出图 7-47 所示的对话框内，可对厂房总信息、平面网格参数和设计信息进行设置。

（2）设标准榀　进行厂房标准榀设置。立面编辑设计时，一个标准榀只需设计一次。需要注意的是，标准榀定义仅针对横向立面，纵向立面不能设置标准榀。

图 7-47　"厂房总信息及网格编辑"对话框

（3）立面编辑　单击"立面编辑"命令，选择平面上的横向或纵向轴线，转入图 7-48 所示的二维模型输入界面。横向立面编辑主要是主刚架的建立与修改，纵向立面编辑主要是系杆与柱间支撑的布置等。值得注意的是，纵向立面的网格、横轴位置的柱构件及荷载由程序根据三维模型自动形成，纵向立面二维编辑仅用于输入和修改非横向立面的构件。

此外，程序提供"立面复制""立面导入""立面平移"和"立面删除"功能，用于立面的快速编辑。

（4）吊车布置　在起重机运行标高处的平面图内，定义起重机运行范围。如图 7-49 所示，单击"吊车布置"命令，选择起重机运行平面的标高，确认后进入选定的平面图进行起重机定义与布置。起重机布置完成后，自动形成横向框架承担的起重机荷载。

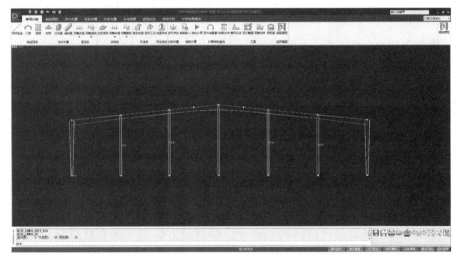

图 7-48　横向立面二维编辑视图

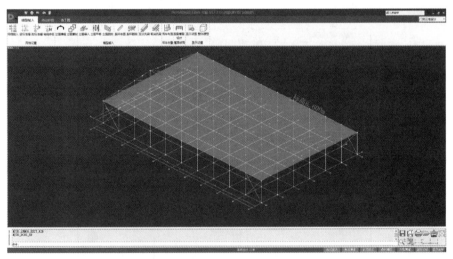

图 7-49　选择起重机运行平面的标高

（5）屋面、墙面布置　交互布置屋面、墙面构件，并进行验算与绘图。单击"屋面墙面设计"命令，进入如图 7-50~图 7-54 所示的菜单，可完成屋面、墙面的布置与设计。其中，屋面构件包括支撑、檩条、隔撑、拉条、斜拉条等；墙面构件包括墙架梁、墙架柱、隔撑、柱间支撑、抗风柱、拉条等。

图 7-50 "屋面布置"菜单

图 7-51 "墙面布置"菜单

图 7-52 "屋面构件设计"菜单

图 7-53 "墙面构件设计"菜单

图 7-54 "抗风柱设计"菜单

2. 结构分析与验算

采用"三维建模，二维计算"的方式实现整体模型的分析，其特点是：由二维模型组装形成三维模型，三维模型中进行二维模型的编辑与计算；根据三维模型自动生成纵向立面的计算荷载；根据荷载传递路径，自动确定计算顺序，实现纵横向立面的计算；根据起重机平面布置情况，自动生成各刚架的起重机荷载。

结构分析验算的子菜单如图 7-55 所示，一般操作步骤为"形成数据"→"自动计算"→"结果查看"。

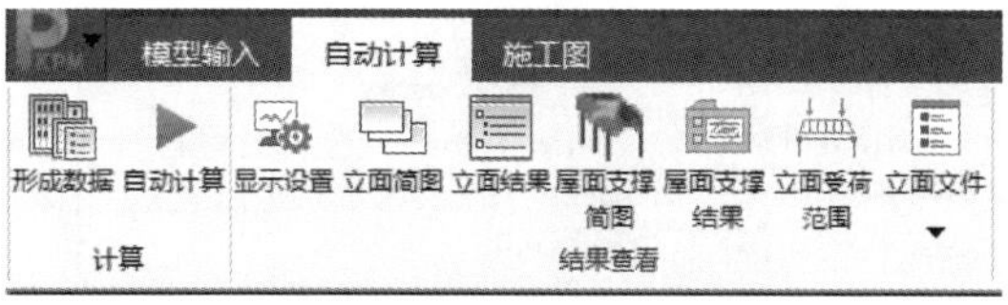

图 7-55 "自动计算"菜单

3. 绘制施工图

门式刚架三维设计的施工图绘制菜单如图 7-56 所示。程序可对梁拼接节点、柱类型等进行设置，并自动完成各榀刚架的施工图、屋面墙面布置图、锚栓图的绘制及构件用钢量统计。

图 7-56 "施工图"菜单

此外，门式刚架三维设计程序还提供了三维模型查看、效果图渲染等功能，可更为直观地对结构外形与布置情况进行观察。

7.4.2 设计实例详解

1. 设计资料

双跨双坡门式刚架厂房，总跨度 36m，总长度 60m，柱距 6m，檐口标高 6.6m，屋面坡度 $i=0.1$。屋面为夹芯板，檩距 1.5m。计算刚架时屋面活荷载标准值取 $0.4kN/m^2$，计算檩条时活荷载标准值取 $0.5kN/m^2$；雪荷载标准值为 $0.45kN/m^2$；屋面永久荷载标准值为 $0.5kN/m^2$（包含屋面板、檩条及支撑自重）。基本风压为 $0.65kN/m^2$，地面粗糙度类别为 B 类。抗震设防烈度为 6 度，设计地震基本加速度为 $0.05g$，场地类别为 II 类，设计地震分组第一组。钢材采用 Q235B 级钢，焊条采用 E43 型，焊条电弧焊。

2. 门式刚架三维模型建立

如图 7-57 所示，选择 STS 门式刚架设计菜单，双击"门式刚架三维设计"，进入设计界面。

（1）网格输入 单击"网格输入"命令，弹出"厂房总信息及网格编辑"对话框，有"厂房总信息""平面网格编辑""设计信息"三个选项卡。如图 7-57 ~ 图 7-59 所示，按设计要求填写几何尺寸与荷载信息等。该对话框的主要功能是建立厂房的平面网格，刚架的具体形式可在立面编辑中设置。信息输入完毕后单击"确定"按钮。

图 7-57 厂房总信息参数设置

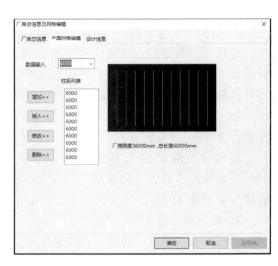

图 7-58 平面网格编辑参数设置

（2）设标准榀 可将立面相同的刚架定义为一个标准榀。通过标准榀的立面编辑，可完成所有与该榀立面相同刚架的定义。单击"模型输入"→"设标准榀"命令，按屏幕提示进行定义。本例中，两个端榀刚架设置为一个标准榀（GJ-1），其余刚架设置为一个标准榀（GJ-2）。

（3）立面编辑 分别对标准榀 GJ-1 与GJ-2 进行设置。单击"模型输入"→"立面编辑"命令，按屏幕提示用光标选取标准榀 GJ-1，程序自动跳转到 7.3 节介绍的二维设计界面。在"轴线网格"菜单内，采用快速建模的方式进行标准榀的立面编辑。

图 7-59 设计信息参数设置

1）单击"快速建模"→"门架"命令，弹出"门式刚架快速建模"对话框，有"门式刚架网格输入向导"和"设计信息设置"两个选项卡，图 7-60 和图 7-61 所示。

图 7-60 "门式刚架网格输入向导"选项卡

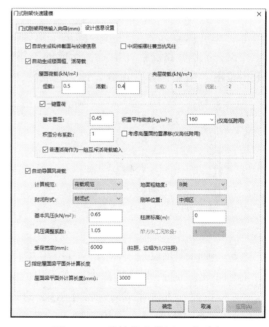

图 7-61 "设计信息设置"选项卡

2）在"门式刚架网格输入向导"选项卡内，单击"双坡多跨刚架"按钮，弹出图 7-62 所示的"双坡多跨刚架参数定义"对话框，按图设置参数完毕后单击"确定"按钮。

3）在"门式刚架网格输入向导"选项卡内，勾选"抗风柱"，并单击"抗风柱参数设置"按钮，弹出图 7-63 所示对话框。将"当前跨抗风柱数目"设置为 2，并勾选"等间距布置"（间距为 6.0m）。"抗风柱类型"，本例中选取第一项"仅传递风荷载，不承担竖向力"，而"抗风柱中心相对于刚架平面的偏心"取 0。设置完毕后单击"确定"按钮。

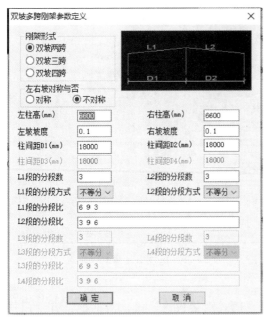

图 7-62 "双坡多跨刚架参数定义"对话框

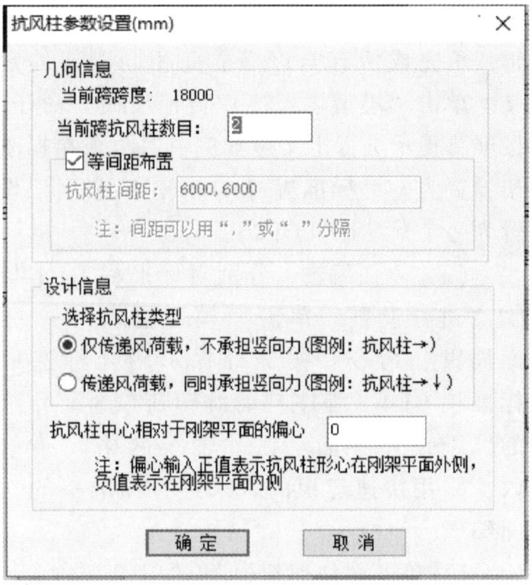

图 7-63 "抗风柱参数设置"对话框

4）将"门式刚架快速建模"对话框切换至"设计信息设置"选项卡，修改并核对设计信息，全部设置完毕后单击"确定"按钮。

5）以上参数设置完毕后，形成的二维门式刚架如图 7-64 所示。切换至"结构计算"菜单，单击"结构计算"命令。计算完成后，切换至"涉及结果查询"菜单，查看计算结果。

图 7-64 GJ-1 的立面模型

6）确认满足设计要求后（若不满足，参照 7.3.2 节例题进行截面修改或优化），菜单栏右侧单击"返回模型"命令，在弹出的提示框内选择"存盘退出"，返回三维设计界面。

7）按同样方法完成对标准榀 GJ-2 的设置。

（4）系杆布置 在"模型输入"菜单内，单击"系杆布置"命令，弹出图 7-65 所示对话框，定义系杆的截面尺寸后，根据屏幕提示布置屋脊与檐口的纵向系杆。系杆设置完成后的门式刚架三维模型如图 7-66 所示。

3. 屋面与墙面设计

（1）参数设置 在"模型输入"菜单内，单击"屋面墙面设计"命令进入相应操作界面。在"屋面布置"菜单内，单击"参数设置"命令，对支撑连接参数和檩条（墙梁）抬高参数进行设置。如图 7-67 所示，本例中支撑连接参数取默认值，并勾选"自动判断檩条抬高"与"自动判断墙梁抬高"。

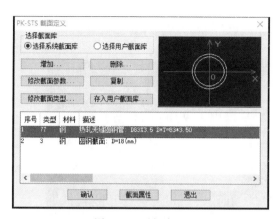

图 7-65　系杆布置

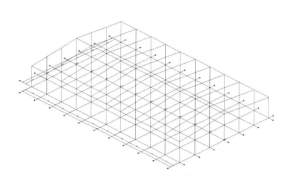

图 7-66　门式刚架三维结构模型

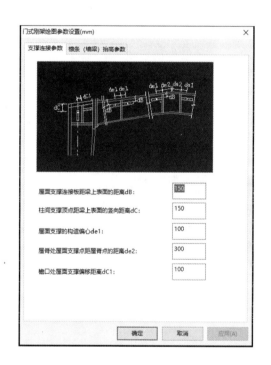

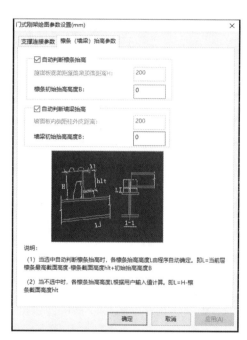

图 7-67　门式刚架绘图参数设置

（2）屋面构件布置

1）屋面支撑布置。单击"布置支撑"命令，按如图 7-68 所示的屏幕提示完成屋面支撑布置。本例中，在端跨内设置支撑，支撑采用直径 18mm 的圆钢截面，如图 7-69 所示。

```
选择矩形房间号布置屋面支撑!
请在房间中选择设置支撑一侧的梁!
请输入支撑的组数(ENTER确认,ESC放弃),<3>
各组长度相等吗?(0—相等,1-不等)<0>
```

图 7-68　屋面支撑布置提示

2）屋面檩条、拉条和隔撑布置。采用自动布置。单击"自动布置"命令，弹出图 7-70 所示"自动布置屋面构件信息"对话框，有"檩条参数设置""隔撑参数设置"两个选项卡，按设计要求进行设置。全部设置完毕后单击"全楼归并"命令，对整个标准层的支撑、檩条、拉条和隔撑进行归并，并标注编号。编辑

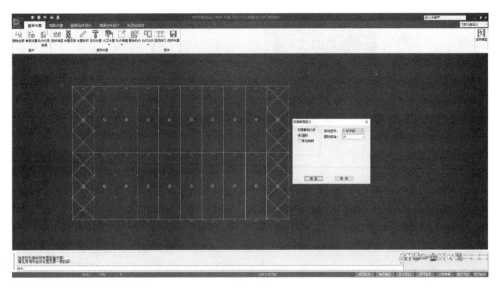

图 7-69　屋面支撑布置

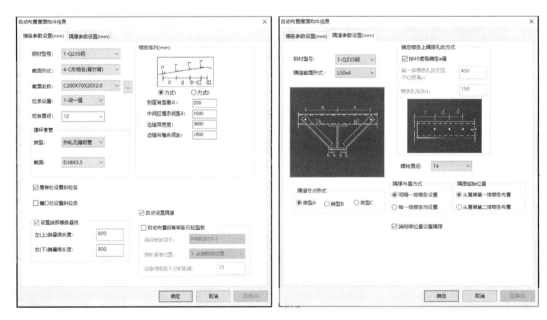

图 7-70　檩条、拉条和隅撑参数设置

完成后单击"返回"命令。

（3）墙面构件布置

1）切换至"墙面布置"菜单，单击"选择墙面"命令，选取Ⓐ轴线进行门窗洞口、柱间支撑、拉条等的布置。

2）单击"布置门洞"命令（布置窗洞），如图 7-71 所示，按建筑立面要求输入洞口参数，并按屏幕提示完成洞口布置。

3）拉条、墙梁和隅撑采用自动布置，单击"自动布置"命令，进行参数调整后单击

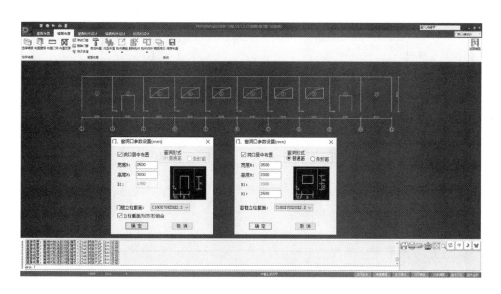

图 7-71 Ⓐ轴门窗洞口布置

"确定"按钮即可。

4）单击"布置支撑"命令，选择布置支撑的网格，并进行支撑截面类型设置，完成柱间支撑的布置。本例在立面两侧端部跨内设置交叉支撑，如图 7-72 所示。

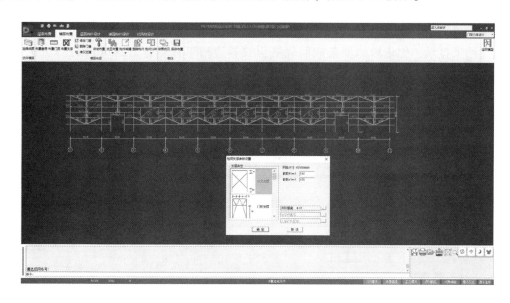

图 7-72 柱间支撑布置

5）构件布置完成后，单击"构件归并"→"全楼归并"命令。单击"墙面拷贝"命令，按屏幕提示复制Ⓐ轴墙面到Ⓒ轴。按相同步骤对山墙进行设置。

（4）屋面构件设计

1）屋面檩条、隅撑。切换至"屋面构件设计"菜单，单击"檩条优化"命令，弹出图 7-73 所示对话框，完成参数设置后单击"确定"按钮，程序自动完成优化计算，并弹出如下文本内容：

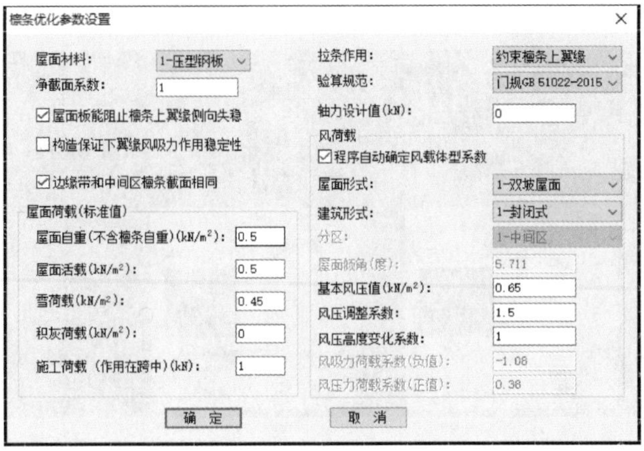

图 7-73 "檩条优化参数设置"对话框

结论:优化满足!

注:程序自动按优化截面更新檩条数据!

===== 优化结果 ======

当前标准层檩条截面类别总数为： 1

1. 截面形式：][双卷边槽形背对背

截面:C220X75X20X2.0

上述结果显示，优化后的檩条截面规格为双卷边槽形背对背 C220×75×20×2.0。单击 "檩条计算""隅撑计算"命令可进行单个构件的计算并生成结果文件。计算完成后可选择单个构件、部分构件或全部构件进行施工图绘制。图 7-74 所示为一根檩条的绘图结果。

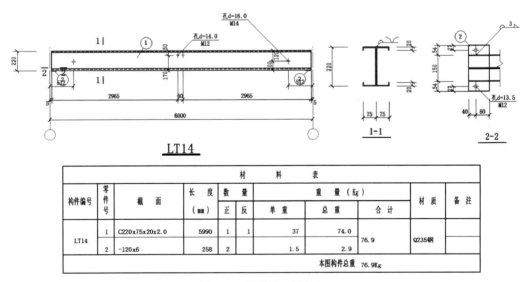

图 7-74 檩条施工图绘制

材 料 表									
构件编号	零件号	截 面	长 度 (mm)	数 量		重 量 (Kg)			材质	备 注
				正	反	单重	总重	合 计		
LT14	1	C220x75x20x2.0	5990	1	1	37	74.0	76.9	Q235钢	
	2	-120x6	258	2		1.5	2.9			
						本图构件总重 76.9Kg				

2）屋面支撑。单击"支撑计算"命令，根据屏幕提示选取屋面支撑，弹出图 7-75 所

示"屋面支撑计算"对话框,勾选"进行优选截面计算","设计剪力"选项组选择"自动导算",设置完毕后单击"确定"按钮。程序自动进行优化计算并生成计算书,支撑截面优化后为直径12mm圆钢管(建模时设置为直径12mm圆钢管)。计算完成后可绘制支撑、系杆的施工图。

(5)墙面构件设计

1)墙梁。切换至"墙面构件设计"菜单,单击"选择墙面"命令,按屏幕提示选择侧立面后,单击"墙梁优化"命令,进行计算,方法和操作步骤与屋面构件设计类似,此处不再赘述。

2)柱间支撑。单击"选择墙面"命令,按屏幕提示选择侧立面后,单击"支撑计算"命令,进行支撑选取、参数设置与计算。经计算原支撑截面不满足要求,改为100×12双角钢截面,验算通过,如图7-76所示。计算完成后可绘制支撑施工图。

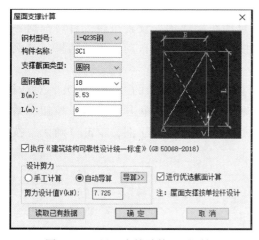

图7-75 "屋面支撑计算"对话框

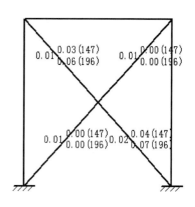

图7-76 柱间支撑验算结果

(6)抗风柱设计与绘图 切换至"抗风柱设计"菜单,进入抗风柱设计与绘图界面,窗口中抗风柱以黄色圆圈标记。单击"点取计算"命令,按屏幕提示选择抗风柱,在弹出"抗风柱计算"对话框进行参数设置与计算。验算结果满足要求后可绘制施工图,若不满足要求应返回模型进行修改。

至此,屋面墙面设计完毕,单击"返回模型"命令,返回门式刚架三维设计界面。

4. 门式刚架结构计算

切换至门式刚架三维设计主界面的"自动计算"菜单,主要计算步骤如下:

1)单击"形成数据"命令并确定纵向受荷立面轴号。

2)单击"自动计算"命令,程序通过三维建模二维计算的方式完成门式刚架的整体结构分析。

3)计算完成后,可通过"立面结果"和"屋面支撑结果"命令查询立面和屋面支撑计算结果,通过"立面受荷范围"命令和"立面文件"命令查看纵向立面的受荷范围及纵向立面的荷载计算。图7-77所示为其中一榀门式刚架的验算结果。

5. 施工图绘制

切换至门式刚架三维设计主界面的"施工图"菜单,施工图绘制的主要操作如下:

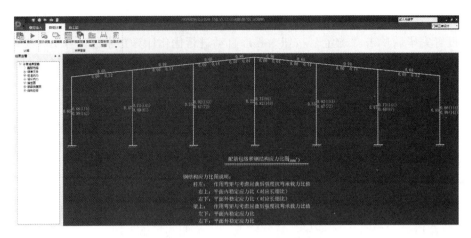

图 7-77　一榀门式刚架的验算结果

（1）设梁拼接　各榀刚架模型建立后，程序自动在梁连接处设置拼接，自动根据各柱在立面中的几何位置确定柱类型，利用"设梁拼接"功能可修改自动设置的结果。本例中采用程序自动生成的结果，不进行修改。

（2）绘制施工图　单击"自动绘图"命令，弹出图 7-78 所示的"设计参数"对话框，可对门式刚架与屋面墙面设计的各项参数进行设置。设置完毕后单击"确认"按钮，系统弹出图 7-79 所示的"施工图出图选择"对话框，选择要绘制的施工图，单击"确认"按钮程序自动完成绘图工作。

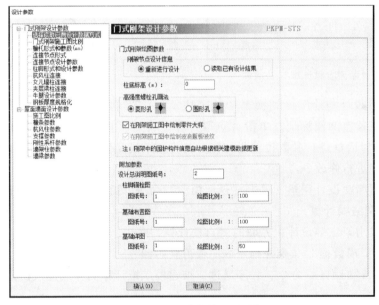

图 7-78　"设计参数"对话框

（3）屋面墙面布置图　单击"屋面墙面布置图"命令，输入楼层号 1 并设置绘图参数后进入绘图界面，如图 7-80 所示，在屏幕左侧的停靠对话框内，依次单击"屋面构件""墙面构件"和"画构件表"命令进行绘图，并可采用"图形编辑"功能，拖动图块位置和轴线。

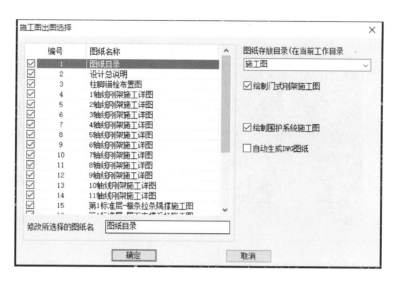

图 7-79　"施工图出图选择"对话框

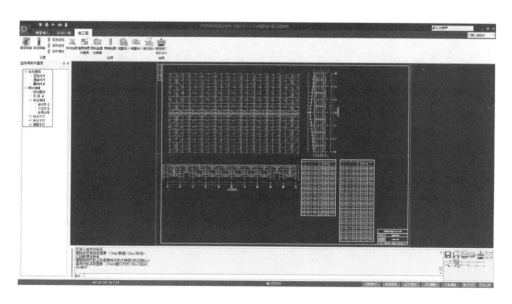

图 7-80　屋面墙面布置图绘制

（4）图纸查看　单击"图纸查看与编辑"命令，可在图 7-81 所示的左侧停靠对话框内选择已经绘制的施工图，利用屏幕右下角的工具栏进行编辑修改，如补充标注、焊缝、孔径和钢板等。

6. 整体结构模型

设计完成后，可切换至"模型输入"菜单查看结构整体模型。单击"整体模型"命令，程序根据三维模型数据，自动渲染并绘制三维实体形式的刚架结构图，如主刚架、围护构件、支撑、檩条、拉条等，如图 7-82 所示。

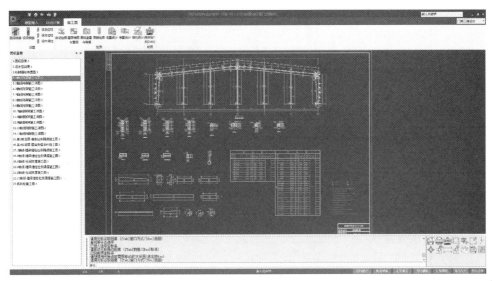

图 7-81　图纸查看与编辑

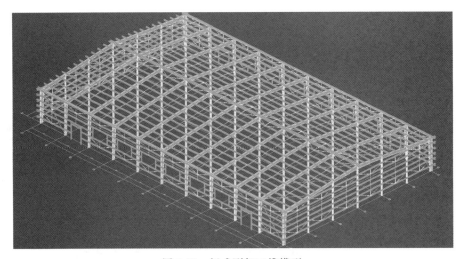

图 7-82　门式刚架三维模型

7.5　框架结构设计

7.5.1　一般设计流程

钢框架三维设计主要包括三维模型输入→结构整体计算分析→全楼节点设计→施工图绘制几个过程。其中三维模型输入与 PMCAD 模块相同，结构整体计算需接力 SATWE、PM-SAP 等。上述过程可参考本书第 2~3 章，此处不再重复介绍。本节将重点对节点连接设计与施工图绘制的过程进行说明。

在三维分析完成并从结果查询中核实各构件验算满足的情况下，可进入钢框架三维设计模块。钢框架设计的集成化系统，将全楼节点连接设计、画三维框架设计图、画三维框架节点图、画三维框架构件图四个功能模块集成在一个设计界面中。钢框架设计集成界面及功能划分如图7-83所示。框架结构设计与绘图的主要流程为全楼节点设计（"连接设计"菜单）→画三维框架设计图（"绘施工图"菜单）→画三维框架节点施工图（"绘节点图"菜单）→画三维框架构件施工详图（"绘构件图"菜单）。

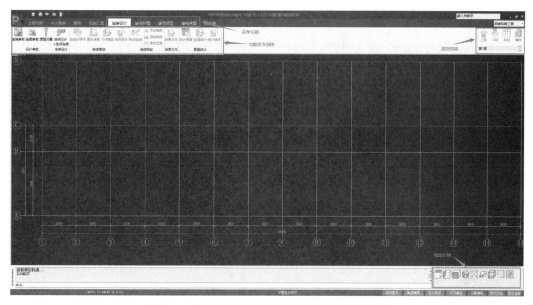

图7-83　钢框架结构节点连接设计与绘图界面

1. 全楼节点设计

节点连接设计的菜单如图7-84所示，其主要操作过程为：设计参数定义→全楼连接设计→指定节点修改与验算→查询节点连接设计结果。

图7-84　"连接设计"菜单

（1）设计参数定义　单击"连接参数"命令，进入图7-85所示的"设置节点连接参数"对话框，需要填写的节点设计控制参数项目包括抗震调整系数、连接板厚度、连接设计参数、梁柱节点连接形式、柱脚节点形式、梁梁连接形式。进入参数设计时，根据所设计结构中含有的杆件、截面类型，可选的参数页面会发生变化。如没有支撑杆件，则支撑连接参数页面就会自动隐去。

1）抗震调整参数。用于设置承载力抗震调整系数，系统默认按《抗规》取用。

2）连接板厚度。用于指定节点设计所采用的板材厚度，避免板类型过多。设计时若个别节点厚度超过指定的最大厚度则采用程序的计算结果。

3）连接设计参数。包含总设计方法、连接设计信息、梁柱连接参数、梁拼接连接、柱拼接连接、加劲肋参数、柱脚参数和节点域加强板参数。总信息用于设置焊缝类型、焊缝、

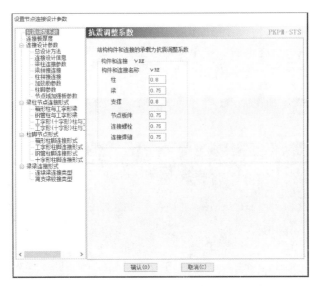

图 7-85 "设置节点连接设计参数"对话框

螺栓强度折减系数等；连接设计信息用于设置高强螺栓和普通螺栓的直径、等级等信息；其他几项用于设置具体的节点和连接设计参数，可根据具体的工程需要与规范要求进行设置，这里不予详细介绍。

4）节点连接形式。梁柱节点连接形式、柱脚节点形式、梁梁连接形式、门式刚架端板连接形式页面可用于选择具体连接的节点形式。

（2）全楼节点设计　在设计参数定义完成以后，单击"自动设计+生成连接"命令，程序自动完成全楼梁柱节点、梁梁节点、柱脚及梁柱构件拼接、支撑与梁柱节点、支撑与柱脚节点等设计。

（3）指定节点修改与验算　在程序完成全楼节点设计以后，可利用"连接修改"子菜单对当前设计参数进行人工干预修改，可以对个别节点的节点连接类型、设计参数、主次梁的支座等进行修改，修改完毕后，程序自动根据用户的修改结果对已修改的节点重新进行设计和归并。

1）修改支座。用于修改主次梁的支座类型。

2）节点参数。用于单独修改指定节点的设计控制参数与连接类型，修改完毕后，程序自动对与指定节点相连的所有梁端部重新进行设计。

3）梁端参数。用于单独修改指定梁端的设计控制参数与节点类型，修改完毕后，程序仅对指定的梁端部重新进行设计。

4）修改连接。可交互修改程序自动设计的结果，包括连接的几何信息、连接板尺寸、螺栓排列、焊缝尺寸等。

（4）查询节点连接设计结果　"连接查询"子菜单的相关命令可实现图形化快速参看设计结果，如节点设计图及节点三维模型图等，"结果文件"子菜单可查看节点连接设计的文本文件，为设计结果提供计算书。

2. 绘设计图

"绘设计图"菜单如图 7-86 所示。该菜单针对设计图阶段的出图需要，能够自动完成全套设计图的绘制。内容包括图纸目录、设计总说明、柱脚锚栓布置图、各层构件平面布置图、纵横立面图、节点详图、钢材统计表。

图 7-86 "绘设计图"菜单

（1）自动绘图 单击"自动绘图"命令时，如图 7-87 所示，程序弹出需要绘制的全套设计图的内容，在此处可以选择生成图纸的内容。对不需要绘制的图纸取消勾选，程序在图纸目录中不把该图纸编入，且跳过该图纸内容的绘制。还可以通过编辑条对每个图纸文件名称进行修改，所生成的图纸集放在当前工程目录下的一个子目录中，可在右上角选择框中改变图纸的存放目录。当要自动绘制各纵、横立面图时，需要在三维建模时对轴线进行命名，程序只对命名轴线进行立面图的自动生成。完成绘制后就可以单击"图纸查看"命令进入图纸查看。在图纸查看中，可以通过左侧列表来切换图纸，同时也可以通过单击列表对话框中的"转 dwg"按钮转换图纸。

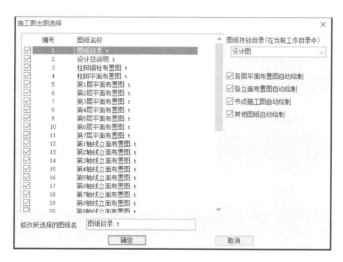

图 7-87 "施工图出图选择"对话框

（2）绘布置图 利用"绘布置图"子菜单，可交互选择绘制需要的图纸内容。其中"平面布置图"用于选择某一平面生成平面布置图；"立面布置图"用于选择某一立面生成立面布置图；"设计总说明"自动生成设计总说明。

（3）列表绘图 "列表绘图"功能在设计图的基础上，进一步简化了连接的表达形式，以类型图+表格方式来表达连接信息。内容包括图纸目录、设计总说明、柱脚锚栓布置图、各层构件平面布置图（可选）、纵横立面图（可选）、节点表格图、焊接大样、钢材统计表。

（4）材料统计 通过该项子菜单，可以精确统计全楼材料。

3. 绘节点图

"绘节点图"菜单如图 7-88 所示，用于三维连接节点施工图设计。

图 7-88　"绘节点图"菜单

（1）自动绘图　程序自动绘制全楼所有节点的施工图，包括设计总说明、柱脚锚栓布置图、各层平面布置图、各立面的布置图及各节点的连接详图。

（2）节点详图　在选择了要画施工图的节点后可立即自动布置图面、绘制施工图。施工图的表达采用三维方式，可以绘制节点的各方向视图，并细致地标注了构件截面、细部尺寸、焊缝、螺栓孔、连接板等数据，还可以选择是否绘制所选节点的轴测图。

（3）平面布置图　可以绘制各楼层布置图，可以标注构件轴网尺寸、轴线号、截面名称、归并号、编号等。

（4）立面布置图　能够指定任意一榀框架生成框架立面图，标注构件轴网尺寸、轴线号、截面名称、归并号、编号、楼层标高等。

（5）材料统计　能够提供精确的全楼钢材订货表及螺栓表。

4. 绘构件图

"绘构件图"菜单如图 7-89 所示，用于三维框架梁柱构件施工图绘制。

图 7-89　"绘构件图"菜单

（1）自动绘图　程序自动绘制全楼所有构件的施工图，包括设计总说明、全楼构件表、各层平面布置图、各立面的布置图及各构件的施工详图。

（2）构件详图　在选择构件后可以立即自动布置图面，绘制构件施工图，细致标注了构件截面、细部尺寸、焊缝、螺栓孔、连接板等数据，绘制材料表和图纸说明。

（3）平面布置图　可以绘制各楼层布置图，绘制所选楼层梁构件的构件表，可以标注构件轴网尺寸、轴线号、截面名称、归并号、编号等。

（4）立面布置图　能够指定任意一榀框架生成框架立面图，绘制所选立面梁构件、柱构件的构件表，标注构件轴网尺寸、轴线号、截面名称、归并号、编号、楼层标高等。

（5）材料统计　精确统计全楼材料，能够提供精确的全楼钢材订货表及螺栓表。

7.5.2　设计实例详解

1. 设计资料

七层钢框架办公楼，柱网尺寸：长度 50.4m（7.2m×7），宽度 15.9m（6.6m+2.7m+6.6m）。底层和顶层层高 3.9m，其余层层高 3.6m。梁柱均采用焊接箱形截面，楼板采用压型钢板组合楼板，钢材采用 Q235B 级钢。楼面恒荷载为 3.5kN/m²，活荷载取 2.5kN/m²；

屋面恒荷载为 $5.0kN/m^2$，活荷载为 $0.5kN/m^2$，雪荷载为 $0.45kN/m^2$。外墙线荷载取 $10kN/m$，内墙线荷载取 $6kN/m$，50 年一遇基本风压为 $0.65kN/m^2$，地面粗糙度类别为 B 类。抗震设防烈度为 7 度，设计地震基本加速度为 $0.1g$，场地类别为 Ⅱ 类，设计地震分组第一组。

2. 建立三维计算模型

双击框架设计主菜单中"三维模型与荷载输入"项，进入框架结构三维建模主菜单。

（1）建立网格

1）单击"轴线输入"→"正交轴网"命令，弹出图 7-90 所示的对话框，按设计要求依次输入轴网尺寸。输入完毕后单击"确认"按钮，程序自动形成平面网格及网点。

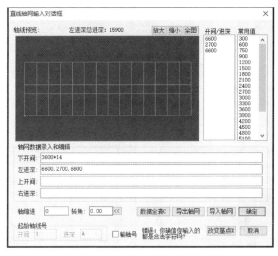

图 7-90 直线轴网输入

2）单击"网格生成"→"轴线显示"→"轴线命名"命令，对轴网进行编号与尺寸标注。至此第一标准层的轴网绘制完毕。

（2）楼层定义

1）梁柱布置。梁、柱定义的方法与混凝土结构建模 PMCAD 相同，这里不再重复说明，具体采用的截面形式如下：柱截面采用 500mm×500mm 焊接箱形截面柱，壁厚取 25mm；主梁截面采用 600mm×300mm 焊接工字形截面梁，翼缘厚度取 20mm，腹板厚度取 12mm；次梁截面采用 450mm×200mm 焊接箱形截面梁，翼缘厚度取 15mm，腹板厚度取 10mm。第一标准层梁柱布置情况如图 7-91 所示。

2）楼层信息。单击"本层信息"，将标准层层高设置为 3900mm。

3）楼板布置。采用压型钢板组合楼板。进行楼板布置前首先单击"楼板生成"→"生成楼板"命令。然后单击"组合楼盖"→"楼盖定义"命令，弹出图 7-92 所示的"组合楼盖定义"对话框，定义完成后单击"确认"按钮。然后单击"组合楼盖"→"压板布置"命令，出现图 7-93 所示的"压型钢板布置选择"对话框，选择布置方式后按屏幕提示进行布置。注意将楼梯间的板厚修改为 0（屋面标准层不修改）。第一层压型钢板布置情况如图 7-94 所示。

（3）荷载输入及其他标准层定义 荷载输入及其他标准层定义的操作步骤与 PMCAD 混凝土结构平面建模相同，此处不再介绍，按设计资料进行定义和布置即可。

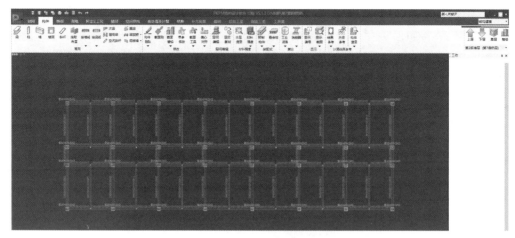

图 7-91　第一标准层梁柱布置情况

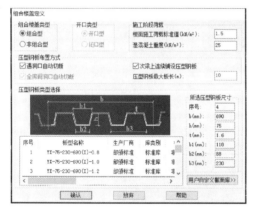

图 7-92　"组合楼盖定义"对话框

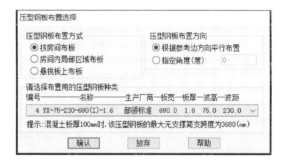

图 7-93　"压型钢板布置选择"对话框

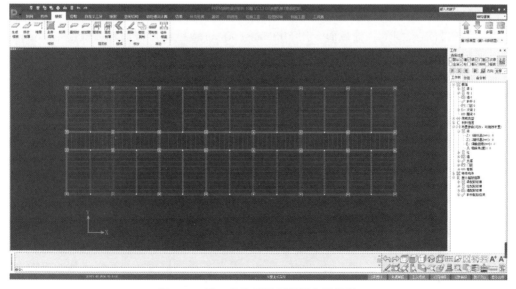

图 7-94　第一标准层压型钢板布置情况

（4）设置设计参数　在"楼层"菜单内，单击"设计参数"命令，在弹出的对话框内，"总信息"页面将"结构体系"设置为钢框架结构，"结构主材"设置为钢结构，"材料信息"页面将"钢构件钢材"设置为Q235，并按设计资料输入地震与风荷载信息。

（5）楼层组装　楼层组装表如图7-95所示，组装后的结构三维模型如图7-96所示。至此钢框架结构三维建模工作完成。

图7-95　楼层组装表

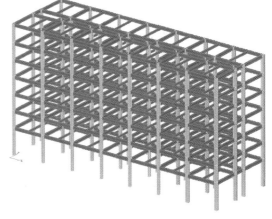

图7-96　结构三维模型图

3. 结构分析与计算

切换至"前处理及计算"菜单，按第3章介绍的内容进行参数与模型补充定义后，单击"生成数据+全部计算"命令，完成计算后查看各项计算结果是否满足要求。

4. 施工图绘制

根据7.5.1节的操作流程完成节点与框架的设计和绘图工作。图7-97~图7-99所示分别为某梁柱节点图、底层框架平面布置图，以及①轴框架立面布置图。

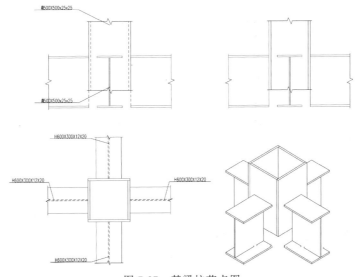

图7-97　某梁柱节点图

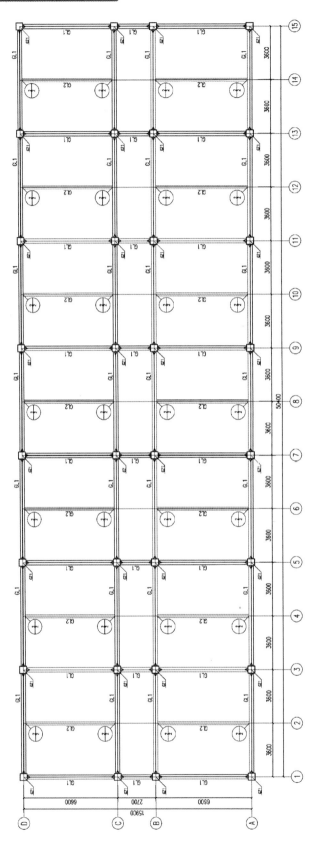

图 7-98　底层框架平面布置

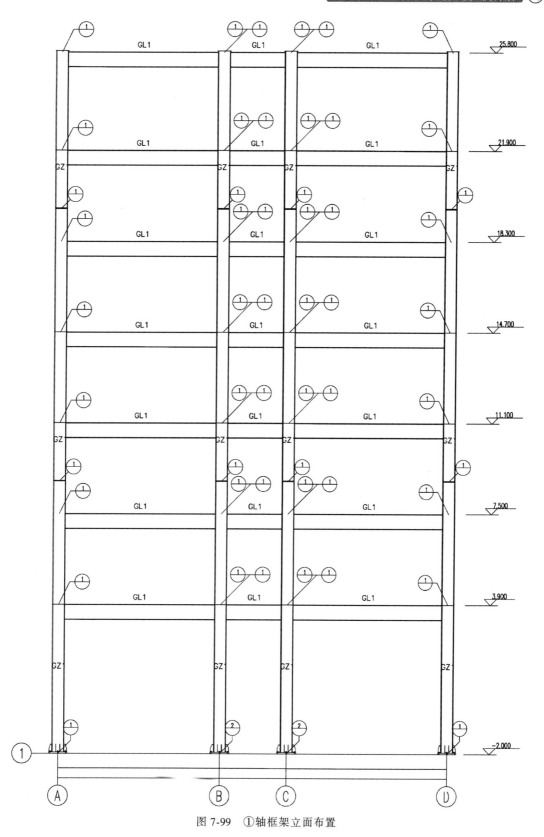

图 7-99　①轴框架立面布置

7.6　本章练习

1. 总结 STS 软件进行平面桁架设计、门式刚架设计和钢框架结构设计的主要步骤。

2. 总结 STS 软件建立网格的方式。

3. 钢桁架结构杆件的平面内与平面外计算长度如何确定？

4. 按本章第 7.3 节～7.5 节提供的设计资料及过程，自行完成三个工程案例的设计与绘图工作。

参 考 文 献

[1] 中国建筑科学研究院 PKPMCAD 工程部. PMCAD 用户手册及技术条件（2010 版）[Z]. 北京：中国建筑科学研究院 PKPMCAD 工程部，2011.

[2] 中国建筑科学研究院 PKPMCAD 工程部. PKPM 结构系列软件用户手册及技术条件（2010 版）[Z]. 北京：中国建筑科学研究院 PKPMCAD 工程部，2011.

[3] 王建，董卫平. PKPM 结构设计软件入门与应用实例：钢结构 [M]. 北京：中国电力出版社，2008.

[4] 冯东，马恩成. PKPM 软件钢结构设计入门 [M]. 北京：中国建筑工业出版社，2009.

[5] 张宇鑫，刘海成，张星源. PKPM 结构设计应用 [M]. 2 版. 上海：同济大学出版社，2010.

[6] 欧新新，崔钦淑. 建筑结构设计与 PKPM 系列程序应用 [M]. 2 版. 北京：机械工业出版社，2010.

[7] 陈超核，赵菲，肖天鉴，等. 建筑结构 CAD：PKPM 应用与设计实例 [M]. 北京：化学工业出版社，2011.

[8] 李永康，马国祝. PKPM2010 结构 CAD 软件应用与结构设计实例 [M]. 北京：机械工业出版社，2012.

[9] 李永康，马国祝. PKPM V3.2 结构软件应用与设计实例 [M]. 北京：机械工业出版社，2018.